敏捷指挥控制组织生成及演进方法

姚佩阳　钟　赟　张杰勇　孙　昱　万路军　著

国防工業出版社
·北京·

内 容 简 介

本书面向组织敏捷性需求和应用原理，基于全生命周期和分层递阶视角，对指挥控制组织鲁棒生成和适应性演进涉及的过程策略选取、平台实体调度、决策实体配置、指挥控制权限分配、通信拓扑规划和信息网络优化六个方面进行了度量、建模和优化，建立了实现敏捷指挥控制组织过程、结构和支撑的方法思路和技术途径，为面向敏捷性的指挥控制组织生成及演进研究做出了新的理论和技术探索。

本书可以作为军事系统工程专业和指挥信息系统工程专业的研究生教材，并适合于组织设计与分析、作战体系结构建模分析、指挥控制理论与技术等研究领域科研人员阅读。

图书在版编目(CIP)数据

敏捷指挥控制组织生成及演进方法/姚佩阳等著.
—北京：国防工业出版社，2024.1
ISBN 978-7-118-13079-9

Ⅰ.①敏… Ⅱ.①姚… Ⅲ.①指挥控制系统-研究
Ⅳ.①E94

中国国家版本馆 CIP 数据核字(2023)第 253967 号

※

国防工業出版社 出版发行
(北京市海淀区紫竹院南路 23 号 邮政编码 100048)
北京虎彩文化传播有限公司印刷
新华书店经售

*

开本 787×1092 1/16 **印张** 12½ **字数** 283 千字
2024 年 1 月第 1 版第 1 次印刷 **印数** 1—1200 册 **定价** 128.00 元

国防书店：(010)88540777 书店传真：(010)88540776
发行业务：(010)88540717 发行传真：(010)88540762

前　言

敏捷指挥控制(Command and Control,C^2[①])组织生成及演进是面向信息时代的战争设计问题,考虑不确定、复杂、动态和对抗组织环境条件下组织敏捷性需求和应用原理,基于 C^2 理论、组织理论及其他相关理论而形成的技术领域。

C^2 组织是处于一定组织环境中,由具备 C^2 功能的 C^2 单元,利用所配属的兵力及各类资源,面向一定的过程序列建立各类关联关系,并在信息通信支撑下,通过 C^2 活动实现对组织运行的监督、协调、指导和控制,进而完成组织目标的作战集体。C^2 组织生成及演进、C^2 组织设计是关联性和区分性相统一的概念:C^2 组织设计的核心是组织结构设计,是对组织成员进行横向和纵向分工,明确组织中任务协作关系和 C^2 协作关系的过程,并未涉及 C^2 组织的整体设计;而 C^2 组织生成及演进是在 C^2 组织设计基础上,从 C^2 组织的概念内涵及其生成、运行、演进、运行、……、解散等的全生命周期角度出发,面向保证组织目标实现的前导、核心和支撑等各个环节进行组织构建和变迁的动态过程。换言之,C^2 组织生成及演进面向的对象不仅包括 C^2 组织结构,还包括组织的过程策略、通信基础和信息协作关系等方面。

本书的撰写目的是在总结 C^2 组织设计相关研究基础上,根据作者对敏捷 C^2 组织生成及演进的理解和认识,结合多年来在该领域的研究成果,从敏捷性的鲁棒性和适应性两个度量层面出发,提出实现 C^2 组织生成及演进敏捷性的基本原理和技术路线,为相关领域研究人员提供对于该研究的框架、思路和方法。

本书的特点是从 C^2 组织的全生命周期和分层递阶两个视角,特别是分层递阶视角出发,建立目标过程层、组织结构层和信息支撑层的 C^2 组织生成及演进问题框架,在内容上拓展组织结构中的权限结构和信息支撑中的通信基础。其中,目标过程层包括目标分析、过程策略和任务序列;组织结构层包括任务协作、C^2 协作和权限分配;信息支撑层包括通信基础和信息网络,该框架是一个纵向分层交互、横向串接关联的完整体系。针对 C^2 组织的敏捷性生成及演进需求,建立实现敏捷 C^2 组织过程、结构和支撑的方法思路和技术途径,主要包括区间不确定优化思想、最小变更思想、极限攻击条件设计思想、相邻阶段演进思想和模型约束条件设计思想等。本书的相关工作,为面向敏捷性的 C^2 组织生成及演进研究提供了新的视角。

本书的主要内容包括:对 C^2 组织及其敏捷性、C^2 组织生成及演进与 C^2 组织设计等相关概念内涵的理解和认识;C^2 组织生成及演进的基本理论和方法;C^2 组织生成及演进建模、实现、评估的整体框架和具体方法。

在章节安排上,第 1 章对相关概念内涵进行了界定,建立了对面向敏捷性的 C^2 组织

---

① C^2 也有称 C2。

生成及演进的基本认识，并论述了 C^2 组织生成及演进的理论基础。第 2 章对 C^2 组织生成及演进进行了总体分析，主要包括 C^2 组织生成及演进的不同视角、C^2 组织生成及演进的具体内容和耦合关系、C^2 组织生成及演进的不确定性分析和敏捷性度量优化，以及 C^2 组织的过程和结果评估。第 3 章基于 C^2 组织要素的分类描述，建立了 C^2 组织生成及演进的抽象模型，并确定了 C^2 组织生成及演进的实现途径。第 4 章构建了基于动态影响网络的过程策略选取模型，并基于区间不确定优化思想，实现了 C^2 组织过程策略的鲁棒性生成。第 5 章构建了含区间参数的平台实体调度模型，设计了区间型二代非支配排序遗传算法（NSGA－Ⅱ）求解模型，进而生成了具有鲁棒特性的调度方案；在分析新任务出现和平台实体失效等非预期事件基础上，采用混合贪心算法求解方案最小变更演进模型，实现了方案的适应性演进。第 6 章定义了决策实体配置方案的性能测度，以最小化和均衡化决策实体工作负载为目标构建了问题模型，并采用多目标模糊离散粒子群算法进行求解；为满足方案演进需求，区分不同情形建立了最小变更演进模型，并基于 m－best 策略进行求解。第 7 章从影响 C^2 权限分配的属性因素出发，提出了基于区间直觉模糊多属性决策的权限分配方法；在属性因素发生变化时，基于相邻阶段演进机制控制了权限分配方案演进的频率和幅度。第 8 章定义了通信拓扑规划方案的性能测度，设计了极限攻击条件下的攻击策略；在此基础上，建立了通信拓扑抗毁性（鲁棒性）规划模型，并采用禁忌搜索算法进行求解，进而生成抗毁性（鲁棒性）通信拓扑。第 9 章建立了以最小化网络平均时延为目标的问题模型，提出了基于拉格朗日乘数法和遗传算法的模型求解方法，生成了抗毁性（鲁棒性）信息网络。第 10 章建立了 C^2 组织评估指标体系，通过对专家意见的一致性分析进行指标赋权，基于相对优势关系建立了综合效用值计算模型，并采用单纯形法进行了求解，进而得到最终评估结果。

由于作者本身能力和精力有限，对相关问题的理解和认识是阶段性的，可能存在偏颇之处，在内容上也未做到对现有问题框架下的完全覆盖，这些都会随着敏捷 C^2 组织生成及演进的理论和实践发展而进一步得到深化和完善。此外，书中可能还会存在其他错误或疏漏，敬请读者批评指正。

本书的出版得到了装备预研基金（NO. 614210103020217）和中国博士后科学基金（NO. 2021M693942）的资助，在此表示感谢。

目　录

第1章 绪 论

组织是具有明确的目标导向和精心设计的结构，同时又能与外部环境保持密切联系的活动系统[1]。在军事领域，为实现一定的军事行动目标，需要构建相应组织。由于军事组织内部存在大量的指挥控制（Command and Control，C^2）活动，且组织行为是以这些 C^2 活动为纽带，因此，一种特殊的军事领域组织，即 C^2 组织[2-3]的概念应运而生。

对 C^2 组织的研究涉及系统科学、管理科学、信息科学和作战指挥学等多门学科理论，是典型的横断研究领域。运用相关学科理论对 C^2 组织进行建模、优化和评估，是战争设计领域的研究热点，其本质是通过构建健壮和灵活的 C^2 组织，保证组织效能的充分发挥。

1.1 C^2 组织生成及演进概述

关于 C^2 组织、C^2 组织生成及演进的概念，目前并没有权威和严格的定义。因此，对 C^2 组织、C^2 组织生成及演进的相关概念内涵进行详细辨析，有助于建立统一的认识，并促进 C^2 组织生成及演进的研究。

1.1.1 C^2 组织的相关概念内涵

目前，针对 C^2、组织和 C^2 组织的概念内涵，相关领域的研究学者和机构从不同的角度进行了阐述。

1. C^2 的定义

美国联合参谋手册对 C^2 的定义为[4]：“经授权的指挥官在执行使命过程中对配属部队行使指导、监督和管理等职权”。北约对 C^2 的定义为[5]：“经授权的指挥官综合运用人员、装备和各类设施，对所配属的兵力进行计划、协调和监督，从而有效完成作战使命”。中国人民解放军军语对 C^2 的定义为[6]：“C^2 是指挥人员或指挥机构对部队作战或其他行动进行掌握和制约的活动”。可以看出，虽然不同机构对 C^2 有不同定义，但存在几点共识：①C^2 是一种职权；②C^2 的目的是有效完成作战使命；③C^2 的对象是所配属的兵力；④C^2的手段需借助于各类侦测、通信和辅助决策系统。在 C^2 的定义中，通常认为“指挥”是更偏向于艺术的决策和判断等思维活动，而“控制”是更偏向于技术的实施和掌控等执行活动。随着军事技术的发展，“指挥”与“控制”之间的交互关系愈发复杂，控制节点实时将战场态势信息反馈给指挥节点，指挥节点根据变化后的战场态势信息动态改变任务目标和计划，从而实现自同步和自组织 C^2[7]。

2. 组织的定义

对于组织的定义，其希腊文的原意是和谐和协调。从词性上讲，组织的含义包括动词和名词两类。作为动词的组织，是基于一定目的进行安排和整顿使成系统；作为名词的组织，是指各要素基于一定规则或方式形成的相互联系的系统。组织具有目的性、协同性、开放性、动态性和生命周期性等特性，即组织均有一定的组织目标，组织成员间具有一定协调机制，组织处于一定环境中且与之产生一系列物质、能量和信息交换，组织模式和结构并不是固定不变的，依据组织目标组织存在生成、运行、演进、运行、演进、……、解散的生命周期特征。关于组织理论与方法，主要包括科层制组织理论、行为科学组织理论、系统组织理论、计算数学组织理论和权变组织理论等，这里不再详述。

3. C^2 组织的定义

对于 C^2 组织的定义，有狭义和广义两种。狭义的 C^2 组织，是由多决策单元或人员组成的决策组织，研究的关注点是组织及其个体的决策过程、行为和交互[8]。而广义的 C^2 组织是一个既包括决策单元或人员，又包括所配属兵力、通信等资源的整体，研究的关注点是组织的 C^2 关系、行动（任务）关系和信息关系等。现有研究，大多是针对广义 C^2 组织开展的。具体地，阳东升等[9]认为，“C^2 组织是处于战场环境中的作战资源实体，在作战使命的驱动下形成的整体有序行为和与之协调的 C^2 结构关系”。成世鑫[10]认为，“C^2 组织是处于战场环境中，具有决策能力的 C^2 单元及其所属资源，为实现一定的使命任务，相互协作结合成的集体”；牟亮[11]认为，“C^2 组织是作战 C^2 活动的承担者与协调者，它能响应战场环境的使命需求，依靠情报、侦察、通信和计算机技术将多个作战实体集成，为完成作战使命提供资源能力和决策能力”。可以看出，不同研究人员对 C^2 组织的不同表述中，存在一定共同本质：①C^2 单元是 C^2 组织的关键组成；②完成使命任务是 C^2 组织的基本目标；③C^2 组织依靠各类资源完成组织目标。

与 C^2 组织相关的，还有 C^2 系统、兵力组织和作战体系等概念，如何廓清它们之间概念内涵的差异，是一个十分重要的问题。

关于 C^2 组织与 C^2 系统，C^2 系统是保障 C^2 单元及人员对所属人员或武器实施 C^2 活动的人－机系统，其本质是一种军事信息化、自动化装备。而 C^2 组织的本质是一种作战集体，C^2 系统仅仅是 C^2 组织进行 C^2 活动的一种手段。

关于 C^2 组织与兵力组织、作战体系，主要从组织单元和组织活动角度进行理解。兵力组织所称兵力，是指以直接或支援方式参与使命任务执行的一线作战单元，兵力组织的概念侧重于通过对所配属兵力资源的增减、调动和组合实现组织增能，本质上是对兵力资源的调度和优化，虽然在这个过程中天然存在着 C^2 活动，但都是隐式的。作战体系是高层次、大规模的作战整体，涉及到情报侦察、通信保障、指挥控制和武器平台等各个方面，作战体系内部包含了信息获取、处理和分发，计划生成、执行和调整，武器部署、控制和调度等一系列活动，其概念是对作战活动主体的完整描述。

而 C^2 组织概念侧重于从 C^2 的角度出发去理解作战活动，并适当向信息分发以及支撑信息分发的通信基础延伸，是一个物质流和信息流综合的作战集体。实际上，C^2 活动与信息活动紧密耦合，指挥、协调和控制等行为的产生依据、具体执行和效果反馈都需要依赖于信息和信息系统。因此，由于 C^2 组织与兵力组织、作战体系在概念内涵上的本质差异，决定了对 C^2 组织生成及演进的研究需要结合组织理论研究范式，以 C^2 组织为基点，综合把握 C^2 组织生成及演进中要素间外部和内部、主要和次要、前导和后续的辩证关系开展相应研究。

综上所述，在概念内涵上，兵力组织、C^2 组织和作战体系是逐步扩大且前向包含的关系。如图 1.1 所示，为兵力组织、C^2 组织和作战体系的概念关系。

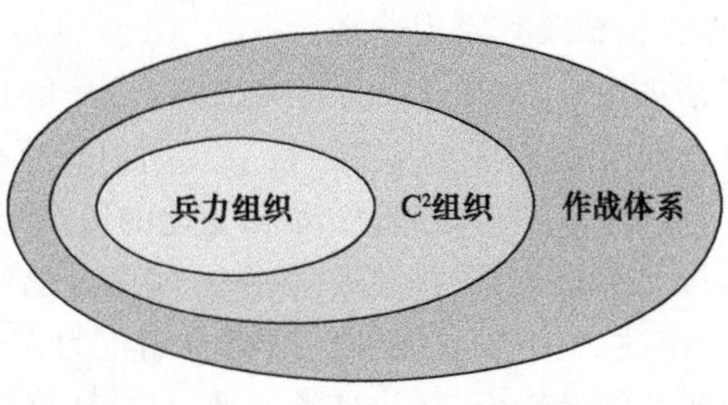

图 1.1　兵力组织、C^2 组织和作战体系的概念关系

C^2 组织和其他组织一样，具有边界清晰而相互关联的构成要素，C^2 组织构成要素总体上包括前置要素、基本要素和应用要素三类。前置要素包括组织目标、组织任务和组织环境，是 C^2 组织生成、运行、演进和解散的牵引目标和外部条件，涉及的问题包括组织的使命是什么、组织的使命能够分解成什么样的任务、组织所处的环境是怎样的等方面。基本要素包括组织成员和组织资源，是构成 C^2 组织完成使命主体和依靠的物理总体，涉及的问题包括由谁来完成组织使命任务、需要哪些类型资源及其能力来完成组织使命任务等方面。应用要素包括组织过程、成员和资源关系，以及支撑组织运行的条件要素，是一定组织成员为在一定组织环境下利用一定物理资源完成一定组织使命任务过程中，需要明确的有序行为、组织结构和信息支撑的逻辑总体，涉及的问题包括按照什么样的过程策略完成组织使命任务、为完成组织使命任务需要建立什么样的协作关系（任务协作关系和 C^2 协作关系）、如何划分好组织成员的权限（C^2 权限、交互权限和信息权限）以更加高效完成组织使命任务、如何根据使命任务需要建立相应通信基础和信息网络等方面。当然，对于社会领域组织而言，还存在组织制度、组织文化和组织谋略等一些附属要素，映射到军事领域组织，即为作战条令、战斗精神和作战谋略等方面，但这些都不是本书考虑的重点。

总而言之，通过上述对 C^2、组织、C^2 组织概念内涵的分析，本书将 C^2 组织定义为："C^2 组织是处于一定组织环境中，由具备 C^2 功能的 C^2 单元，利用所配属的兵力及各类资源，面向一定的过程序列建立各类关联关系，并在信息通信支撑下，通过 C^2 活动实现对组织运行的监督、协调、指导和控制，进而完成组织目标的作战集体"。而在 C^2 组织运行过程中，C^2 单元对控制对象进行的 C^2 活动是在 C^2、交互和信息一系列权限条件下，基于信息流实施的。

1.1.2　C^2 组织面临的风险挑战

由于组织目标的冲突性及这种冲突性本身的不可调解特性，导致同一类型的不同组织之间存在天然的竞争关系，为了在竞争环境中实现组织自身目标，组织需要获取其他组织所不具备的竞争优势。传统组织的优势获取往往严重依赖于组织成员及其掌握的物理资源数量、组织成员自身能力和组织运行管理效率等因素。然而，在组织实现组织目标的运行过程中存在着外部环境不确定性、内部状态不稳定性，以及环境和状态变化不可预测性等一系列风险挑战，且由于其他组织规模同样扩大带来的组织成员及其资源数量优势消解、组织目标复杂性和成员能力有限性带来的组织成员能力优势消解、组织规模扩大引起层级变多和结构复杂带来的组织运行管理效率优势消解等一系列优势消解作用，使得现代组织需要构建全新优势领域及其实现途径。

在社会领域，存在着诸如动态联盟[12-15]、网络组织[16-17]和 Holon 组织[18-19]等多种新型组织形式。其中，动态联盟是由两个或多个具有共同组织目标或部分组织利益的组织，在一定时期内形成的合作对象、方式和领域动态变化的组织形式；网络组织是组织成员能力异构但地位平等，且能够以网络化、无中心化方式聚合的组织形式；Holon 组织是组织成员兼具自治性和协作性，组织成员能够自由组合而权力完全分散的组织形式。可以看出，这些新型组织形式区别于传统组织，具备扁平、自主和灵活的特点优势，能够突破组织规模庞大难控、地域高度分散和资源局部受限等限制，进而维持组织效能。

而在军事领域，战争双方的对抗是一种典型的组织与组织间的竞争和对抗。正因为军事领域组织间的战争活动是“用以解决阶级和阶级、民族和民族、国家和国家、政治集团和政治集团之间在一定发展阶段上的矛盾的一种最高的斗争形式”，所以军事领域组织间竞争和对抗的强度及广度要远远超过社会领域组织。从这个意义上讲，军事领域组织通过过程策略、资源调度、指挥机构（成员）高效协作和信息链接 4 个方面的快速适时平衡，进而获取并维持竞争和对抗优势的需求就显得更加迫切。

由于战争活动和社会活动的显著区别，C^2 组织面临一系列类型多、范围广和特点鲜明的风险挑战[20]，这些风险挑战包括但不限于：①存在大量不确定性，“战争迷雾”在任何时代的战争活动中普遍存在，无非是相对大小的区别；②复杂性加大，参与作战兵力种类、数量和空间分布更多更广，大量协调工作随之产生，给 C^2 带来了更大难度；③趋于动态性，组织环境和 C^2 组织自身状态变化剧烈，预先计划较难跟上这种变化，C^2 组织需要依据当前战场态势准确识变和及时适变；④对抗性剧烈，呈现遍及物理域、信息域和认知域的全面激烈对抗特点。

为应对这些风险挑战，需要基于系统理论、C^2 及其敏捷性（Agility）理论构建健壮灵活的 C^2 组织，这是信息时代 C^2 组织获取和维持优势的关键，其实质是在 C^2 组织初始优化的过程策略、组织结构、资源利用和信息关系基础上，保持 C^2 组织对不确定、复杂、动态和对抗组织环境的主动和被动适应能力。

此外，信息时代的战争实践和军事理论为 C^2 组织相关研究提供了基本遵循，需要全面加以考虑。从 C^2 角度看，包括“科索沃战争”“伊拉克战争”和“阿富汗战争”等在内的信息时代战争实践呈现出与传统战争不同的鲜明特点：①高度重视信息共享和协作，在较高信息质效的基础上保证了 C^2 质效；②在“如身使臂、如臂使指”式 C^2 下的快速机动和精确打击，实现了战争的非对称、非接触和非线式；③C^2 灵活性和兵力灵活性相融合，保证了对多变战场态势的适应和创新。信息时代的军事理论大量涌现，如以信息主导、力量边缘和行动同步为标志的网络中心战[21]，以组织流动性、目标中心和多方向机动攻击为特征的网络化集群作战[22]，以快速主动、机动灵活和协同一体为理念的指挥与控制战[23]，都对 C^2 组织相关研究提供了理论指导。

1.1.3 C^2 组织设计与 C^2 组织生成及演进

组织并不是天然存在的，而是人的主观行为产物。在组织学理论中，“组织设计”是一个具有特定概念内涵的词。组织设计的核心是组织结构设计，组织结构设计的本质是对组织层级、部门和权责的设计。组织设计应秉持系统和权变观点，即在组织特别是其组织结构难以适应组织环境时,需要及时对组织及其结构进行局部调整完善甚至重新评价设计。

从设计类型上看,组织设计包括静态设计和动态设计两个方面。组织静态设计是仅对相对固定的组织结构进行设计,不考虑组织运行过程对组织及其结构的影响。组织静态设计主要对组织的体制、机构和规章进行设计,组织的机制包括权、责结构,组织的机构包括决策和业务部门的形式和结构,组织的规章包括组织管理规范。组织动态设计除了上述设计内容,还将组织视为动态平衡系统,考虑组织在运行过程中受到的内部和外部影响,并引入人的因素,增加了对信息控制、协调机制和人员激励等方面的设计。

从设计流程上看,组织设计过程包括确定组织目标、划分工作内容、建立结构框架、决定运行方式、明确人员配备、形成和调整组织、设计效果评估七个步骤。其中,划分工作内容是根据组织目标情况,对具体的工作范围和工作量进行确定。组织的运行方式主要包括三个方面,即组织内部成员的协调方式和手段、组织的工作流程和标准,以及包括信息控制等在内的其他运行制度。

从设计结果上看,组织设计结果包括机械式设计和有机式设计两个方面。机械式设计是指设计高度集权、组织规则和程序清晰固化的组织,组织像是标准化运行的机器,更多强调的是组织按照层级进行纵向指令的下发。有机式设计是设计的组织结构扁平松散,适应性和灵活性较强,强调团队协作,通过一定程度的分权和横向协调,实现组织效能发挥。

从设计评估上看,组织设计评估包括过程评估和结果评估两个方面。组织设计包括准备、实施和评估三个大的阶段,过程评估是对组织运行过程与预期设计契合度,以及组织运行效率的评估,是组织运行监督的一部分。结果评估是组织设计实现结果的评估,又可划分为效果评估法和价值评估法。效果评估法是采用直接反映组织设计效果的指标进行评估,如组织目标的实现程度、组织资源的利用率和组织健康度等。价值评估法是采用第三方、利益相关者,甚至组织成员的认可度和满意度作为组织设计评估尺度。

综上所述,C^2 组织设计的核心是组织结构设计,主要是对组织成员进行横向和纵向分工,明确组织中任务协作关系和 C^2 协作关系的过程。C^2 组织设计既要遵循一般组织设计的特定原则和流程,也需要考虑 C^2 组织设计作为军事领域组织设计区别于一般组织设计的不同之处,采用符合 C^2 组织本身特点的设计体系、内容和流程。

由于研究视角的不同,对 C^2 组织设计的研究重点存在一定差异,随着近年来 C^2 理论与方法的发展,C^2 组织设计研究取得大量成果。以往 C^2 组织设计的研究主要包括基于三阶段思想的 C^2 组织结构设计、融合组织过程及信息分发的 C^2 组织设计拓展研究,以及基于敏捷性研究 C^2 组织设计问题三个主要方面。

基于三阶段思想的 C^2 组织结构设计是基于系统工程方法,按照任务计划网→组织协作网→组织决策树的步骤进行研究,解决了 C^2 组织结构初始生成的问题,但未涉及 C^2 单元的权限划分问题。融合组织过程及信息分发的 C^2 组织设计拓展研究是将组织过程、信息分发与组织结构设计进行融合研究,对 C^2 组织设计的研究范畴进行了一定拓展。基于敏捷性研究 C^2 组织设计问题是考虑 C^2 组织的敏捷性要求,分别从鲁棒性和适应性角度出发,对 C^2 组织设计问题进行研究。从 C^2 组织设计研究现状来看,其主要集中在组织过程、组织结构和信息分发方面,而对 C^2 组织任务执行过程中的权限结构和通信基础研究不多。

关于 C^2 组织设计与 C^2 组织生成及演进的区分，本书认为 C^2 组织设计并不是组织系统的整体设计，组织设计的概念定义决定了对其研究需要在一定边界内。而 C^2 组织生成及演进是从 C^2 组织整体及其生成、运行、演进、运行、演进、……、解散的全生命周期视角和内容分层视角出发，在 C^2 组织设计基础上，根据 C^2 组织的概念内涵，对保证组织正常运行的前导、核心和支撑等各个环节开展的研究。换言之，C^2 组织生成及演进的研究内容在一定程度上要包含并大于 C^2 组织设计，不仅包括 C^2 组织结构，还包括组织的过程策略、通信基础和信息协作关系等方面内容。

1.2 面向敏捷性的 C^2 组织生成及演进

信息时代作战具有不同以往的复杂特性，如：初始输入的细微差异，可能使得最终输出大幅偏离预期；作战过程中的个体（群体）行为与最终输出之间，存在难以采用解析方法表征的复杂映射关系；个体简单行为和相互协同，具有一定涌现效应，即整体大于部分之和。这些复杂特性，作为 C^2 组织面临风险挑战的一部分，与其他风险挑战一样，都要求 C^2 组织必须具备一定的敏捷性。

1.2.1 敏捷性的基本理论

C^2 组织是一个存在非线性、非平衡、非简约等作用机制，包含多重不确定性的复杂整体。C^2 组织中，组织环境开放复杂、动态变化，组织任务广域分布、高度耦合，组织平台资源类型众多、能力异构，协同关系内容多维（时间协同、空间协同、任务协同）、多域交叉（物理域、信息域、认知域交叉）。具体地，C^2 组织具有以下复杂不确定性。

(1) 组织环境复杂不确定性。C^2 组织面临的是半结构化、非结构化组织环境，战场态势处于实时变化状态，需要 C^2 组织做出实时（准实时）反应。

(2) 组织任务复杂不确定性。组织任务在资源需求、时序约束等方面差异明显，使得任务决策空间复杂高维；同时，新任务出现、平台资源失效、C^2 单元（人员）失效或失能等非预期事件间或发生，对兵力运用方案和计划临机调整的时效和质量要求较高。

(3) 组织平台资源复杂不确定性。平台资源数量较多、类型各异，不同资源工作模式各不相同，使得执行同一任务的不同平台资源协同关系复杂，组织任务执行效果各不相同。

(4) C^2 单元（人员）人因复杂不确定性。组织任务执行过程中，C^2 单元（人员）需要对所属平台和任务的控制提供人的决策，但人作为“有限理性”的决策者，其决策方式必定不同于计算机的“非此即彼”式决策，而是具有独特的决策习惯和偏好；同时，C^2 单元（人员）需要完成的任务类型众多，包括认知、决策、监督和干预等，较大的工作负载会影响 C^2 单元（人员）工作效率。

(5) 计算/通信复杂不确定性。C^2 组织中要素众多、关系复杂、交互频繁，较难采用线性化、规律性方法进行完整统一建模与描述，且随着个体数量的增长，问题求解空间出现组合爆炸现象，给计算的时效性和准确性带来较大挑战；同时，通信基础的限制导致网络带宽受限、网络时延较大等现象，对高度依赖信息共享的 C^2 造成较大困难。

组织环境复杂不确定性、组织任务复杂不确定性、组织平台资源复杂不确定性、C^2 单元(人员)人因复杂不确定性和计算/通信复杂不确定性等多种复杂不确定性相互交织,C^2 组织必须达到一定的性能要求才能保证组织效能发挥,而 C^2 组织的敏捷性就是对 C^2 组织有效应对各类复杂不确定性的性能要求。

C^2 组织的敏捷性和 C^2 敏捷性并不是完全相同的概念,C^2 组织的敏捷性包含了 C^2 敏捷性,但又不仅仅是 C^2 敏捷性。这是因为 C^2 活动虽然是组织活动的主体活动,但并不是组织活动的全部活动,组织活动还包括兵力活动和信息活动等活动。此外,还有 C^2 系统敏捷性的概念。由于敏捷性概念的泛化,虽然敏捷性面向的是不同对象,但基本原理和思想是相通的,区别在于实现的方法手段。

"敏捷性"并不是一个全新概念,早在 1991 年,美国 Icocca 研究所率先提出了"敏捷竞争战略"概念[24],其认为敏捷性是现代组织的一种战略竞争能力。以此为起点,组织的敏捷性得到了学术界的广泛关注[25-26]。Cho 等[27]认为敏捷性是组织在不可预测环境中的快速反应能力和适应生存能力。Bulliger 等[28]主张敏捷性是组织为适应环境变化而具有的灵活性或者应变性。Rick 等[29]解释敏捷性是一种有效地管理和应用变革的能力,它以长期有效性、速度感、目的性和获益性为特点。Alberts 等[30]强调敏捷性是组织成功应对各种变化的能力。

C^2 组织的敏捷性是随着 C^2 敏捷性的发展而不断发展起来的。2003 年,Alberts[31]和 Hayes 首次对 C^2 敏捷性的概念内涵、度量方法和组成要素进行了系统阐述,指出"敏捷性是能影响、应对和利用复杂战场态势的能力",并指出,敏捷性的基本要素为"鲁棒性(Robustness)、恢复性(Resilience)、反应性(Responsiveness)、多变性(Flexibility)、适应性(Adaptation)和创新性(Innovation)",具备敏捷性被认为是信息时代 C^2 的重要标志[32-33]。

2011 年,Alberts 将敏捷性定义中的鲁棒性改为多用性[30],即同一军事领域组织具有完成多样化使命任务的能力,将原先鲁棒性面向组织目标和组织环境变化的能力度量缩减为多用性仅面向组织目标变化的能力度量[34]。2014 年,Alberts[35]提出敏捷商(Agility Quotient,AQ)的概念用于衡量 C^2 敏捷性,与智商(Intelligence Quotient,IQ)相类比,AQ 越高,则意味着预测复杂和动态环境的成功率越高。如表 1.1 所列,为 C^2 敏捷性度量具体含义。

表 1.1　C^2 敏捷性度量具体含义

敏捷性度量	具体含义
鲁棒性	不受任务和环境限制进行有效 C^2 的能力
恢复性	从毁损、干扰和灾难环境中进行变化和恢复的能力
反应性	对多变任务和环境进行识别并能够有效反应的能力
多变性	采用多样化 C^2 模式进行 C^2 并能够实现无缝切换的能力
适应性	根据任务和环境变化进行 C^2 模式演进重构的能力
创新性	生成全新 C^2 模式的能力

敏捷性六个度量中存在一定的重复部分[36],如:鲁棒性与多变性、适应性与恢复性,区别在于鲁棒性和适应性均包括组织任务变化的情况,而多变性和恢复性则不包括组织任务变化的情况。此外,创新性的定义侧重于对组织模式的要求,较难量化表

征。而反应性的定义侧重于组织反应的时间度量，是一个独立度量。因此，C^2 敏捷性度量 F_{agili} 包括鲁棒性度量 F_{robus}、适应性度量 F_{adapt} 和响应性度量 F_{respo}，即有 $F_{agili} = < F_{robus}, F_{adapt}, F_{respo} >$。本书主要考虑鲁棒性和适应性两个主要特性，对 C^2 组织生成及演进进行研究。图 1.2 所示为 C^2 敏捷性度量。

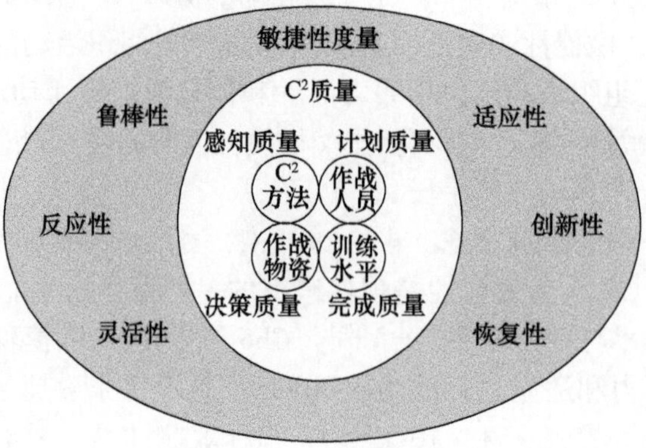

图 1.2　C^2 敏捷性度量

鲁棒性和适应性是组织或系统的适变能力要求，但两者存在着显著区别。表 1.2 所列为鲁棒性和适应性的区别。

表 1.2　鲁棒性和适应性的区别

性能指标	扰动强度	响应周期	能力主被动性	其他相关性能指标
鲁棒性	中低强度	中短期	主动能力	抗毁性、稳定性
适应性	高强度	中长期	被动能力	柔(韧)性、灵活性

敏捷性理论的发展是一个循序渐进的过程，包括北约研究学习小组（Research Study Group，RSG），以及 RSG 更名后的研究分析和模拟小组（Studies Analysis and Simulations，SAS）等在内的研究机构及其子小组，对 C^2 及其敏捷性模型开展了一系列研究[37]。如表 1.3所列，为 C^2 模型不同阶段的研究情况。

表 1.3　C^2 模型不同阶段的研究情况

时间	研究机构	所做工作
1991 年	RSG－19 小组	提出评估 C^2 的最佳行为守则
1998 年	SAS－02 小组、SAS－26 小组	提高 C^2 评估的科学性
2002 年	SAS－26 小组	修订评估 C^2 的最佳行为守则
2005 年	SAS－50 小组	建立 C^2 概念模型
2006 年	SAS－065 小组	修改 C^2 概念模型为 C^2 概念参考模型
2006 年	SAS－065 小组	开发网络使能行动 C^2 成熟度模型
2006 年	SAS－085 小组	形成 C^2 敏捷性参考模型

SAS－065 小组指出，存在冲突型、解冲突型、协调型、协同型和边缘型五类 C^2 模式，C^2 模式的不同，组织决策者与组织决策者之间、组织决策者与组织成员之间、组织成员与

组织成员之间的纵、横向关系各不相同。C^2 模式越趋于边缘,组织纵向层级越少、横向协作越多。图 1.3所示为五类 C^2 模式示例。

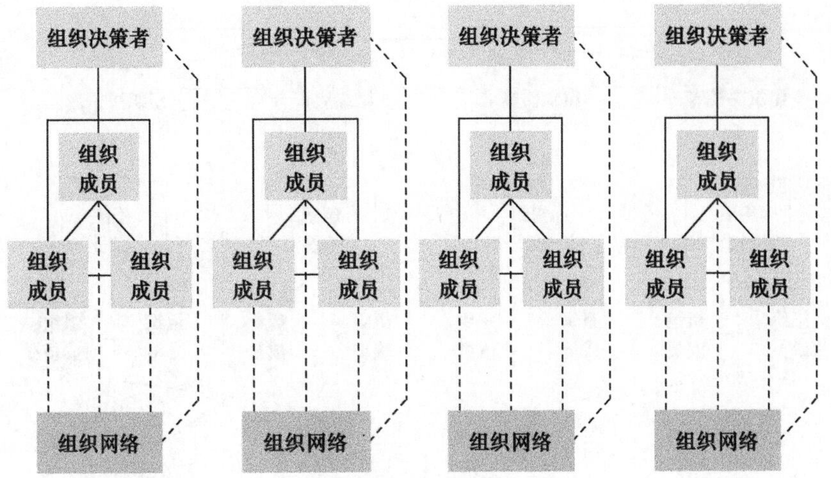

(a) 冲突型C^2模式示例

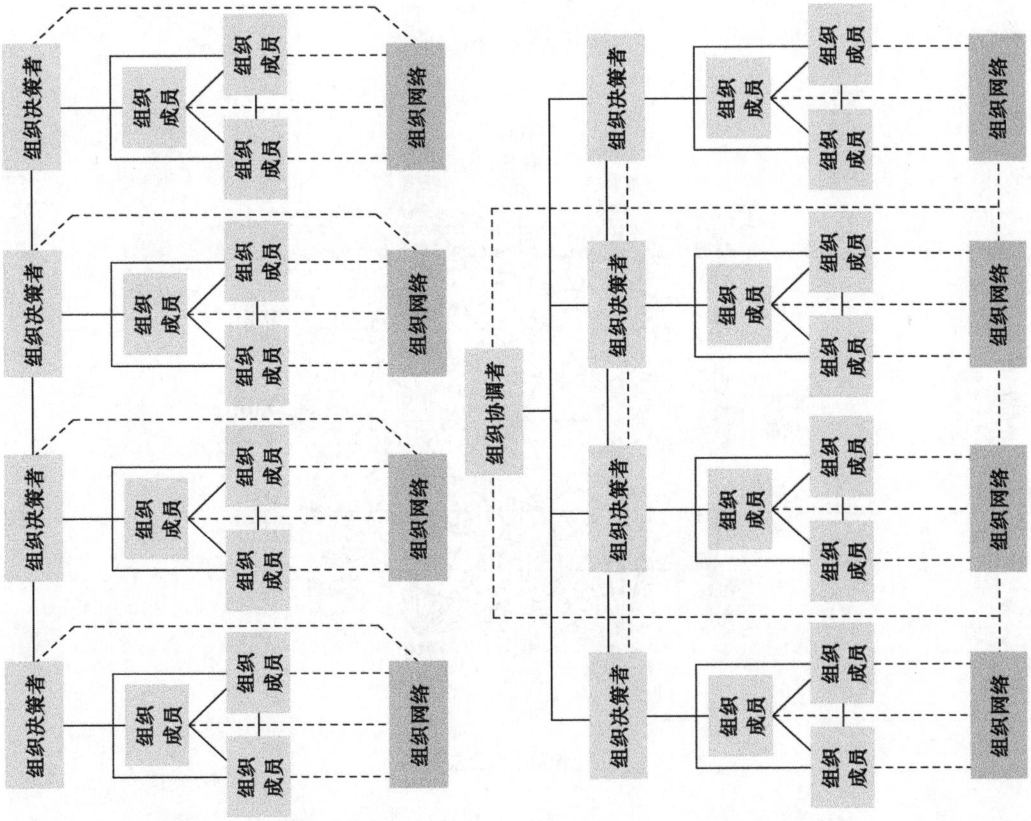

(b) 解冲突型C^2模式示例

(c) 协调型C^2模式示例

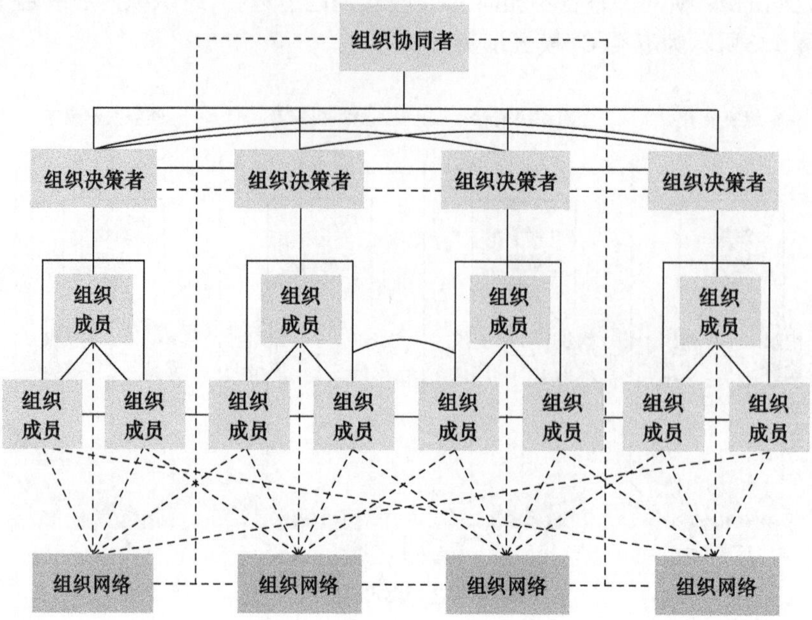

(d) 协同型C^2模式示例

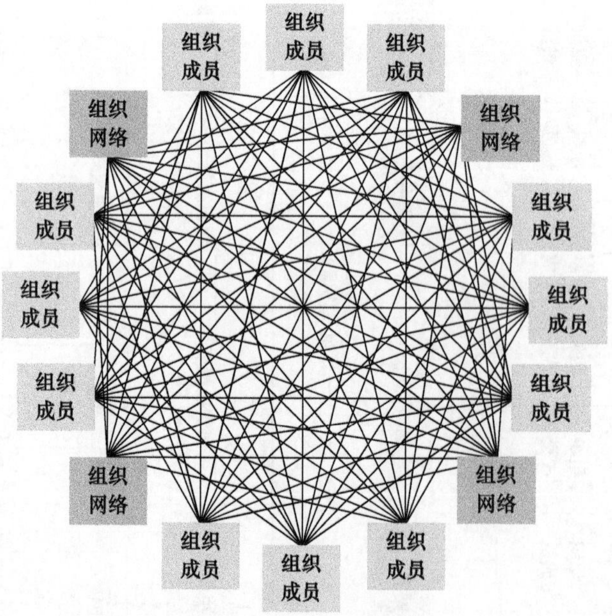

(e) 边缘型C^2模式示例

图 1.3　五类 C^2 模式示例

对应于五类 C^2 模式，存在三维要素：实体间 C^2 权限——决策权分配（Allocation of Decision Rights，ADR）；实体间交互模式（Pattern of Interaction，POI）；实体间信息分发（Distribution of Information，DOI）。由于是 C^2 模式的要素，这里的实体通常应理解为 C^2

单元。

实体间 C^2 权限是为了保证不同层级 C^2 单元 C^2 功能的有效发挥，C^2 单元必须具备的对 C^2 对象进行 C^2 活动的范围和程度。当前，美军积极推动将现有层级式作战决策结构向矩阵式、网络化转变，通过任务式指挥或事件式指挥方式，赋予拥有足够 C^2 功能的下级 C^2 单元以充分 C^2 权限；同时，这并不意味着上级 C^2 单元会脱离环路，即某些时候上下两级 C^2 单元的 C^2 权限是交叉的。实体间交互模式是指发生在基于一定信息网络通道的、相互影响的双方或多方实体间的交流与互动。通常，交互模式按照交互权限和范围进行划分，交互权限决定交互范围，交互权限可以划分为不受限、显著、受限、非常受限，交互范围可分为按需式交互、广泛式交互、聚焦式交互和极度聚焦式交互。实体间信息分发，实际上指的是信息权限和范围，C^2 模式的边缘化程度越高，则实体访问信息的权限和范围越大。图 1.4 所示为 C^2 模式的三维要素对应关系。

C^2模式	决策权分配(ADR)	实体间交互模式(POI)	实体间信息分发(DOI)
边缘型C^2	不明确，自我分配（量身定制且动态）	不受限，按需式交互	可访问所有可用及相关信息
协同型C^2	协作过程和共享计划	显著，广泛式交互	可访问跨协作领域/职能的其他信息
协调型C^2	协调过程和联动计划	受限，聚焦式交互	可访问有关协调领域/职能的其他信息
解冲突型C^2	建立约束机制	非常受限，极度聚焦式交互	可访问有关协调领域/职能的其他信息
冲突型C^2	无	无	可访问自身信息

图 1.4　C^2 模式的三维要素对应关系

同时，并不存在适用于任一场景的 C^2 模式，需要考虑任务本质和当前战场态势，进行自适应 C^2 模式选取，这能够显著提高 C^2 组织成功完成任务的概率。如图 1.5和图 1.6所示，分别为 C^2 模式立体空间示意图和 C^2 模式演进示意图[38]。

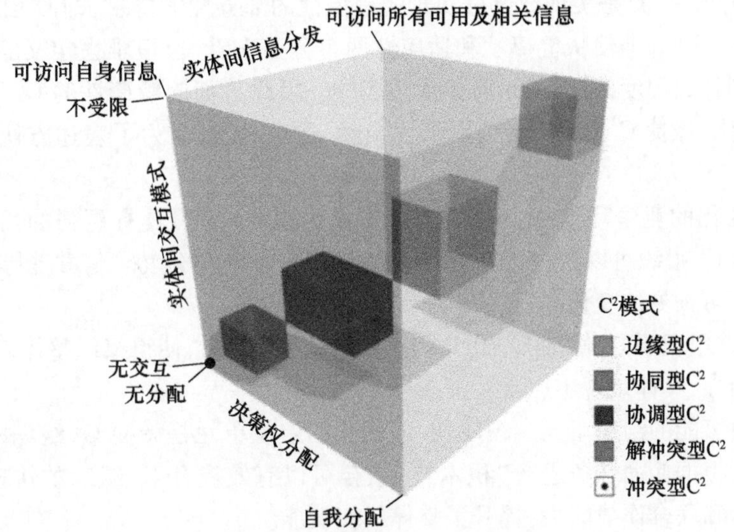

图 1.5　C^2 模式立体空间示意图

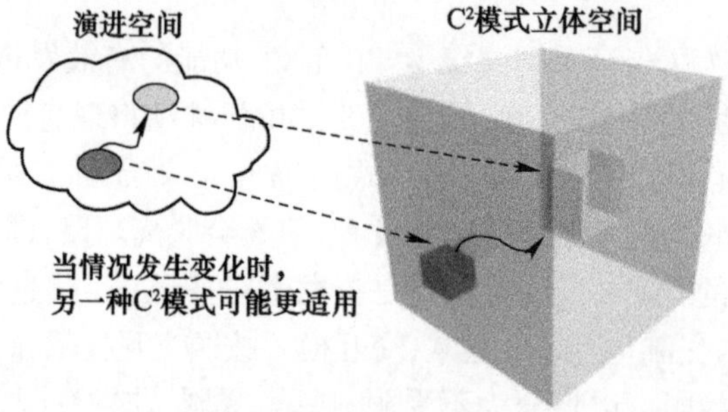

图 1.6　C^2 模式演进示意图

C^2 模式演进主要涉及以下方面：①认识到影响 C^2 模式适用性的环境变化重要性；②在新的任务和不断变化的组织环境情况下，了解哪(几)种 C^2 模式更适用；③能够根据需要演进到更适用的 C^2 模式。

SAS－085 小组还提出了需要深入理解敏捷性的 12 条假说，即：①C^2 成熟度模型中每种 C^2 模式均有其具体含义指向；②不存在适用于任一场景的 C^2 模式；③网络使能性强的 C^2 模式越多，越能够较好完成多样化组织任务；④C^2 模式的网络使能性越强，C^2 敏捷性越强；⑤敏捷性与 C^2 模式立体空间维度呈正相关关系；⑥C^2 模式的网络使能性越强，其在 C^2 模式立体空间中位置越优；⑦立体空间中越趋于对角线的 C^2 敏捷性越好；⑧演进越快的 C^2，其敏捷性越好；⑨C^2 成熟度是影响敏捷性的首要因素；⑩保持 C^2 演进能力，需要进行一定自我监控；⑪C^2 敏捷性的六个度量是完备的，即可观测的敏捷性示例均可映射到某个测度或某几个测度；⑫C^2 敏捷性的六个度量均与敏捷性呈正相关关系。在不确定条件下实现 C^2 组织生成及演进，各类参数往往不能准确获得，而仅仅是估计值。一旦组织任务开始执行，任务参数就可能会发生变化；此外，任务执行过程中，非预期事件间或发生，从而改变组织环境和约束。

实际上，很难去定义一个 C^2 组织是不是敏捷 C^2 组织。一方面，现有基于敏捷性对 C^2 组织开展的研究，只是实现或部分实现了敏捷性的部分性能要求，即 C^2 组织的鲁棒性和适应性；另一方面，即使从鲁棒性和适应性两个方面来看，也很难去定义组织的相关性能要求实现到什么程度，组织就是鲁棒或适应的。因此，“面向敏捷性的 C^2 组织”这样的表述，可能会比“敏捷 C^2 组织”更为贴切。当然，更多时候，会为了表述方便，而简称“敏捷 C^2 组织”。

在不断变化的竞争环境中，敏捷 C^2 组织比传统 C^2 组织具有更强的柔性和反应能力[39]，即敏捷 C^2 组织可以通过资源和结构重构来获取竞争优势[40]，并能够以一定创新性方式应对不可预见的变化[41-42]。

与传统 C^2 组织不同，敏捷 C^2 组织具备了一些显著特质，使得组织整体表现出更强的健壮性和灵活性，具体表现出以下特征。

(1) 模块多能的组织单元。模块化、多能化的组织单元是敏捷 C^2 组织的基本力量，不同组织单元根据使命任务进行“积木式”组合可以有效提升 C^2 组织的快速部署能力、柔性管理能力和联合作战能力，提升了整体组织效能。

(2) 扁平高效的组织结构。敏捷 C^2 组织通过减少中间层次，将原来纵向等级式 C^2

结构转变为纵横双向的扁平化结构,并明确适宜权限分配结果,从而有效改善了内部信息流程,实现信息快速共享,提升组织对自身及环境变化的响应速度。

(3) 动态灵活的组织模式。敏捷 C^2 组织是目标驱动型组织,其根据组织单元将分布在不同领域的组织单元链接成一个网络,并根据环境变化积极地变换各类组织结构关系,使得组织单元和组织活动在效果上达到最佳匹配。

1.2.2 C^2 组织的鲁棒性生成

鲁棒性的概念最初来源于统计决策理论,用于对一些决策问题进行灵敏度分析,若决策结果对某函数变化不敏感,则称对该函数具有鲁棒性。鲁棒性的广泛应用是在控制科学领域[43],其含义为在与预设环境具有一定可接受偏差的运行环境中,控制系统可以正常运行,即鲁棒性强的系统是对动态环境不敏感的系统[44]。

此外,包括规划、调度和优化等问题,都将鲁棒性因素考虑在内,形成了鲁棒性规划调度[45-48]和鲁棒性优化[49-51]等概念。

鲁棒性规划调度,是指在规划调度过程中通过资源预留、鲁棒性评估等策略主动适应任务执行过程中的不确定性,确保规划调度结果能够在一定不确定性条件下仍然能够保持适用,主要应用领域为航天任务规划系统或无人机任务规划系统[52-53]。针对鲁棒性规划调度,需要从以下几个方面进行理解:①鲁棒性规划调度的最理想设计结果是不需进行重新规划调度而能有效应对一定程度不确定事件;②当达不到最理想设计结果时,鲁棒性规划调度仍然能够保证系统在面对各类不确定事件时性能下降在可接受范围内;③鲁棒性规划调度是一种在初始方案生成时即引入一定保护机制的主动型策略,能够对扰动脱敏。

针对鲁棒性优化,一般可将其划分为两种类型:一种为性能鲁棒性,即微小扰动发生时,性能指标空间偏离最优值不大;另一种为解鲁棒性,即微小扰动发生时,解空间对应的优化方案偏离最优方案不大。

目前,针对解鲁棒性问题研究较多,可以在优化目标中引入原目标函数的均值和(均)方差值,并通过综合加权和方法将多目标优化问题转化为单目标优化问题进行求解。然而,该方法存在加权系数难以确定以及加权求和过程中信息丢失等问题;为解决该问题,可以将鲁棒性指标作为多层多目标优化目标函数之一通过求解 Pareto 前沿分布解,或直接定义一个包含均值和(均)方差值的综合值进行优化,从而取得方案最优性和鲁棒性的折中。如图 1.7 所示,为鲁棒性优化原理示意图[92]。

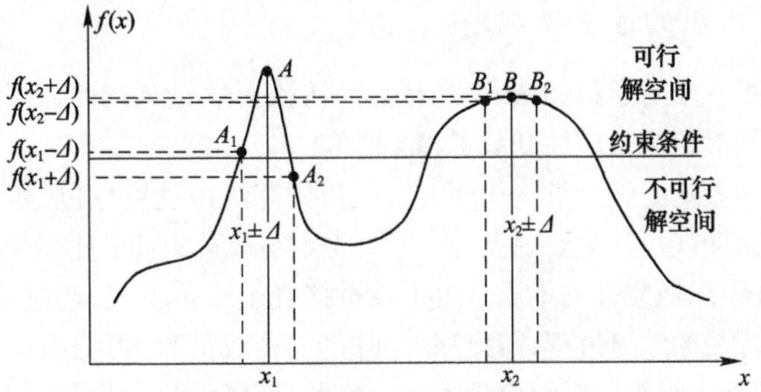

图 1.7　鲁棒性优化原理示意图

从图 1.7 可以看出，若 $f(x)$ 越大越优，则 A 点和 B 点对应的解 x_1 和 x_2 分别为最优解和次优解，即不考虑解鲁棒性时，x_1 要优于 x_2。但若考虑大小为 Δ 的扰动，则 A_1 点和 A_2 点对应的解 $x_1-\Delta$ 和 $x_1+\Delta$，要劣于 B_1 点和 B_2 点对应的解 $x_2-\Delta$ 和 $x_2+\Delta$，且在整个扰动区间内，x_1 的整体解质量要劣于 x_2。因此，鲁棒性优化就是需要在优化过程中，综合考虑解的最优性和鲁棒性，求得抗扰动能力更强的解。

将鲁棒性概念引入 C^2 组织研究领域，即要求 C^2 组织能够对组织环境和组织状态的偏差具有一定预测能力并容忍这种偏差，使得不需要对 C^2 组织进行改变也能完成相应的组织任务。换言之，具备鲁棒性的 C^2 组织能够吸收一定的外部扰动，消除或延迟外部扰动的影响。图 1.8 所示为 C^2 组织鲁棒性和适应性作用过程。

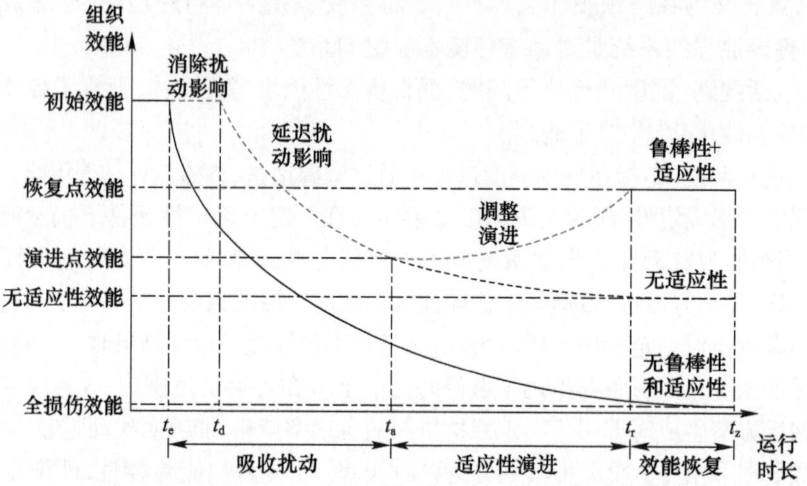

图 1.8 C^2 组织鲁棒性和适应性作用过程

图 1.8 中，C^2 组织鲁棒性和适应性作用过程表现为吸收扰动和适应性演进两个部分。若不采取鲁棒性和适应性措施，则组织在受到非预期事件影响时，组织效能会下降得很快。而在非预期事件扰动初始阶段，由于 C^2 组织生成时考虑了鲁棒性因素，组织能够维持组织效能；而随着扰动加大，虽然组织不能继续维持组织效能，但能够减小组织效能下降的幅度。当扰动继续加大时，仅仅依靠鲁棒性已不能保证组织效能满足一定条件，这时就需要通过适应性演进措施对组织效能进行一定程度恢复。

1.2.3 C^2 组织的适应性演进

组织适应性是一个跨学科领域研究问题，包括社会学、生物学、管理学和复杂性科学等学科研究人员均对组织适应性开展了相关研究[54]。

社会学研究学者从组织成员——即人的视角研究组织适应性，从而将宏观的组织适应性研究粒度引向微观。其主要观点为[55-56]：①组织成员的社会化属性导致组织也具备了社会化属性；②组织适应性的本质是组织成员接受组织价值观，适应环境、工作角色和任务而改变自身行为的学习过程，需要深入剖析组织（成员）学习与组织适应性间的复杂关系；③组织内部除了组织－组织成员的纵向关系，还存在组织成员－组织成员的横向关系，需要对这些关系进行整体性研究。

生物学研究学者在组织适应性研究中引入生物进化理论，将组织适应结构、环境变化的过程与生命体随外部条件变化的演进过程相类比，并形成被动型的环境推动适应观和主动型的组织拉动适应观两大流派。被动型的环境推动适应观来源于达尔文“物竞天择、适者生存”进化理论，其主要观点为[57]：①组织适应性过程是渐进过程；②组织适应性的推动力主要来源于环境中的机会和威胁；③面对环境变化，组织适应性过程并不存在主动的理性行为，而是采用“随机 + 选择”方式。主动型的组织拉动适应观来源于拉达克“用进废退、获得性遗传”进化理论，其主要观点为[58,59]：①组织适应性的拉动力主要来源于组织自身的引导和控制，与外部环境关系不大；②组织适应性同时受到外部环境和组织内部要素间相互关系影响；③组织适应性是在原有组织上的演进和重构，而非建立新组织。

管理学研究学者从知识学习视角对组织适应性进行研究，认为组织本质上是包括存量知识和增量知识的知识系统，与之对应的，组织适应性过程即为知识学习和积累过程。进一步分解，知识学习视角下的组织适应性又包括基于知识资源理论的组织适应性[60]、基于组织学习理论的组织适应性[61]和基于知识系统理论的组织适应性[62]三个方面，主要观点分别为[63-65]：①隐性知识、异质性知识和互补性知识等存量知识的分布、转化和传递能够提高组织适应性；②组织适应性不仅需要进行现有存量知识的学习，更需要探索新的增量知识，且知识创新能力能够有效克服组织学习过程中的累积经验递减效应；③依赖于自主、协同和反应能力的知识转移系统对组织适应性具有的一定影响，其外部子系统影响组织适应性的内容和幅度，内部子系统影响组织适应性的动力大小。

复杂性科学研究学者从复杂适应系统视角对组织适应性进行研究探讨，认为组织作为一种特殊的复杂适应系统，需要在必要时改变自身结构和行为以适应环境，且这种结构和行为的变异具有一定变异空间，并能够根据需要选择变异方式。其主要观点为[66-68]：①组织适应性是组织复杂性的原因而非结果；②组织适应性过程是包括调控转变→适应性转移→自组织在内的递进过程；③吸收和加强组织复杂性，使之超过环境复杂性是组织适应性的关键；④组织适应性是可以被度量的且度量指标并不唯一，更能与环境相匹配的度量指标更优。

将适应性概念引入 C^2 组织研究领域，即要求 C^2 组织面对组织目标、环境或内部参数非预期的激烈变化时，能够快速有效进行演进或重构以维持组织良好效能。根据适应性在其他领域的应用情况，可以将组织适应性划分为全局重构和局部演进两类。其中，前者是指在各类条件发生变化时，C^2 组织将当前战场信息作为输入信息，不考虑预先组织生成结果，从无到有地重新生成适应当前战场信息的新组织。后者是在考虑预先生成结果基础上，在其解邻域范围内进行局部拓展搜索，从有到优（这里的“有”是相对于原有战场信息而言）地进行适应当前战场信息的组织生成。本书面向的是后一种适应性，即 C^2 组织的局部演进。

在 C^2 组织演进过程中，存在一定的演进代价，不存在不计代价的演进过程。因此，在实际组织演进过程中，需要实现期望组织效能和演进代价的折中，演进代价包括时间代价，以及演进前后的“距离”代价。图 1.9 所示为四类适应性演进情况。

图 1.9 中，横坐标是非线性的，即演进之前一直到演进点代价均为 0，当演进结束组织效能达到稳定时，演进代价会停留在恢复点代价不变。C^2 组织适应性演进过程中，理

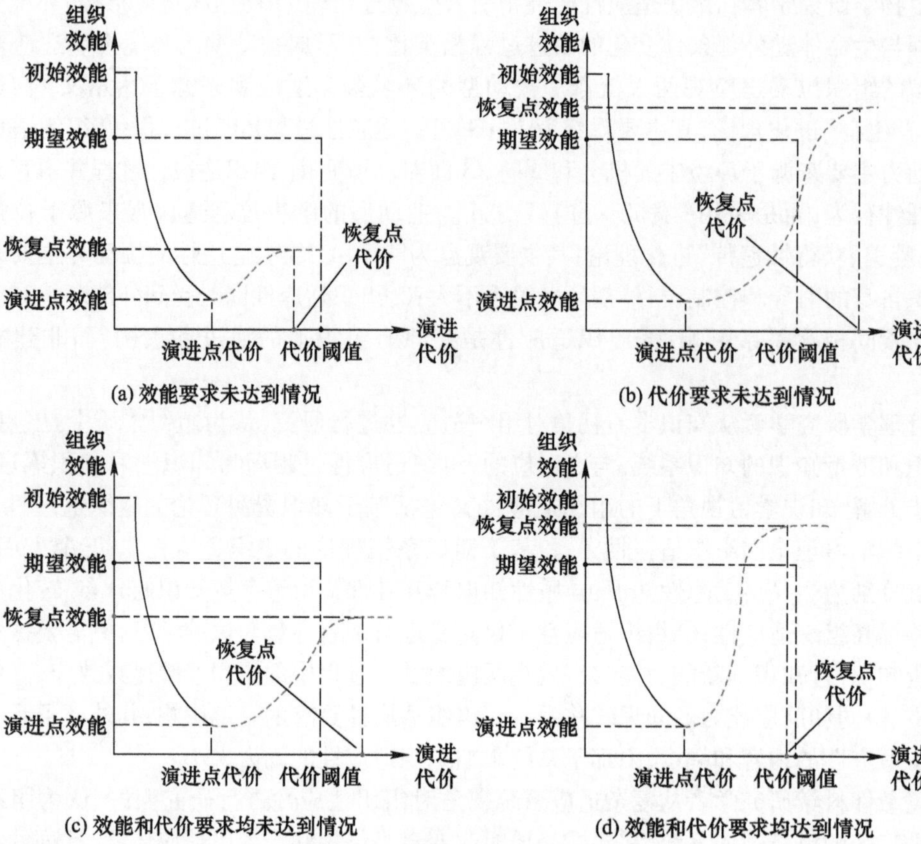

图 1.9　C^2 组织四类适应性演进情况

想情况是效能和代价均能满足条件,但理想情况往往是较难达到。在组织实际演进过程中,以较低代价获得可行演进方案对 C^2 组织更有意义。

1.3　C^2 组织生成及演进的理论基础

C^2 组织生成及演进的规范化、结构化建模是 C^2 组织生成及演进实施的基础,其建模方法主要包括计算数学组织理论、图论和网络理论、多 Agent 系统方法、Petri 网方法和信息理论方法。C^2 组织生成及演进的评估是对 C^2 组织生成及演进质效的综合评价,是从阶段性或整体性角度出发优选 C^2 组织生成及演进总体方案的技术手段,主要包括理论评估方法和实验评估方法。

1.3.1　计算数学组织理论

20 世纪 90 年代初,Cathleen 等[69-70]在总结前人对组织理论研究成果的基础上,提出了计算数学组织理论。计算数学组织理论是人工智能、社会学和信息学交叉的研究领域,其兴起原因是实证研究等传统组织研究方法无法描述组织内部、组织及其环境之间的复杂交互关系,更难以解释这些非线性、动态性关系引起的复杂系统涌现现象,亟需引入包含数理分析过程的计算数学技术来解决上述问题。这一理论研究的最初研究动机为:

①借鉴传统组织理论和组织设计方法,结合计算数学工具和手段研究多主体系统,期望能快速、高效建立大型复杂协作问题的求解机制;②考虑信息技术对组织理论的影响,从根本上拓展组织理论研究,建立人机共栖的新型社会组织方法学。计算数学组织理论通过数学模型对组织理论进行建模和验证,其认为组织是由智能主体及其活动过程组成,智能主体具有集体行为、任务导向和有限理性等特性,并通过其行为与环境进行相互影响。

计算数学组织理论的研究重点是组织设计[71]、组织学习[72]、组织文化[73]和组织适应性[74]。结合信息化作战特点,计算数学组织理论被尝试运用于 C^2 组织的描述和效能分析,通过分析信息和网络技术对 C^2 组织的影响研究全新组织形式,从而为军事 C^2 行为提供决策支持。

基于该理论,可以描述和分析战场 C^2 组织的结构,并建立对 C^2 组织进行描述的 PCANS 模型[75]和基于模拟退火的 C^2 组织适应性行为模型[76]。PCANS 模型得名于组织基本要素间的五类关系,即将 C^2 组织的基本要素分为三类:决策个体、任务和资源,并利用矩阵描述这三种基本元素间的关系,如任务间的执行顺序关系 $\boldsymbol{P}$、任务对资源的需求关系 $\boldsymbol{C}$、个体对任务的执行关系 $\boldsymbol{A}$、决策个体间的协作关系 $\boldsymbol{N}$ 和个体对资源的拥有关系 $\boldsymbol{S}$。

PCANS 模型中包含了关于 C^2 组织的丰富信息,如谁拥有什么资源、负责什么任务、和谁进行协作等,通过对这一模型进行拓展可以包含更广泛信息。PCANS 模型和 C^2 组织适应性行为模型的优点在于能够简洁明了地描述 C^2 组织,简化组织设计工作;其不足之处在于模型的不完整性,未深入分析和研究 C^2 组织运作的关键域——信息域[77]。图 1.10所示为基于 PCANS 模型建立的 C^2 组织视图[78]。

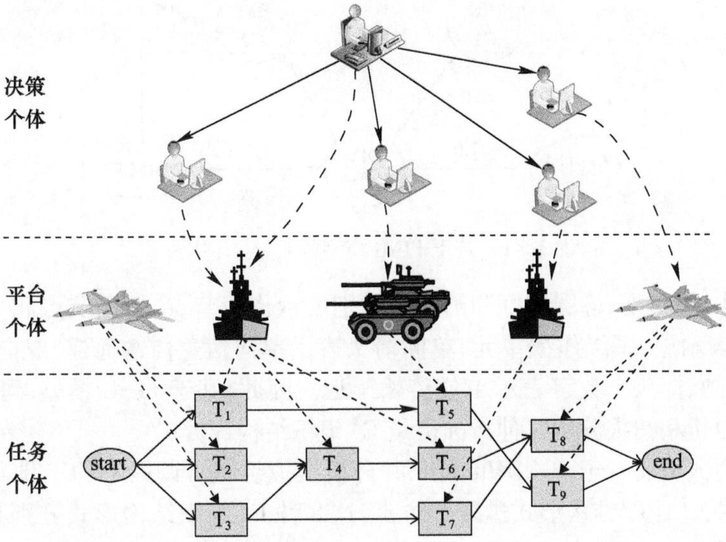

图 1.10　基于 PCANS 模型的 C^2 组织视图

图 1.10 中,描述了决策个体、平台个体和任务个体之间的关系。可以看出,C^2 组织是面向任务的。基于三类个体的划分,C^2 组织中的关系主要包括:任务个体间的序列关系、平台个体对任务个体的执行关系、平台个体间的协作关系、决策个体对平台个体的 C^2 关系、决策个体间的 C^2 和协作关系等。

1.3.2 图论和网络理论

图论和网络是以图或网络形式描述 C^2 组织内部元素间的关系，经典方法是采用社会网络分析方法对 C^2 组织进行建模和评价[79-80]，其关键目标是提高 C^2 组织中通信和工作流效率。采用社会网络分析 C^2 组织能够达到以下目的：①用图来将 C^2 组织中的各种关系可视化；②采用传统统计技术研究影响 C^2 组织的各种关系以及各种关系之间的相关性；③研究相关数据之间隐含的关系，如多个信息流通道中阻碍工作处理并使得“观测→判断→决策→行动”(Observe→Orient→Decide→Action，OODA)循环变慢的瓶颈，信息流与 C^2 组织结构不相匹配之处，C^2 组织中未被正式认可的关键角色等。

按照社会网络分析方法，可进一步建立 FINC(Force，Intelligence，Networking and C^2)模型，FINC 模型将 C^2 组织中节点类型划分为作战节点(F)、情报节点(I)和 C^2 节点(C)三类，三类节点通过网络(N)链接，从而建立 C^2 组织网络模型。该模型能够通过网络分析工具分析组织的节点协同效能、网络中心度和侦察性能等。图 1.11 所示为基于 FINC 模型的 C^2 组织视图。

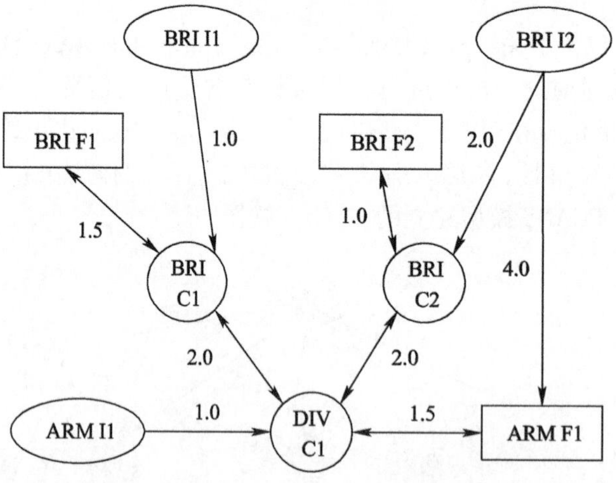

图 1.11 基于 FINC 模型的 C^2 组织视图

图 1.11 中，矩形框、椭圆形框和圆形框分别表示作战节点、情报节点和 C^2 节点，BRI 和 ARM 分别表示旅、军级作战单元，单向箭头表示单向信息传输通道，双向箭头表示双向信息传输通道，箭头上数字表示单位传输延迟。因此，基于 FINC 模型，可以采用延迟分析、集中性分析和情报分析三种指标衡量 C^2 组织结构优劣。

此外，研究人员还基于 SCUDHunt(一种分析虚拟组织协调能力的工具)设计了试验床，分别对 8 种 C^2 组织结构形式进行了仿真，这 8 种 C^2 组织结构形式分别是：无信息共享的集中式、分组式、分布式和协商式，以及有信息共享的集中式、分组式、分布式和协商式。在各种环境变化条件下，有信息共享的协商式 C^2 组织结构具有最优效能，这也是网络中心条件下 C^2 组织结构的特征。

考虑到 C^2 组织中，各节点组成包括信息网络、C^2 网络和火力网络等各类异质网络在内的多维网络体系，还可采用超网络模型对 C^2 组织进行描述。超网络是一种具有多层、多级、多属性和多目标特征的嵌套网络，是网络的网络。超网络模型的优势在于可以将结构与属性相结合、网络拓展性较强且可以从不同粒度观察和分析局部网络[81]。图 1.12 所示为基于超网络模型的 C^2 组织视图。

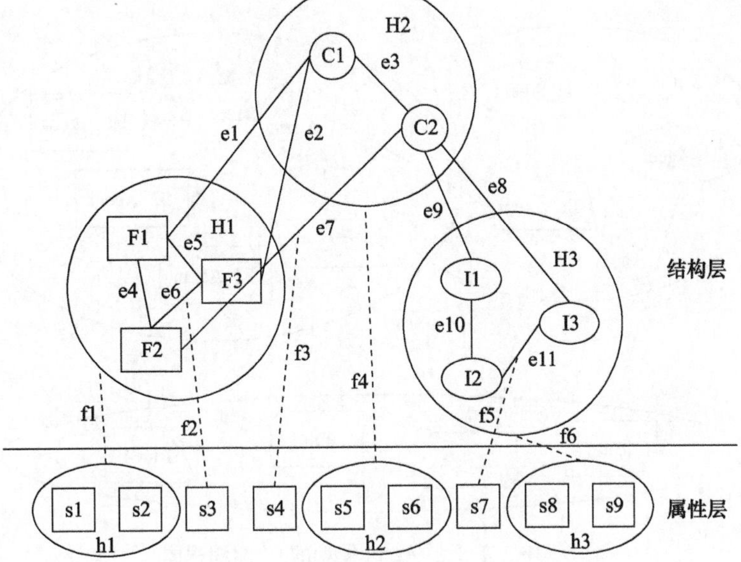

图 1.12　基于超网络模型的 C^2 组织视图

图 1.12 中，F1、F2 和 F3 表示作战节点，I1、I2 和 I3 表示情报节点，C1 和 C2 表示 C^2 节点，e1、e2、…、e11 表示节点间各类关系，s1、s2、…、s9 表示属性映射，H1、H2 和 H3 分别表示火力子网、指控子网和情报子网，h1、h2 和 h3 表示属性集合。其中，H1、H2 和 H3，以及 h1、h2 和 h3 都可以定义超边。可以看出，超网络模型通过将节点和属性定义为超边形式，提升了模型的描述能力。

1.3.3　多 Agent 系统方法

Agent 的概念来自于分布式计算领域[82]，其是一种具有自主性的计算实体，多 Agent 系统（Multi－Agent System，MAS）是由多个 Agent 构成的有机整体[83-84]。通常把具有目的性且能够在协作环境中保持自主运行的计算实体定义为 Agent 实体，Agent 实体具有自主性、协作性、反应性和主动性等属性特征。在复杂动态环境中，MAS 中的各个 Agent 实体可以共同协作完成任务，达成一致的目的，这与处于一定组织环境中的 C^2 组织具有相似性。对 Agent 组织的抽象主要包括组织结构、组织规则和组织模式[85]，且 Agent 组织规则在 Agent 组织形成和基于 Agent 组织问题求解中有着重要作用；但由于目前尚未形成组织规则的形式描述、形成机制和具体算法，其还难以应用于 Agent 组织的形成和求解过程。

在基于 MAS 的 C^2 组织建模中，主要通过将组织划分为任务/角色/能力/Agent 四层结构模型，解决“任务－实体”间的紧耦合问题，从而提高任务分配过程中的柔性和适应性。此外，针对 C^2 组织中的 C^2 活动，基于 MAS 方法还可以构建相应 C^2 模型，并建立相应的协同机制和决策方法。因此，相比于其他建模方法，基于多 Agent 系统方法的优势在于其不仅可以在实体结构关系层面进行模拟，还可以对实体进行微观的行为规则建模。

C^2 组织中，存在 C^2 活动、兵力活动和信息活动等一系列组织活动，其交互过程涉及物理域、信息域和认知域，需要对各类实体行为进行建模，从而有效刻画实体间信息、火力和决策等交互过程。图 1.13 所示为基于多 Agent 模型的 C^2 组织视图。

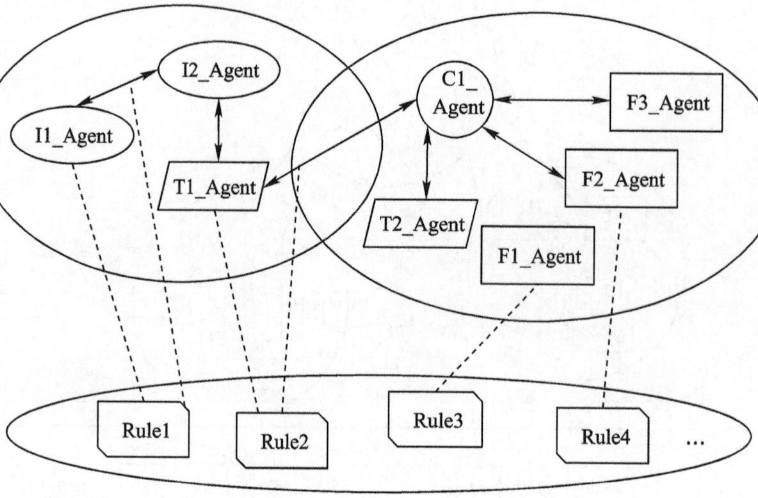

图 1.13　基于多 Agent 模型的 C^2 组织视图

图 1.13 中，I1_Agent 和 I2_Agent 表示情报 Agent 实体，T1_Agent 和 T2_Agent 表示通信 Agent 实体，C1_Agent 表示指控 Agent 实体，F1_Agent、F2_Agent 和 F3_Agent 表示作战 Agent 实体，Rule1 ~ Rule4 表示各 Agent 实体角色行为和交互规则。

1.3.4　Petri 网方法

Petri 网是一种描述和分析具有分布、并发、异步等特征系统的有效工具，在工业控制、系统集成、软件设计等领域有十分广泛的应用[86-88]。考虑到 C^2 组织中决策人员间交互行为的不同会导致组织结构的差异，需要在构建决策人员的决策过程模型基础上进行 C^2 组织建模。基于 Petri 网对组织构建进行研究，是在单决策员 Petri 网模型基础上对组织描述、构建及适应性提出概念和方法，并针对组织环境中 C^2 组织特点及现代 C^3I 系统进行建模与分析[89]。具体而言，是采用面向对象方法建立包括通信、决策监控、决策者和组织监控四类对象的组织模型。其中，决策者类采用五级交互模型；通信类允许组织内信息流动；组织监控类提供组织性能参数；决策监控类作为决策者性能函数，负责监控决策者行为。为响应各种变化，提出多种组织适应性概念，如：准静态组织、准静态适应性组织、可变结构决策组织和固定结构决策组织等。图 1.14 所示为单决策人员的 Petri 网决策模型。

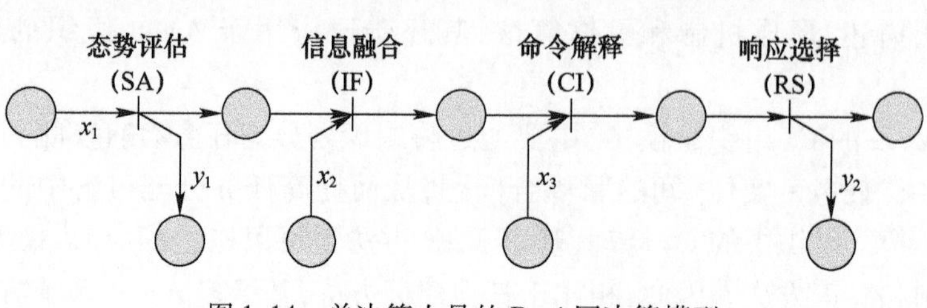

图 1.14　单决策人员的 Petri 网决策模型

C^2 组织中决策个体的状态可分为态势评估(Situation Assessment,SA)、信息融合(Information Fusion,IF)、命令解释(Command Interpretation,CI)和响应选择(Response Selection,RS)四种[90],并可利用 Petri 网建立单个决策个体的决策过程模型以及多个决策个体的决策交互模型。图 1.14 中,决策人员在 SA、IF 和 CI 阶段输入信息 x,并在 SA 和 RS 阶段输出结果 y。不同阶段的信息 x 输入对应于不同的交互模式,如不同决策人员在 SA 阶段的信息交换属于信息共享式交互,其他决策人员的 RS 向某决策人员 IF 阶段进行决策结果输入属于结果共享式交互,其他决策人员的 RS 向某决策人员 CI 阶段进行决策结果输入属于命令式交互。图 1.15 所示为双决策人员间交互模型。

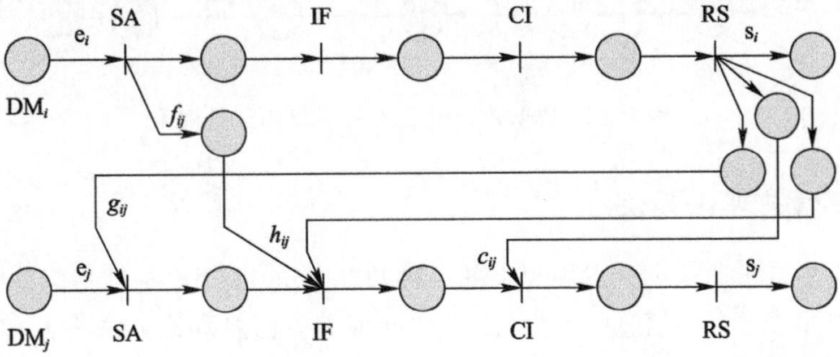

图 1.15　双决策人员的 Petri 网交互决策模型

图 1.15 中,组织与环境的交互分别用矩阵 $\boldsymbol{E}$ 和 $\boldsymbol{S}$ 表示,其中,$\boldsymbol{E}$ 为环境到组织的输入,$\boldsymbol{S}$ 为组织到环境的输出。$\boldsymbol{F}=(f_{ij})_{N\times N}$、$\boldsymbol{G}=(g_{ij})_{N\times N}$、$\boldsymbol{H}=(h_{ij})_{N\times N}$和 $\boldsymbol{C}=(c_{ij})_{N\times N}$分别为 SA 到 IF 的链接矩阵、RS 到 SA 的链接矩阵、RS 到 IF 的链接矩阵、RS 到 CI 的链接矩阵,N 为决策人员的数量。若 $f_{ij}=1$,则表示存在DM_i 的 SA 到DM_j 的 IF 的链接,反之,则无,其他矩阵中元素亦如此,用六元组 $<\boldsymbol{E},\boldsymbol{F},\boldsymbol{G},\boldsymbol{H},\boldsymbol{C},\boldsymbol{S}>$ 表征组织结构。在约束条件方面,可以归纳为以下四类。

约束一:从源节点到结构节点,从结构节点到宿节点均存在一条有向路径;

约束二:结构是无环的,即非循环的;

约束三:从任一 DM 的 RS 到其他 DM 最多可以有一个链接,即对于每个DM_i 和DM_j,三元组 $<g_{ij},h_{ij},c_{ij}>$ 中只有一个非零元素;

约束四:信息融合只能发生在 IF 和 CI 阶段,每个 DM 的 SA 只能有一个输入。

以一个典型$\prod=<\boldsymbol{E},\boldsymbol{F},\boldsymbol{G},\boldsymbol{H},\boldsymbol{C},\boldsymbol{S}>$六元组为例,可以生成相应组织结构。图 1.16 所示为对应于$\prod$的组织结构 Petri 网示意图。

$$\boldsymbol{E}=\begin{bmatrix}0 & 1 & 1\end{bmatrix}\quad \boldsymbol{F}=\begin{bmatrix}0&0&0\\1&0&0\\0&1&0\end{bmatrix}\quad \boldsymbol{G}=\begin{bmatrix}0&0&0\\0&0&0\\0&0&0\end{bmatrix}$$

$$\boldsymbol{S}=\begin{bmatrix}0 & 1 & 1\end{bmatrix}\quad \boldsymbol{H}=\begin{bmatrix}0&1&0\\0&0&0\\0&0&0\end{bmatrix}\quad \boldsymbol{C}=\begin{bmatrix}0&0&0\\0&0&1\\0&0&0\end{bmatrix}$$

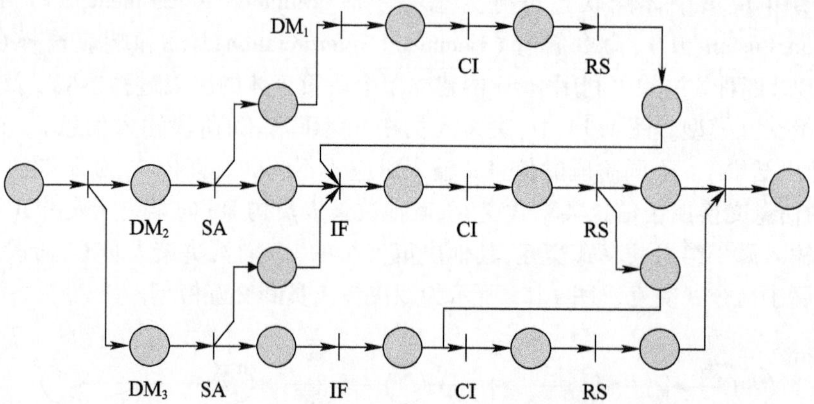

图 1.16　典型六元组下的 Petri 网组织结构

1.3.5　信息理论方法

信息理论是基于通信理论发展起来的一种数学方法，其理论基础是信息熵，主要研究信息的运动规律[91-92]，如信息的产生、传递和处理等。信息理论方法将人和系统分别看作信息处理者和信息系统进行 C^2 组织描述和分析，使用信息熵描述 C^2 组织特征，并将 C^2 组织中信息总熵划分为四个部分[93]：流通量 E_t、阻塞量 E_b、内部决策量 E_n 和内部协调量 E_c。

从信息理论角度看，C^2 组织及其决策个体分别是信息系统和其中的信息处理单元。信息理论主要通过信息熵来定量化描述组织的各种特征，如内部的凝聚力、相互依赖性、决策的不确定性等，将指挥员的决策模式分为单个指挥员自主决策和多个指挥员协同决策（平行决策），提出包括单决策模型和双决策模型在内的组织熵决策模型[94]。图 1.17 所示为单决策人员的信息 - 决策模型。

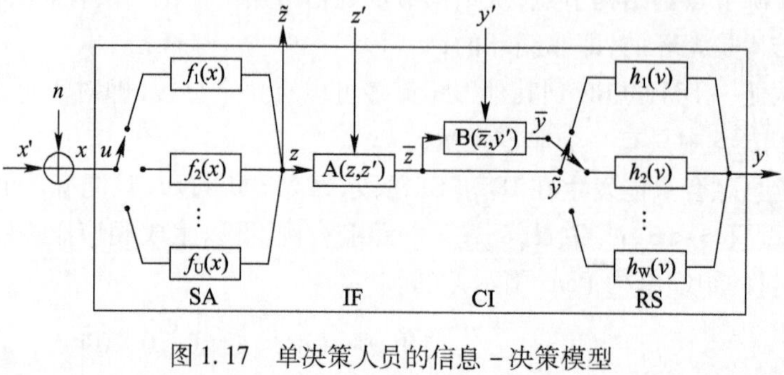

图 1.17　单决策人员的信息 - 决策模型

图 1.17 中，v 为 $\bar{y}$ 或 $\tilde{y}$。与 Petri 网方法一样，信息理论方法将决策人员决策步骤划分为 SA、IF、CI 和 RS 四步，且信息 - 决策系统 S 包含四个子系统 S^F、S^A、S^B 和 S^V，分别对应于 SA、IF、CI 和 RS。

以图 1.17 中模型为例，决策人员接收到 $x = x' + n$ 的混合噪声信号，其中，x' 为环境输入信号，n 为噪声信号。x 的取值概率为 $p(x)$，则定义变量 x 的条件熵为

$$H_x(z) = -\sum_x p(x) \sum_z p(z|x) \cdot \log_2 p(z|x) \tag{1.1}$$

式中:$p(z|x)$为在 x 条件下 z 的概率。

第一步,是 SA 阶段。在该阶段,需要根据一定的策略 F,选取 $f_1(x)$、$f_2(x)$、…、$f_U(x)$中任一算法对 x 进行处理。$f_i(x)$,$i=1,2,\cdots,U$ 的选取取决于策略 F 的分布函数 $P(\mathrm{F})$,每个 $f_i(x)$算法均为确定的。因此,一旦输入确定,则输出也是确定的。经过 SA 阶段,决策人员可以向其他决策人员输出信息 $\tilde{z}$ 。

第二步,是 IF 阶段。在该阶段,通过确定性策略 A,将决策人员产生信息 z 和其他决策人员信息 z'进行融合,从而得到融合后的信息 $\bar{z}$,并作为下一阶段输入。

第三步,是 CI 阶段。在该阶段,通过确定性策略 B,将经过 IF 阶段融合后生成信息 $\bar{z}$ 和其他组织成员的命令 y'进行综合,从而得到综合后的信息 $\bar{y}$,并作为下一阶段输入。

第四步,是 RS 阶段。在该阶段,需要根据一定的策略 V,选取 $h_1(v)$、$h_2(v)$、…、$h_W(v)$中任一算法对 v 进行处理。$h_j(v)$的选取取决于策略 V 的分布函数 $P(\mathrm{V})$,即 $P(\tilde{y} \mid \bar{z})$或$P(\bar{y} \mid \bar{z})$,其中,$j=1,2,\cdots,W$, $\tilde{y}$ 是 CI 阶段无 y'输入情况下的输出。

定义流通量 E_t 为输入变量 x、z'、y'到输出变量 y 的传输量,即有

$$E_t = T(x,z',y':y) \tag{1.2}$$

式中:$T(x:y)$为从 x 到 y 的传输量,有 $T(x:y)=H(y)-H_x(y)$成立。

定义阻塞量 E_b 为未被系统传输的信息量,即有

$$E_b = H(x,z',y') - E_t \tag{1.3}$$

定义内部决策量 E_n 为未被系统接收的信息量,即有

$$E_n = H(u) + H_{\bar{z}}(\bar{y}) \tag{1.4}$$

定义内部协调量 E_c 为子系统内部协调量与各子系统间传输量之和,即有

$$E_c = E_c^F + E_c^A + E_c^B + E_c^V + T(\mathrm{S^F:S^A:S^B:S^V}) \tag{1.5}$$

式中:E_c^F、E_c^A、E_c^B 和 E_c^V 分别为子系统 $\mathrm{S^F}$、$\mathrm{S^A}$、$\mathrm{S^B}$ 和 $\mathrm{S^V}$ 的内部协调量,$T(\mathrm{S^F:S^A:S^B:S^V})$为各子系统间传输量,且有 $T(\mathrm{S^F:S^A:S^B:S^V}) = H(z) + H(\bar{z}) + H(\bar{y},\bar{z}) + T(x':z') + T(x',z':y')$成立。

则组织中信息总熵为

$$E = E_t + E_b + E_n + E_c \tag{1.6}$$

而在 C^2 组织中,决策人员数量不止一个,存在多决策人员,双决策人员的信息 - 决策模型是其中的最简单模型。图 1.18 所示为双决策人员的信息 - 决策模型。

图 1.18 中,X 为总输入信息;$\mathrm{DM_1}$ 和$\mathrm{DM_2}$ 表示两个决策人员。对如图 1.18 所示的信息 - 决策模型,可以按照类似方法对$\mathrm{DM_1}$ 和$\mathrm{DM_2}$ 的流通量 E_t、阻塞量 E_b、内部决策量 E_n 和内部协调量 E_c 进行分析。

可以看出,不同方法在建模过程中对 C^2 组织的理解是不同的。Petri 网方法、信息理论方法是从狭义上理解 C^2 组织的,而计算数学组织理论、图论和网络理论、多 Agent 系统方法是从广义上理解 C^2 组织的。无论采取哪种建模方法对 C^2 组织进行规范化、结构化

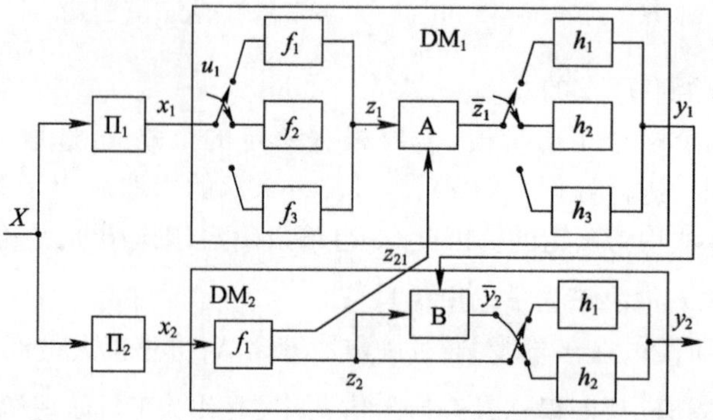

图 1.18　双决策人员的信息 - 决策模型

建模，都需要对 C^2 组织的概念内涵有清晰、准确的认识，只有这样才能更好地抽象出反映这一概念的数学模型，进而更加系统完备地解决 C^2 组织生成及演进问题。

1.3.6　C^2 组织生成及演进的评估方法

对 C^2 组织生成及演进进行评估是检验具体方法有效性和优越性，并进行优选的重要手段，C^2 组织生成及演进的评估方法通常分为理论评估方法和实验评估方法两类。

1. 理论评估方法

传统组织或系统的理论评估方法大致可以划分为两类，分别为数学解析法和专家评估法。

数学解析法是通过性能指标与给定条件间的函数关系表达式，通过数学解析方法计算性能指标值。数学解析法的典型方法包括 ADC（Availability - Dependability - Capability）分析法（即可用度 - 可信度 - 固有能力分析法）、系统效能分析法、兰彻斯特方程法、两步裁定法和复杂网络分析法等。

ADC 分析法较多用于武器系统效能评估，基本思想是采用任务执行起始时系统状态度量（可用度 $\boldsymbol{A}$）、任务执行过程中系统状态度量（可信度 $\boldsymbol{D}$）和系统满足任务执行能力度量（固有能力 $\boldsymbol{C}$）三者乘积刻画系统效能。系统效能分析法较多用于复杂系统效能评估，基本思想是采用系统运行轨迹和系统任务要求轨迹的贴进度度量系统效能，贴进度越高，则认为系统效能越高。兰彻斯特方程法较多用于战略、战役级作战效能评估，基本思想是建立对抗双方兵力数量关系的微分方程组，通过计算作战交换比和效能比得到效能评估结果。两步裁定法较多用于空战效能评估，基本思想是分别计算易损性低和易损性高的一方先敌发射且敌方还击后的双方各自损耗之和，进而进行空战效能评估。复杂网络分析法较多用于复杂网络系统效能评估，基本思想是采用节点度分布、平均路径长度、聚集系数、网络规模、网络密度和节点重要度等性能指标进行测度和评估。

此外，数学解析法还包括指数法、信息熵法、多元统计法、云模型法、数据包络分析法和理想点法等。总之，数学解析法的优势在于性能指标值是通过解析方法计算得到的，其计算过程相对简单易行；但其劣势同样明显，即较难准确给出衡量性能指标与给定条件间关系的函数表示式。

专家评估法是一种由专家参与打分、赋权或直接给出评估结果的方法总称。专家评估法的典型方法包括德尔菲法、层次分析法、模糊综合评判法和多属性决策法等。

德尔菲法是具有匿名和反馈特性的评估方法，基本思想是由多个专家按照调查、评分、汇总、反馈、再调查、……，并反复多次的步骤对评估对象进行评估。层次分析法是将评估问题分解为若干层次，根据专家意见给出系统元素两两判断矩阵，经过一致性检验后，生成各元素对上层元素的权重值，并采用加权求和方法递阶生成最终权重，进而进行评估的方法。模糊综合评判法是由专家对各指标进行打分，确定评价等级，并根据给定隶属度函数将评价值转化为隶属度值，并与指标权重经过模糊运算得到评估结果的评估方法。多属性决策法是对含有多个属性指标的方案进行排序的评估方法，基本思想是在构建属性指标体系基础上，根据专家赋权、客观赋权或组合赋权方法确定指标权重，并通过加权求和得到综合评估值。

与数学解析法一样，专家评估法的优势和劣势是正反一体的。专家评估法的优势在于能够引入多个评估专家的经验知识，有利于提高评估结果的全面性；同时，由于不同专家的经验知识存在差异甚至大相径庭，专家的权威性、不同专家意见的一致性，以及专家缺乏一定数学理论支撑而带来的意见主观性，都会影响评估结果的准确性。

近年来，理论评估方法出现了一些新方法，如支持向量机法、数据耕种与挖掘法、神经网络法、博弈论法和探索性分析法等。这些方法基于人工智能、大数据等新技术，开拓了组织或系统效能评估的方法路径，可以为 C^2 组织的理论评估提供借鉴。但同时，这些方法也存在着数据样本难以获取、评估所需参数较多、评估过程复杂等问题，这些问题都会影响组织效能评估的时效性和准确性。

从现状上看，C^2 组织生成及演进的理论评估方法较多采用复杂网络分析法、多属性决策法和层次分析 - 模糊综合评判组合方法。在采用复杂网络分析法进行 C^2 组织生成及演进评估时，需要将组织成员和组织资源抽象成节点，将组织成员与成员、成员与资源、资源与资源间关系抽象成边，通过将组织成员与资源间的复杂关系转化为网络关系进行评估。多属性决策法是建立涵盖 C^2 组织各层次、各方面的性能指标体系，按照赋权和集成的顺序生成最终评估结果。层次分析 - 模糊综合评判组合方法是将层次分析法和模糊综合评判法进行组合，实现两种方法优势的集成。

2. 实验评估方法

C^2 组织生成及演进的实验评估方法主要是通过实验的手段测试 C^2 组织效能，从而为组织生成与演化提供反馈和指导。C^2 组织生成及演进的实验测试平台主要包括三种：一是在第 3 代分布式动态决策模拟器[95]（Distributed Dynamic Decision - making Ⅲ，DDD - Ⅲ）环境中，进行适应性指挥控制结构（Adaptive Architecture for Command and Control，A2C2）系列实验[96-97]，该实验重点测试 C^2 组织相应结构对 C^2 组织效能的影响；二是通过计算组织模型对 C^2 组织进行模拟测试[98]，主要平台是离散事件模拟器 Extend 软件[99-100]，该实验重点测试 C^2 组织过程策略对 C^2 组织效能的影响；三是 C^2 组织全闭环虚拟实验测试方法，这是一种快捷、可靠、有效的 C^2 组织实验测试方法，其测试综合考虑了 C^2 组织过程策略和 C^2 组织相应结构对组织效能的影响。

1）基于 DDD - Ⅲ的组织实验测试方法

自 20 世纪 90 年代中期，为探索信息技术对传统 C^2 组织结构的影响，多家科研院所与企业联合开展了信息时代 A2C2 项目研究，包括美海军研究生院、卡耐基 · 梅隆大学、乔治·梅森大学、康涅狄格大学以及 Aptima 公司,该项目的宗旨是通过人在回路的实验验证信息时代的组织结构理论,目的是探索复杂战场空间 C^2 组织根据组织目标和组织环境快速进行重组与重构问题。具体工作包括两个方面:一方面是对快速构造战场空间 C^2 组织 C^2 结构关系进行理论、方法和技术实现上的探讨;另一方面是对理论上的阶段研究成果进行实验验证,从而为理论的深入研究和进一步完善奠定基础。

基于 DDD－Ⅲ环境的 C^2 组织实验测试工作主要包括三个阶段:第一阶段是设计需要进行实验测试的 C^2 组织结构;第二阶段是进行 DDD－Ⅲ环境的建模,建立实验实施时在 DDD－Ⅲ环境中需要运行的模型,包括平台模型、信息处理模型和交战模型等;第三阶段是进行实验的数据分析。

DDD－Ⅲ环境为 C^2 组织实验测试提供了灵活、可靠、有效的实验平台,20 多年来,它为组织技术与理论的实证工作做出了突出的贡献[101－102]。但随着组织模型研究的发展,以及信息与网络技术的进步,DDD－Ⅲ环境的局限性表现得越来越明显,具体表现在以下两个方面。

(1) 实验组织复杂。在 DDD－Ⅲ环境进行 C^2 组织测试需要经历的工作流程为:设置实验采用的作战想定→选择参与人员→对参与人员进行分组→依据 C^2 组织模型对参与人员组团→对参与人员进行几天甚至几周的训练→展开测试并记录每一个角色的表现→测试结果分析,工作流程复杂,极大影响了测试结论的输出效率。

(2) 实验周期长。由于工作流程的繁复,从作战想定设计到测试结论产生的周期通常是一年。以 1998 年第 4 次 A2C2 实验为例[103],为验证所设计组织模型与传统模型在执行相同组织任务时有更佳表现,该实验把参与人员分为 2 组,每组又各组成 4 种不同结构团队,仅在熟悉作战想定训练上就用了 5 周时间。

2) 基于 Extend 的组织实验测试方法

在仿真建模领域,Extend 环境最先将一度仅限于大型计算的模拟分析过程,以桌面可视化、可灵活操作的方式,在一般计算平台上向建模分析人员显示,为建模分析提供了极大便利。目前,Extend 环境已经成为仿真建模领域被广泛采用的通用平台,为不同层次的建模与模拟分析提供可靠工具。

在 Extend 环境下对 C^2 组织测试实验包括以下步骤:首先,建立 C^2 组织模型,包括对 C^2 组织实体、任务和组织关系的描述;然后,建立任务执行的策略描述和任务执行性能测度;最后,在 Extend 环境下利用离散事件模拟分析功能对 C^2 组织进行测试,检验所建立的 C^2 组织效能。C^2 组织测试对 Extend 环境的依赖主要体现在三个方面:一是组织任务间的逻辑关系,由 Extend 环境逻辑关系模块生成;二是组织主体在任务上的分配策略,由 Extend 环境策略生成模块生成;三是任务环境与组织主体的随机特征,由 Extend 环境随机统计模块生成。

基于 Extend 环境对空中作战中心的 C^2 组织模型进行 1000 次模拟测试可以进一步发现[104],Extend 环境的优势主要体现在两个方面:一是可以进行灵活设置,多次重复测试分析;二是能够产生逼真的任务与组织环境,这是 DDD－Ⅲ环境所不具备的。但由于 Extend 环境研制初衷是建立针对离散事件的建模与模拟分析平台,针对 C^2 组织这一具备社会行为特征的模拟分析对象,Extend 环境存在一定缺陷,具体表现在以下两个方面。

(1) 在 Extend 环境下的 C^2 组织测试仅仅是一种基于过程的模拟,这里的过程是指

C^2 组织的任务流程，这种过程的模拟分析未能充分体现 C^2 组织特性。

（2）Extend 环境下的 C^2 组织主体模型仅仅是一种执行任务、交换信息和资源的简化模型，未能体现一般决策主体的行为特征。

3）组织全闭环模拟实验测试方法

国防科技大学研究团队针对现有 C^2 组织实验评估中存在的不足，尝试建立一种全闭环虚拟实验测试环境[105]，以替代现有实验平台。这种全闭环虚拟实验测试方法，其测试环境区别于传统战争博弈平台和多主体系统，侧重于 C^2 组织个体在组织任务上信息与决策的交互协作、C^2 组织的 C^2 结构及程序等，能够通过 C^2 组织模型运行，验证 C^2 组织设计参数是否合理、假设是否成立、设计结果是否有效，从而促进现有 C^2 组织方法与技术的进一步完善。

图 1.19 所示为 C^2 组织测试床构想。基于该构想，C^2 组织测试床需要解决的关键问题包括三个方面：一是基于 C^2 组织协同执行任务过程的模拟环境构建；二是基于模拟过程的 C^2 组织效能测试分析；三是针对一次具体 C^2 组织生成及演进实例进行假设和结论的验证测试。

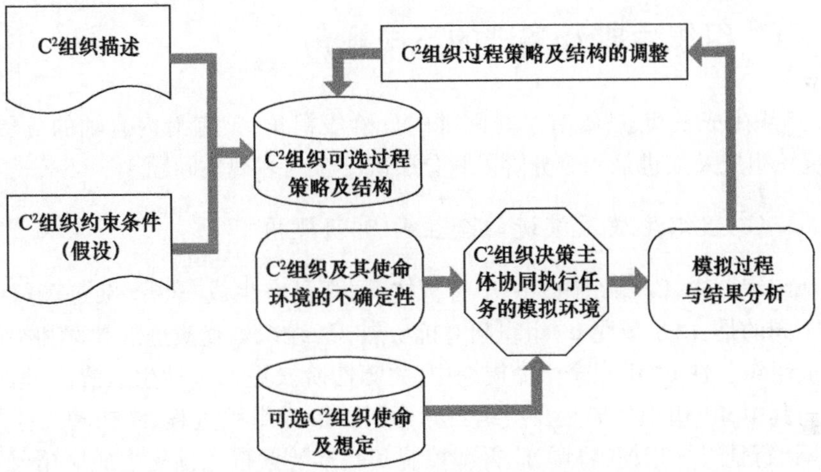

图 1.19　C^2 组织测试床构想

虽然通过实验手段分析评估 C^2 组织生成及演进的优劣相对客观准确，但通常需要大量的时间和资源开销。与之相比，理论评估方法在不失有效性的同时却更为简单快捷。本书主要采用理论评估方法对 C^2 组织生成及演进进行评估。

第2章　C^2 组织生成及演进的总体分析

C^2 组织生成及演进是与 C^2 组织设计既有联系又有区别的技术领域，其本质是全生命周期视角和内容分层视角下的 C^2 组织设计拓展研究，这就导致两者会有一定的共同理论基础，如基于系统工程方法的任务计划和 C^2 结构设计、组织生成及演进（组织设计）的过程和结果评估等。

当然，C^2 组织生成及演进有其特殊内容，这就需要针对其特定内容，从组织生成及演进的敏捷性需求出发，建立观察 C^2 组织生成及演进的不同视角，确定 C^2 组织生成及演进的具体内容和耦合关系，分析 C^2 组织鲁棒性生成和适应性演进的度量和优化方法，从而为后续生成与演进具体内容的敏捷性实现和方法展开奠定基础。

2.1　C^2 组织生成及演进的不同视角

对 C^2 组织生成及演进，既有沿时间轴的分阶段视角，又有沿内容轴的分层次视角。因此，C^2 组织生成及演进是一个分阶段和分层次结合的多视角问题。

2.1.1　C^2 组织生成及演进的全生命周期视角

与其他组织一样，C^2 组织作为一个有机体，同样具有生成、运行、演进和解散的全生命周期。不同的是，由于敌我 C^2 组织间对抗激烈，C^2 组织调整演进的频率和幅度要远大于社会领域组织。在 C^2 组织全生命周期中，关键性阶段主要包括生成阶段、运行阶段和演进阶段。其中，C^2 组织生成是在组织目标牵引下形成组织过程、结构和支撑的整体过程；C^2 组织运行是组织指挥、协调、监督和控制其基本要素按照预先生成应用要素正常运转，从而实现其组织目标的整体过程；C^2 组织演进是在组织环境或状态发生变化时，组织自适应进行过程、结构和支撑调整变化的整体过程。图 2.1 所示为 C^2 组织的全生命周期。

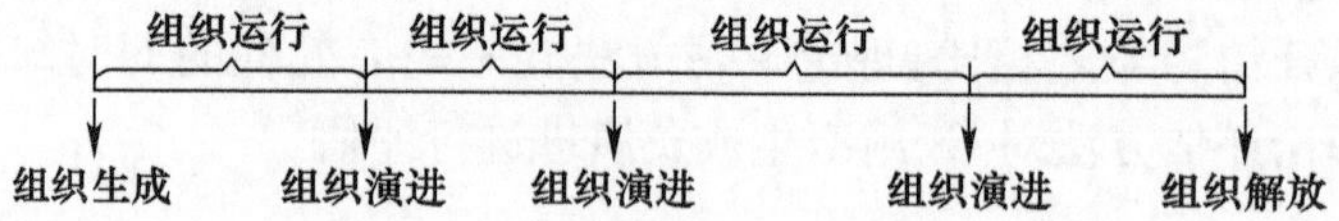

图 2.1　C^2 组织的全生命周期

由图 2.1 可知，C^2 组织全生命周期过程是一个复杂的时空过程，在组织生成后，组织会不断地运行和演进直至目标达成、组织解散。

C^2 组织生成是组织全生命周期的起始阶段，是 C^2 组织后续运行的基础。C^2 组织生成是预先定义的，可以近似看作一个离散过程，且面向不同组织目标，C^2 组织生成的内容、方法和流程都是各异的。C^2 组织生成具有有效性和鲁棒性两个主要的性能要求，其中，有效性是基本性能要求。C^2 组织生成的有效性是指生成的 C^2 组织是可用、有效的，能够满足组织目标实现和任务执行的基本要求。

C^2 组织运行是贯穿组织全生命周期的连续过程，占据了 C^2 组织全生命周期的大部分阶段。C^2 组织运行依赖于状态监测、冲突消解、运行调控和过程评估等方面，从而确保在 C^2 组织偏离预先设定时进行演进。图 2.2 所示为 C^2 组织的运行监控模块示意图。

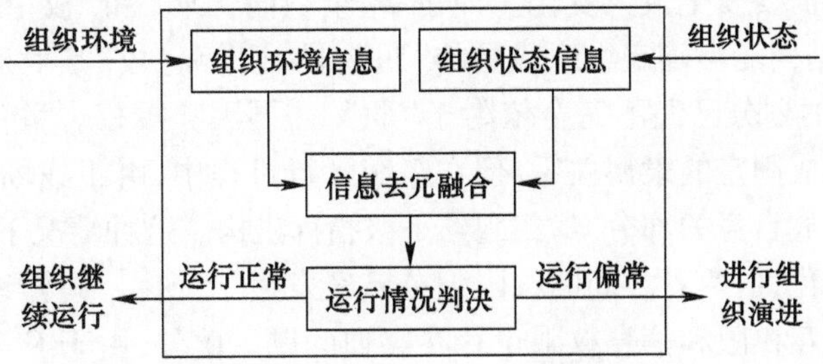

图 2.2　C^2 组织的运行监控模块

由图 2.2 可知，在组织运行阶段，C^2 组织持续收集环境信息和状态信息，在信息去冗融合基础上进行运行情况判决，若运行正常则组织继续运行，若运行偏常则进行组织演进。

C^2 组织演进是嵌入 C^2 组织运行的近似离散过程，是组织运行偏常的应对行为。C^2 组织演进是在线进行的，面对不同组织目标，C^2 组织演进的内容、方法和流程都是各异的。C^2 组织演进具有有效性和适应性两个主要的性能要求，其中，有效性是基本性能要求，C^2 组织演进的有效性与 C^2 组织生成的有效性含义类似。

2.1.2　C^2 组织生成及演进的分层递阶视角

对 C^2 组织生成及演进开展研究，本质上是根据 C^2 组织前置要素，考虑其基本要素，对其应用要素进行研究。具体而言，C^2 组织的生成及演进是在其信息支撑下，基于组织目标及其派生的过程策略和任务序列，面向组织成员设计特定组织结构，并通过面向不确定、复杂、动态和对抗组织环境的适应能力，根据情况需要全部或部分调整组织的过程序列、结构关系和支撑条件，进而维持组织效能的一体化过程。

因此，C^2 组织生成及演进问题，是一个包含目标过程层、组织结构层和信息支撑层的完整体系。在这个体系中，目标过程层是前导，其确定了 C^2 组织的过程序列，是组织结构层的输入；组织结构层是核心，主要通过建立与过程序列相协调的关联关系确定 C^2 组织完成使命任务的组织结构，其向上层的目标过程层反馈任务执行效果，向下层的信息支撑层输出信息需求；信息支撑层是支撑，主要对保障组织成员间信息分发的通信拓扑和网络链路进行设计，其向上层的组织结构层提供信息服务。其中，目标过程层包括过程策略选取、使命任务分解及序列生成，组织结构层包括任务协作关系、C^2 协作关系和权限分配关系等关联关系生成及演进，信息支撑层包括物理层面的通信拓扑规划及逻辑层面的信息网络优化。

组织结构包括职能结构、层次结构、部门结构和权限结构，其中，职能结构是为实现组织目标进行管理和业务分工而形成的结构，层次结构是为明确组织中管理部门管理层次构成、跨度及工作量而形成的纵向结构，部门结构是为明确组织中管理部门协作关系而形成的横向结构，权限结构是为明确各层次管理部门权限和责任划分而形成的结构。

C^2 组织与一般组织的区别主要有两个方面：①一般组织的权责关系明确后相对固化，不会发生较大变化；而 C^2 组织处于不确定、复杂、动态和对抗组织环境中，C^2 职能和 C^2 权限构成的 C^2 关系是 C^2 组织中最重要的关系，其中，C^2 职能是固化的，但 C^2 权限可能会随着战场态势需要发生较大变化。即在 C^2 组织内，"职"和"权"是相互联系而又有区分的概念，组织结构能够确定组织成员的"职"，且"职"和"权"是对应的；但在 C^2 组织运行过程中，"权"的划分已经不完全依附于"职"，需要因势授权。举一个简单例子，上、下两级指挥机构构成固定的隶属关系，但在组织运行过程中，由于战场态势的需要，上级指挥机构可能会下放自身的部分 C^2 权限给下级指挥机构。这种情况下，两级指挥机构隶属结构没有发生变化，但两者之间的权限划分已经发生了变化。同样地，对于 C^2 组织内相关组织成员的交互权限和信息权限也存在类似问题。此外，由于 C^2 组织中 C^2 单元权限划分部分在此部分在彼、时而在此时而在彼，因此，权限结构是隐式表达的，而其他结构均可显式表达。②相比于社会领域组织，C^2 组织的 C^2 层次并不会很多，其 C^2 层次一般包括战役级和战术级指挥机构两级，C^2 组织的 C^2 层次结构相对简单，结构的复杂性更多体现在不同指挥机构的横向协作上。可建立分层递阶视角下的 C^2 组织生成及演进问题框架，如图 2.3 所示。

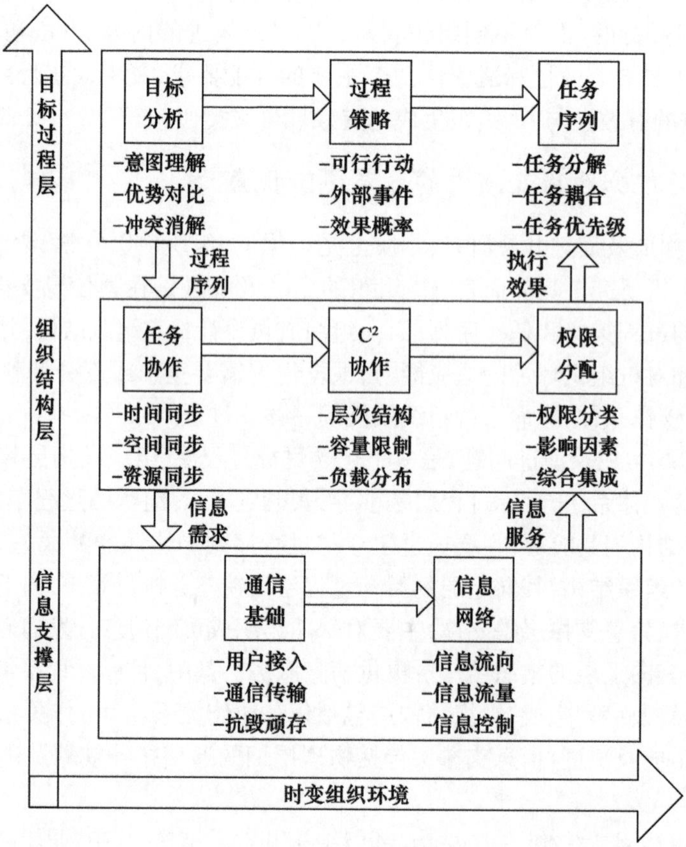

图 2.3　分层递阶视角下的 C^2 组织生成及演进问题框架

2.2 C^2 组织生成及演进的具体内容和耦合关系

由于 C^2 组织与兵力组织，特别是作战体系概念内涵上的差异，以及 C^2 组织本身结合组织理论研究范式的需要，决定了 C^2 组织分层架构的特殊性。如一般作战体系的分层架构，大多按照 OODA 循环或作战应用层次进行划分，即计算通信层、态势感知层、协同控制层和规划决策层；但考虑到 C^2 组织的特点，其生成与演进具有特殊的分层架构、具体内容和耦合关系。

2.2.1 C^2 组织目标过程的生成及演进

对 C^2 组织目标过程的研究是在对 C^2 组织目标进行意图理解、优势对比和目标冲突消解基础上，对组织的过程策略和任务序列进行确定的过程，其中，过程策略确定是其中的关键。由于组织科学领域对组织或组织设计并没有一个权威定义，且 C^2 组织区别于其他一般组织的特殊性，对于 C^2 组织生成及演进研究视角的不同会导致不同的观点。在经典基于三阶段思想的组织生成过程中，并未对组织过程策略进行研究，但考虑到组织过程策略生成及演进是组织结构关系生成及演进的重要输入，且组织过程策略选取结果直接影响到组织运作方式，因此，需要进行拓展研究。

人工智能领域对复杂使命完成问题，主要采用面向目标方式进行研究，包括行动方案(Plan)和任务计划(Schedule)两个方面。前者是考虑序列生成问题，即过程设计，是粗粒度的；后者是考虑具体序列下的资源调度问题，是细粒度的。两者共同构成了完成复杂使命的大致路线和具体途径，是一个前后衔接、相互作用的整体。

军事领域的过程设计问题即为行动过程(Course of Action，COA)选取[106-107]，与人工智能领域不同，军事领域的 COA 选取是面向效果的，受到基于效果作战(Effect Based Operation，EBO)影响，即"重视在战略、战役和战术层次使用军事和非军事能力以获得所期望的战略结果，或对敌人造成所期望的效果，且这种效果是物理、功能和心理层面的"。

C^2 组织的完整 COA 包括三个阶段，分别为确定可行行动、产生阶段行动方案和完整行动过程策略选取。其中，可行行动取决于组织环境和平台(资源)状态；阶段行动方案是促使组织由当前状态向下一状态转移的行动集合；完整行动过程策略是达成目标效果的所有阶段行动方案总和。因此，己方行动、外部事件、效果和组织环境存在相互作用的复杂关系，主要包括：①效果是己方行动、外部事件和组织环境共同作用的结果；②己方行动是在一定组织环境中进行的，受到资源约束影响；③己方行动和外部事件是相互作用的，且这种作用是反向的(对抗的)；④效果同样具有阶段性，包括中间效果和(最终)期望效果。

面向目标和面向效果显著不同，面向目标关注行动向目标的直接映射；而面向效果采用一层或多层可量化效果表征目标的实现程度，通过效果建立行动与目标之间的纽带。图 2.4 所示为面向目标与面向效果对比。

对于组织过程策略选取研究，己方行动、外部事件和效果之间因果关系的链接方式是关键。目前，较多采用贝叶斯网络(Bayesian Nets，BN)、动态贝叶斯网络(Dynamic Bayesian Nets，DBN)、影响网络(Influence Nets，IN)和动态影响网络(Dynamic Influence Nets，

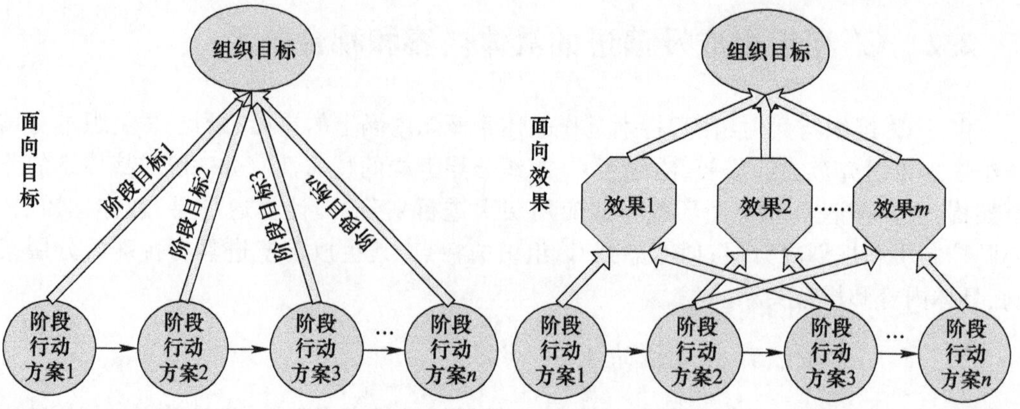

图 2.4　面向目标与面向效果对比

DIN)方法进行研究。

BN 和 DBN 方法以概率论为数学基础,并基于主观概率对不确定性问题进行研究,DBN 是将 BN 与组织过程策略的阶段性和动态性等特性结合,BN 和 DBN 通过概率网络将己方行动、外部事件和效果的因果关系进行链接并进行静态或动态概率推理。而 IN 和 DIN 基于因果强度逻辑(Causal Strength Logic,CAST)参数表征己方行动、外部事件和效果之间的影响强度,与 BN 和 DBN 的关系一样,DIN 也是 IN 与组织过程策略的阶段性和动态性等特性相结合的结果。此外,智能规划方法中的层次规划网络(Hierarchical Task Network,HTN)方法也被广泛采用,其在合理知识构建基础上,将任务目标逐步分解为可直接执行的原子任务,进而生成可行动方案。

对于组织过程策略的演进策略,主要采用专家知识[108-109]和 HTN 方法[110-112]。组织过程策略的演进实际是对原有策略的修复,一般以最大复用和最小扰动目标,以识别→演进→迭代顺序进行演进,从而实现方案稳定性。其中,采用 HTN 方法对组织过程策略进行演进的关键点在于通用规则库的构建、准确判定演进节点、高效演进策略选取,以及与强化学习等技术结合等方面。

2.2.2　C^2 组织结构的生成及演进

C^2 组织结构是 C^2 组织为完成组织目标,对组织成员进行分工和协作过程中形成的职、责、权的总和,其在形式上表现为显式的 C^2 组织职能结构、层次结构和部门结构,以及隐式的 C^2 组织权限结构。对于前者,一般基于系统工程中的三阶段方法开展研究;对于后者,一般采用多属性决策方法开展研究。C^2 组织职能结构对应的是任务计划,层次结构和部门结构对应的是 C^2 结构,权限结构在 C^2 层面对应的是 C^2 权限分配。

1. C^2 组织任务计划、C^2 结构的生成及演进

C^2 组织任务计划和 C^2 结构的生成问题,是根据预先已知战场态势信息,从无到有地构建与之相匹配的任务计划和 C^2 结构;C^2 组织任务计划和 C^2 结构的演进问题,是当战场态势发生变化时,如何对已存在的任务计划和 C^2 结构进行适应性演进。目前,C^2 组织任务计划和 C^2 结构生成方法主要包括基于三阶段思想的生成方法和基于粒度计算思想的演进方法两种;C^2 组织任务计划和 C^2 结构演进方法主要包括基于三阶段思想的演进方法、基于粒度计算思想的演进方法和基于分层演进思想的演进方法三种。

1）基于三阶段思想的生成方法

基于三阶段思想的任务计划和 C^2 结构生成方法是一种经典方法[113-115]，得到了广泛的应用，其认为 C^2 组织中的实体主要包括任务实体、平台实体和决策实体三类。其中，任务实体是由 C^2 组织的组织行动分解得到的子行动，各个任务实体之间通常具有一定的时序依赖关系；平台实体是组织中的资源载体，是直接执行组织任务的主体；决策实体是组织中的 C^2 单元，负责组织中的决策、指挥、控制、协调和协作等事务。

生成 C^2 组织任务计划和 C^2 结构，需设计组织内部各类实体间的关系，即谁控制谁、谁完成什么任务、谁与谁进行协作等。由于 C^2 组织是一个复杂系统，一次性完整地生成整个结构存在较大困难。因此，可将 C^2 组织任务计划和 C^2 结构生成划分为三个子阶段从而降低生成难度。图 2.5 所示为基于三阶段思想的 C^2 组织任务计划和 C^2 结构生成流程。

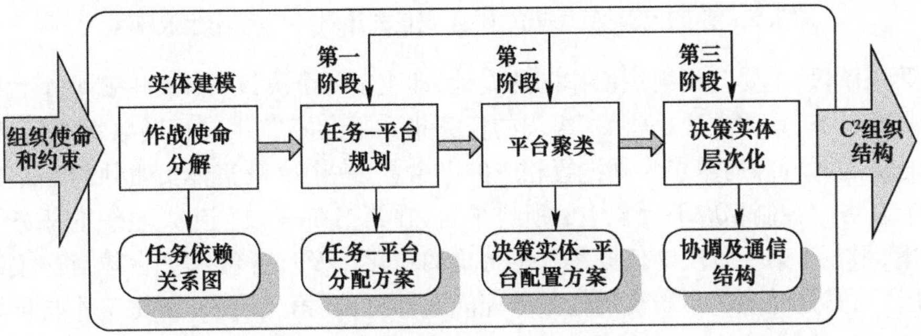

图 2.5　基于三阶段思想的 C^2 组织任务计划和 C^2 结构生成流程

三阶段生成方法中首先进行的是任务–平台规划，即给各个任务分配合适平台，并建立任务–平台规划模型，提出模型求解的多维动态列表规划方法。三阶段生成方法中的第二阶段是根据前一阶段拟定的任务–平台分配方案，设计决策实体与平台实体间的隶属关系得到决策实体–平台配置方案，提出一种平台聚类方法，设计基于最小向量距离聚类和基于最小工作负载聚类两种不同的聚类策略。三阶段生成方法的最后一步是根据第二阶段得到的决策实体–平台配置方案，确定决策实体间结构，以均衡各决策实体的工作负载为目标建立相应的优化模型，并基于 Gomory–Hu 树生成算法进行了求解。三阶段生成方法实质是将 C^2 组织中相应结构的生成问题分解为三个相对简单的子问题，通过对三个子问题的迭代求解得到最终结果。这种生成思想的优点在于降低了问题的复杂度，但缺点也同样明显，即分解得到的子问题之间并不是相互独立的，将它们分开求解可能会造成最终结果在一定程度上偏离全局最佳结果。为了克服该方法存在的不足，可以尝试采用分组技术和嵌套遗传算法（Nested Genetic Algorithm，NGA）将前两个阶段的问题合并求解[116]。这种方法虽然能在一定程度上改善最后的结果，但是却必须忽略一些约束条件，如组织任务之间存在的时序依赖关系，其实用性有限。

2）基于粒度计算思想的生成方法

在生成 C^2 组织相应结构时，传统三阶段方法是一种自下而上的方法[117-118]，当问题规模扩大时，该方法所得结果会在较大程度上偏离最优解。为克服这个不足，可基于粒度计算思想提出一种自上而下的生成方法，即先在粗粒度层次上考虑问题，然后进入细粒度层次进行求解，基于粒度计算的 C^2 组织相应结构生成方法与三阶段生成方法之间的差异主要表现在前两阶段。图 2.6 所示为基于粒度计算思想的 C^2 组织任务计划和 C^2 结构生成流程。

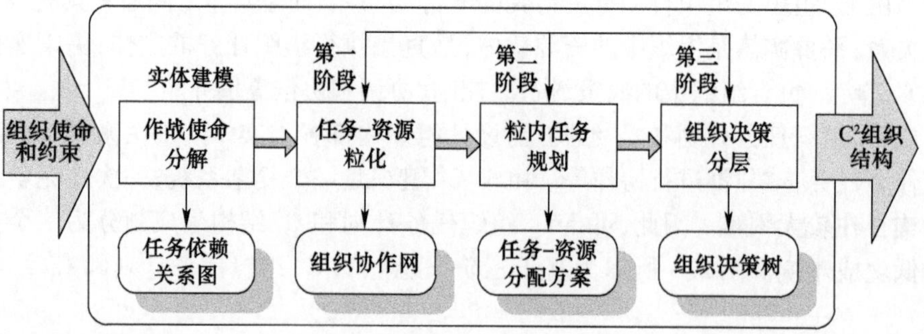

图 2.6　基于粒度计算思想的 C^2 组织任务计划和 C^2 结构生成流程

在第一阶段，主要完成组织协作网的设计，即决定每个决策实体拥有哪些平台以及需要执行哪些任务，具体方法是将 C^2 组织的任务集和平台集粒化成相同数目的信息粒，然后根据任务粒对资源的需求为其配置相应的平台粒，一个决策实体负责执行一个任务粒中的所有任务并控制相应平台粒中的所有平台；在第二阶段，制定 C^2 组织的任务－资源分配方案，得益于第一阶段中任务集和平台集的粒化以及任务粒和平台粒对应关系的确定，该阶段只需处理多个小规模的任务分配问题即可；在第三阶段，所做工作与传统的三阶段生成方法类似。

C^2 组织面临的组织环境复杂多变，预先设计的组织结构很可能难以适应这种变化，因此，需要对组织结构进行相应演进以保持 C^2 组织对复杂多变组织环境的适应能力。

3）基于三阶段思想的适应性演进方法

组织环境的不确定性要求 C^2 组织具备根据环境变化而动态演进的能力，虽然 C^2 组织通过演进能够更好地适应当前环境，但是其在演进过程中也将承受一定的性能代价。

C^2 组织相应结构的动态演进是在获取收益和付出代价之间进行权衡，经权衡的动态演进将导致演进得到的新结构不一定是最适合当前环境的结构，但却是一个“性价比”最高的结构，具体 C^2 组织动态演进方法如下。

步骤 1　记 C^2 组织的初始使命为 M_1，战时 M_1 可能受到各种不确定性因素的影响而不断变化，这一过程记为 $M_1 \to M_2 \to \cdots$，则根据三阶段生成方法预先建立若干种可行的结构。

步骤 2　计算任一组织结构与任一组织任务之间的匹配程度以及组织结构演进需要承受的性能代价，根据匹配程度和演进性能代价，采用维特比算法确定 C^2 组织相应结构演进的最佳变迁路径。

虽然基于三阶段思想的适应性演进方法考虑了组织运行期间组织相应结构的变化情况，但存在一定不足，具体表现在以下方面。

① 该方法是在预先设计的可选结构中进行选取的，本质上仍然属于静态演进方法，

难以保证不确定动态组织环境下 C^2 组织相应结构适应性演进的效果。

② 该方法主要根据过程序列的执行顺序对 C^2 组织相应结构演进路径进行确定，但组织环境的动态不确定性同样带来了过程序列的不确定性，降低了方法的适用性。

4）基于粒度计算思想的适应性演进方法

在考虑 C^2 组织相应结构的动态演进问题时，若基于三阶段思想实施组织相应结构变迁，则必须提前准确预测其组织任务可能发生的变化，而这在复杂多变的信息化战场条件下难以实现，故其实用性不强。因而，需要提出一种 C^2 组织相应结构根据组织环境即时演进的方法，具体如下。

步骤 1 当组织环境变化时，分析并计算组织相应结构演进时的代价。

步骤 2 以最小化结构的演进代价为目标，采用基于粒度计算的组织生成方法重新构造组织相应结构，然后将 C^2 组织从原来的结构演进到新结构。

区别于基于三阶段思想的适应性演进方法，基于粒度计算思想的适应性演进方法克服了前者仅在预先可选结构中进行选取的弊端，而是根据不确定性事件的影响情况在组织效能和演进代价间作出相应权衡，从而得到最优适应性演进方案。

当然，该方法仍然存在可改进方面，具体表现在以下方面。

（1）需要进一步分析不确定性因素对组织效能的影响，从而进行针对性演进。

（2）该方法选取整个任务执行过程作为优化时域进行演进，且采用智能优化方法进行模型求解，演进的时效性需要进一步提高。

（3）在内容上，需要进一步对平台到任务的分配关系演进开展研究。

5）基于分层思想的适应性演进方法

考虑到若选取整个任务执行过程作为优化时域进行演进，将导致演进涉及范围过大、耗时过长和破坏原有组织稳定性等问题[119]，可基于分层思想对 C^2 组织相应结构进行动态演进。传统的动态演进方法虽然使 C^2 组织具有了一定的环境适应能力，但是每一次的演进都将涉及整个组织相应结构的变化，这非常不利于组织的稳定，且会在一定程度上降低组织效能。

所谓分层演进思想，是将组织相应结构划分为决策层和资源层两层，当组织环境改变时，只有性能受到一定程度影响的层面进行演进，而其他层面无需演进。考虑到层间具有一定的耦合性，故一层在进行演进时要尽量减少对另一层性能的影响。图 2.7 所示为 C^2 组织相应结构分层适应性演进框架。

2. C^2 组织 C^2 权限分配的生成及演进

C^2 组织 C^2 权限分配，是影响 C^2 组织所采用 C^2 模式的主要方面。影响 C^2 模式选取的 C^2 实体间 C^2 权限分配、交互模式和信息分发三维要素在逻辑上是独立的，然而在实践上应是相互依存的，即若不考虑 C^2 组织的 C^2 权限分配情况，则 C^2 组织结构、流程和信息共享策略将对实体间交互和信息分发模式产生限制，进而出现 C^2 组织效能失常。

因此，需要在 C^2 模式确定过程中将这些要素视作一体，如在分配 C^2 权限时就能够确定实体间交互模式，并进一步由这两个变量确定信息分发模式[120]。本质上，越趋于边缘 C^2 模式的网络赋能程度越高，C^2 权限越趋于分布，实体间交互越趋于不受约束，实体间信息分发范围越大。

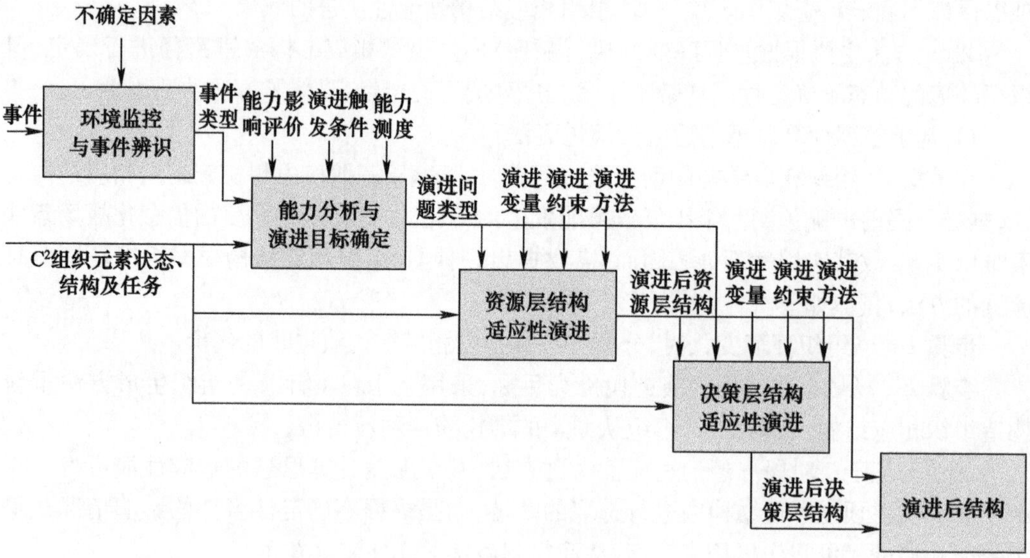

图 2.7　C^2 组织相应结构分层适应性演进框架

C^2 权限分配是 C^2 领域研究的基本问题,从宏观上讲,其受到指挥体制、任务需要、组织环境约束和 C^2 手段等多重因素影响。在人机系统设计领域,同样存在人机权限分配问题,其是在分析人、机功能优势基础上进行的,可以为 C^2 组织、C^2 权限分配问题提供一定的方法借鉴。C^2 权限分配包括静态生成和动态演进两个基本问题,C^2 权限分配静态生成是 C^2 组织生成的组成部分,与 C^2 组织过程策略和组织其他结构一样,是同时生成的;而 C^2 权限分配动态演进却不一定与组织过程策略和组织其他结构的演进相同步。C^2 权限分配的演进还涉及一个触发机制的问题,主要包括人为触发、程序触发和混合触发三种。人为触发是 C^2 单元(人员)采取手动切换方式改变 C^2 权限分配方案,程序触发是基于对战场态势的监控采取程序自动切换方式改变 C^2 权限分配方案,而混合触发是上述两种方式的综合。

目前,对于交互权限和信息权限的生成及演进,只有一些理论研究,涉及到算法层面的研究不多。交互权限由 C^2 权限直接决定,受到 C^2 组织互联互通互操作水平、协作水平和组织成员交互需求等多种因素影响。信息权限由 C^2 权限和交互权限直接决定,受到组织结构、组织成员信息需求和通信基础等多种因素影响。

2.2.3　C^2 组织信息支撑的生成及演进

在 C^2 组织中,信息流和物质流同样重要,信息流是链接实体、支持交互的载体。从信息分类上看,主要包括情报信息、指控信息、协作信息和状态信息等,各类信息的格式和大小不同。C^2 组织信息支撑层解决的是 C^2 组织结构关系确定后,如何基于一定通信基础约束在 C^2 单元之间进行信息流向和流量设计的问题,前者是通信拓扑规划问题,后者是信息网络优化问题。

通信基础需要考虑敌方对 C^2 组织通信单元的攻击策略,并在连通约束和成本约束下生成抗毁性(鲁棒性)强的通信拓扑,一般基于复杂网络方法开展研究;而通信基础演进研究相对不多,这是因为通信基础是信息通信的承载部分,当某一通信单元受损或发生故障时,可以通过改变用户接入或接替通信的方式进行演进,演进规则相对简单固化。

信息网络优化受到通信基础的物理约束,并根据组织成员的信息需求和权限,生成组织成员间的信息流向和流量设计结果,C^2 组织中的信息流贯穿组织运行始终。C^2 组织信息网络优化同样包括生成及演进两个基本问题,其中,由于要保证信息质量,C^2 组织信息网络生成受到成本约束、跳数约束和可靠性约束等多重约束限制。C^2 组织信息网络演进的触发因素主要包括 3 个方面:①组织过程策略的演进;②组织结构的演进(任务计划、C^2 结构和权限分配的任一变化都会引起信息网络变化);③通信基础的演进。此外,与 C^2 组织结构演进不同,C^2 组织的通信基础和信息网络演进并不涉及相关方案和计划的变化,不会影响 C^2 组织运行。

2.2.4　C^2 组织生成及演进的耦合关系

C^2 组织生成及演进是内容完整、相互耦合的整体,其主要包括过程策略选取、平台实体调度、(战术)决策实体配置、C^2 权限分配、通信拓扑规划和信息网络优化等内容。

在 C^2 组织生成方面,组织过程策略的生成是第一步;在相应过程序列下,C^2 组织生成其平台实体调度方案和决策实体配置方案,这两部分具有前后顺序关系;在生成组织决策实体配置方案后,C^2 组织进行决策实体 C^2 权限分配方案生成;基于 C^2 组织的现有通信单元,顺序生成组织通信拓扑和信息网络。当然,信息网络的生成会受到决策实体配置方案和决策实体 C^2 权限分配方案的影响。图 2.8 所示为 C^2 组织生成各部分相互关系。

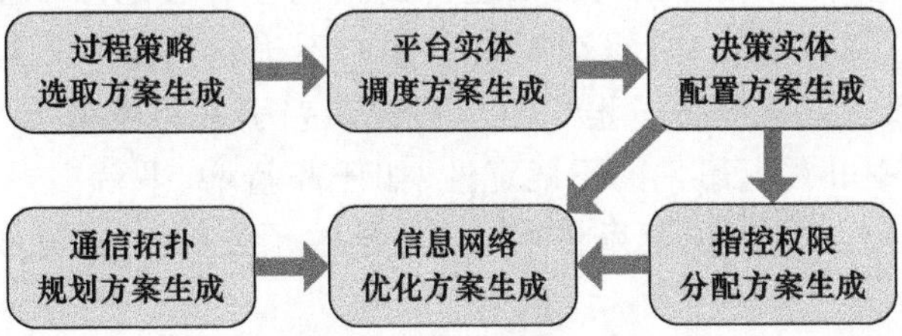

图 2.8　C^2 组织生成各部分相互关系

在 C^2 组织演进方面,从目标过程层、组织结构层和信息支撑层分类角度出发,由于各层内容之间存在一定耦合关系,如目标过程层向组织结构层输出过程序列,组织结构层向目标过程层反馈执行效果,组织结构层向信息支撑层输出信息需求。

因此,C^2 组织各部分演进具有联动效应,其一般包括 3 种情况:①目标过程层、组织结构层和信息支撑层同时演进;②组织结构层和信息支撑层同时演进;③信息支撑层单独演进。具体而言,组织过程策略的演进会导致平台实体调度方案的演进,平台实体调度方案的演进会反向导致组织过程策略的演进,平台实体调度方案的演进会导致决策实体配置方案的演进,决策实体配置方案的演进会导致决策实体 C^2 权限分配的演进,决策实体配置方案和 C^2 权限分配方案的演进会导致信息网络的演进。当然,信息网络的演进会受到通信拓扑变化的影响。图 2.9所示为 C^2 组织演进各部分的相互关系。

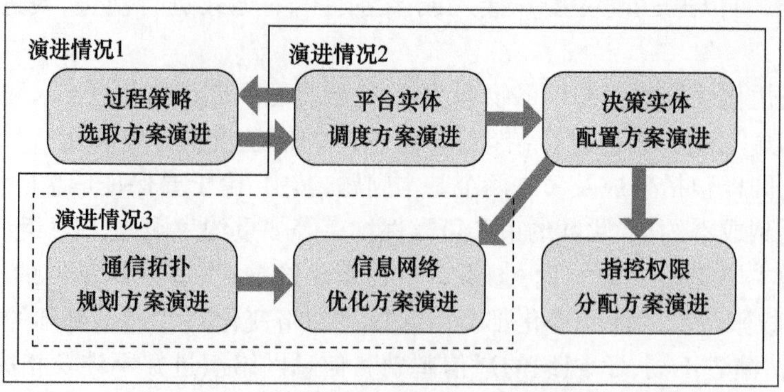

图 2.9　C^2 组织演进各部分相互关系

2.3　C^2 组织生成及演进的不确定性分析和敏捷性度量优化

不确定性分析是 C^2 组织面向敏捷性进行生成及演进的前提，而敏捷性度量和优化是 C^2 组织面向敏捷性进行生成及演进的基础。本节主要对 C^2 组织生成及演进的不确定性内容、类型、来源和影响进行详细分析，并论述面向敏捷性的 C^2 组织生成及演进度量和优化方法。

2.3.1　C^2 组织生成及演进的不确定性

组织不确定因素对 C^2 组织生成及演进各研究内容存在的影响主要包括参数不确定性、事件不确定性两方面：一是组织元素参数的不确定性，即 C^2 组织元素能力测度存在一定扰动，导致在方案求解过程中由于参数误差引起方案效果“失真”；二是组织执行组织任务过程中非预期事件的不确定性，如任务新增、平台损毁、战术决策实体失效和通信实体遭受攻击等非预期事件的发生，导致预先计划方案难以匹配当前战场态势。

关于不确定因素的类型、来源和影响，文献[77]进行了很好的总结和分析。由于 C^2 组织生成及演进问题是对 C^2 组织设计问题的拓展，需要结合 C^2 组织生成演进的具体内容，进一步分析不确定因素的类型、来源和影响。表 2.1 所列为不确定性的内容、类型、来源和影响。

表 2.1　不确定性的内容、类型、来源和影响

关键步骤	不确定性内容	不确定性类型	不确定性来源	不确定性影响
过程策略优选	敌方行动出现概率	参数型	专家知识与实际情况偏差；敌方组织行动的不可预测性	不精确的参数影响过程策略选取结果精度
	节点取值基准概率	参数型	专家知识与实际情况偏差	不精确的参数影响过程策略选取结果精度
	影响强度取值	参数型	专家知识与实际情况偏差	不精确的参数影响过程策略选取结果精度

续表

关键步骤	不确定性内容	不确定性类型	不确定性来源	不确定性影响
平台实体调度	任务能力需求向量	参数型	我方探测预警能力限制；任务执行过程中敌情变化	当任务能力需求大于平台能力时，影响任务执行
	任务持续时长	参数型	作战分析结果与实际情况偏差	导致任务执行总时长计算结果失真，影响计划最优性
	平台能力向量	参数型	任务执行过程中损耗和故障	平台实际能力偏小，影响任务执行
	平台运动速度	参数型	外部组织环境	平台实际速度偏小，影响平台集结
	出现突现任务	事件型	敌方组织行动的不可预测性	若突现任务不能及时有效执行，影响整体任务执行效果
	平台实体失效	事件型	交战双方激烈的组织对抗	平台的资源能力下降，影响任务执行
决策实体配置	平台实体调度方案变化	事件型	出现突现任务、平台实体失效等非预期事件	作为决策实体配置方案输入信息，影响配置方案结果精度
	（战术）决策实体失效	事件型	交战双方激烈的组织对抗	初始决策实体配置方案无法维持组织的继续运作
指控权限分配	战役决策实体工作负载	参数型	决策实体工作负载度量及测量技术限制	不精确的参数影响 C^2 权限分配结果精度
	交互链路状况	参数型	受主观感受影响，取值难以精确	不精确的参数影响 C^2 权限分配结果精度
	环境不确定程度	参数型	受主观感受影响，取值难以精确	不精确的参数影响 C^2 权限分配结果精度
	任务紧迫程度	参数型	受主观感受影响，取值难以精确	不精确的参数影响 C^2 权限分配结果精度
	决策信任度	参数型	受主观感受影响，取值难以精确	不精确的参数影响 C^2 权限分配结果精度
	属性参数值变化范围超出预设范围	事件型	我方、敌方和环境的状态变化	C^2 权限预先分配结果与当前战场态势不相匹配
通信拓扑规划	通信实体失效	事件型	己方通信节点故障；交战双方激烈的组织对抗	关键通信实体的毁伤或故障，将影响组织的通信保障能力
	敌方对通信实体攻击序列	参数型	敌方组织行动的不可预测性	不同攻击序列，对通信拓扑整体影响程度相应不同
信息网络优化	信息传输质量下降	事件型	信息传输跳数过多；信息传输时延过大	关键决策节点间信息传输质量过低，影响决策交互效能
	逻辑链路失效	事件型	底层通信节点或链路失效；交战双方激烈的组织对抗	关键逻辑链路失效或故障，将影响组织的信息分发能力

为应对 C^2 组织生成及演进的不确定性因素影响，需要采用一定的不确定性决策理论和方法进行处理。

2.3.2 鲁棒性生成的度量和优化

C^2 组织生成及演进的敏捷性映射到具体内容上，就是要求 C^2 结构、C^2 权限、过程策略、任务计划、通信拓扑和信息网络都能体现敏捷性特性。对于不同内容的敏捷性，其分解的鲁棒性和适应性度量是不同的。借鉴鲁棒性在其他领域的应用情况，可以将鲁棒性的度量方法划分为两类：一类是直接鲁棒性，即直接分析扰动前后组织性能值的变化情况或定义直接反映组织鲁棒性的性能值，并以此为模型目标或约束进行优化；第二类是间接鲁棒性，即通过设置冗余行动、资源和模式等方式，确保在非预期事件发生时，有可用方案、资源和模式进行处理，从而间接提高组织鲁棒性。

1. C^2 结构鲁棒性的度量和优化

C^2 结构鲁棒性是在非预期事件发生时，保证决策实体工作负载均值、(均)方差值等性能值与其最优值偏差最小，本质上是一种直接鲁棒性。

定义 2.1 C^2 结构鲁棒性通过扰动前后结构的性能值与其最优值的偏离比进行度量，定义 C^2 结构鲁棒性度量为

$$F_{\text{robus}}^{C^2}\_\text{str} = f(\text{QV}_1^{\text{daft}}/\text{QV}_1^{\text{bes}}, \text{QV}_2^{\text{daft}}/\text{QV}_2^{\text{bes}}, \cdots, \text{QV}_{|S_{\text{QV}}|}^{\text{daft}}/QV_{|S_{\text{QV}}|}^{\text{bes}}) \tag{2.1}$$

式中：S_{QV} 为 C^2 结构性能指标构成的集合；$|S_{\text{QV}}|$ 为集合 S_{QV} 中元素数量；$\text{QV}_i^{\text{daft}}$ 为 S_{QV} 中第 i 个性能指标扰动后值；QV_i^{bes} 为 S_{QV} 中第 i 个性能指标最优值。

实现组织 C^2 结构鲁棒性的途径，是采用不确定优化和模型目标函数设计方法。不确定优化方法是针对随机性、模糊性和区间性等多种不确定性，分别采用随机不确定优化、模糊不确定优化、区间不确定优化或多重不确定优化方法进行处理。其中，随机不确定优化和模糊不确定优化需要不确定事件的概率分布和模糊隶属度信息作为输入[121]，而这些信息是不易获得或依赖于主观获得的。区间优化是考虑参数取值的区间不确定性，无需概率优化或模糊优化所需要的参数概率分布或模糊隶属度信息，根据区间数排序、区间数运算等区间数理论，进行含区间数问题模型的优化求解，能够以较少信息输入提高 C^2 结构鲁棒性。模型目标函数设计方法是在模型目标函数中引入鲁棒性指标，即原优化目标函数值的(均)方差指标，与原优化目标值共同构成目标函数的最优性指标和鲁棒性指标，并通过多次蒙特卡洛(Monte Carlo)仿真，在优化过程中实现最优性和鲁棒性的均衡。这种方法的优势是实现过程相对简单，但需要进行多次蒙特卡洛仿真。理论上，仿真次数越多，优化结果越精准。

2. C^2 权限鲁棒性的度量和优化

实际上并没有明确的 C^2 权限鲁棒性概念，但我们仍然可以从理解 C^2 敏捷性的 12 条假说中，发现隐藏的 C^2 权限鲁棒性概念端倪，即第 3 条假说："网络使能性强的 C^2 模式越多，越能够较好完成多样化组织任务"。C^2 权限鲁棒性是通过设置组织可运用的更多 C^2 模式来实现的，本质上是一种间接鲁棒性。

定义 2.2 C^2 权限鲁棒性是 C^2 组织在不改变 C^2 结构情况下采取可用 C^2 模式进行 C^2 活动的度量，定义 C^2 权限鲁棒性度量为

$$F_{\text{robus}}^{C^2}\_\text{mod} = f(\text{ADR}_{\text{md}}, \text{POI}_{\text{md}}, \text{DOI}_{\text{md}}) \tag{2.2}$$

式中：ADR_{md}、POI_{md} 和 DOI_{md} 分别为组织单元间 C^2 权限分配、交互模式和信息分发的边缘程度。

实现组织 C^2 权限鲁棒性的重要前提，是要提高 C^2 的网络使能性，即 C^2 的网络使能性越强、C^2 越趋于边缘，其能够向下兼容的 C^2 模式越多。SAS－085 小组的研究同样发现，C^2 模式立体空间中"非对角" C^2 模式同样重要。提高 C^2 权限鲁棒性，就是要在平时建设中推

进 C^2 单元的 C^2 能力和手段建设,提升边缘节点的自主性水平,加强组织中链接各组织成员和资源的组织网络连通水平。

3. 过程策略鲁棒性的度量和优化

过程策略和任务计划均为兵力运用方案和计划的组成部分,区别在于前者是粗粒度的,后者是细粒度的。对于过程策略鲁棒性,可以划分为直接鲁棒性和间接鲁棒性两种鲁棒性。过程策略直接鲁棒性是一种性能鲁棒性,是 C^2 组织按照预定的方案进行兵力运用,并面对一系列非预期事件时,能够保证兵力运用方案的性能值与其最优值的偏差较小。

定义 2.3 过程策略直接鲁棒性通过过程策略在扰动后的性能值与其最优值的偏离比进行度量,定义过程策略直接鲁棒性度量为

$$F_{\text{robus}}^{\text{sch}}\_\text{dir} = f(\text{PV}_1^{\text{daft}}/\text{PV}_1^{\text{bes}}, \text{PV}_2^{\text{daft}}/\text{PV}_2^{\text{bes}}, \cdots, \text{PV}_{|S_{\text{PV}}|}^{\text{daft}}/\text{PV}_{|S_{\text{PV}}|}^{\text{bes}}) \tag{2.3}$$

式中:S_{PV} 为过程策略性能指标构成的集合;$|S_{\text{PV}}|$ 为集合 S_{PV} 中元素数量;$\text{PV}_j^{\text{daft}}$ 为 S_{PV} 中第 j 个性能指标扰动后值,PV_j^{bes} 为 S_{PV} 中第 j 个性能指标最优值。

过程策略间接鲁棒性是一种方案鲁棒性,是组织按照预定的方案进行兵力运用时,通过保持一定的方案冗余程度,使得组织面对一系列非预期事件时,能够无需改变方案即可达成组织目标。

定义 2.4 过程策略间接鲁棒性通过过程策略的方案冗余程度进行度量,定义过程策略间接鲁棒性度量为

$$F_{\text{robus}}^{\text{sch}}\_\text{ind} = f(\text{SCH}_{\text{cn}}) \tag{2.4}$$

式中:SCH_{cn} 为方案冗余程度。

提高过程策略间接鲁棒性的途径,是采用"冗余设计"方法,即在 C^2 组织过程策略生成之初,预留一定的冗余行动从而保证在非预期事件发生时能够有效应对。这种方法的优势是实现简单,但存在方案拟制时间过长等不利因素。

提高过程策略直接鲁棒性的途径,与提高 C^2 结构鲁棒性途径类似。不同的是,两者的性能值定义并不一致。以鲁棒性过程策略生成为例,需要优化的目标函数为 C^2 组织的行动效果联合概率。考虑外部事件的不确定性,C^2 组织的行动效果联合概率将为随机变量,若外部事件发生概率为恒定值,则可直接采用目标节点最大(联合)概率 f_1 为优化适应度函数。为了更准确估计外部随机事件的状态,通过随机仿真试验进行观察,获取完整信息。采用蒙特卡洛方法对外部事件随机性进行近似模拟,并设定多次外部随机事件仿真。在多次随机仿真下,概率值 f_1 为一定范围内的变化值,通过综合多个 f_1 值的平均值 μ 和方差值 σ^2 定义信噪比(Signal - to - Noise Ratio,SNR),表征多次仿真试验的综合效用值,如式(2.5)所示。

$$\text{SNR} = -10\lg\left[\frac{1}{\mu^2}\cdot\left(1+\frac{3\sigma^2}{\mu^2}\right)\right] \tag{2.5}$$

4. 任务计划鲁棒性的度量和优化

任务计划鲁棒性,也可以划分为直接鲁棒性和间接鲁棒性两种鲁棒性。任务计划直接鲁棒性是 C^2 组织按照预定的任务计划进行任务执行,并面对一系列非预期事件时,能够保证任务计划的性能值与其最优值的偏差较小。

定义 2.5 任务计划直接鲁棒性通过任务计划在扰动后的性能值与其最优值的偏离比进行度量,定义任务计划直接鲁棒性度量为

$$F_{\text{robus}}^{\text{pla}}\_\text{dir}=f(\text{RV}_1^{\text{daft}}/\text{RV}_1^{\text{bes}},\text{RV}_2^{\text{daft}}/\text{RV}_2^{\text{bes}},\cdots,\text{RV}_{|S_{\text{RV}}|}^{\text{daft}}/\text{RV}_{|S_{\text{RV}}|}^{\text{bes}}) \tag{2.6}$$

式中:S_{RV}为任务计划性能指标构成的集合;$|S_{\text{RV}}|$为集合S_{RV}中元素数量;$\text{RV}_k^{\text{daft}}$为$S_{\text{RV}}$中第$k$个性能指标扰动后值;$\text{RV}_k^{\text{bes}}$为$S_{\text{RV}}$中第$k$个性能指标最优值。

提高任务计划直接鲁棒性的途径,与过程策略直接鲁棒性类似。不同的是,两者的性能值定义并不一致。

任务计划间接鲁棒性是一种资源鲁棒性,是组织按照预定的任务计划进行任务执行时,通过保持一定的资源冗余程度,使得组织面对一系列非预期事件时,能够无需改变任务计划即可达成组织目标。

定义 2.6 任务计划间接鲁棒性通过任务计划的资源冗余程度进行度量,定义任务计划间接鲁棒性度量为

$$F_{\text{robus}}^{\text{pla}}\_\text{ind}=\frac{1}{N}\cdot\sum_{i=1}^{N}\left(\frac{1}{L}\sum_{l=1}^{L}\min(1,\text{gt}_{il}/\text{dt}_{il})\right) \tag{2.7}$$

式中:gt_{il}为组织任务计划中对第i个任务的第l项资源能力供给值;dt_{il}为第i个任务的第l项资源能力需求值。

提高任务计划间接鲁棒性的途径,与过程策略间接鲁棒性类似。不同的是,任务计划间接鲁棒性是通过预留一定的冗余资源从而保证在非预期事件发生时组织能够有效应对。这种方法存在三方面弊端:一是资源预留导致资源利用率受到影响,二是资源预留量较难控制,三是难以直观表征资源预留和鲁棒性之间的映射关系。

5. 通信拓扑鲁棒性的度量和优化

通信拓扑鲁棒性就是通信拓扑抗毁性,通信拓扑抗毁性是指拓扑中通信单元的故障和损毁,不会或以较小程度影响整个拓扑性能,其本质是一种直接鲁棒性。

定义 2.7 通信拓扑抗毁性通过通信单元损毁后的 C^2 单元、兵力单元和通信单元之间拓扑交链程度进行度量,定义通信拓扑抗毁性度量为

$$F_{\text{robus}}^{\text{com}}=f(\text{CS}_1,\text{CS}_2,\cdots,\text{CS}_{|S_{\text{CS}}|}) \tag{2.8}$$

式中:S_{CS}为组织单元间通信拓扑交链程度构成的集合;$|S_{\text{CS}}|$为集合S_{CS}中元素数量;CS_m为S_{CS}中第m个通信拓扑交链程度。

提高通信拓扑鲁棒性的重要前提,是要加强 C^2 单元、兵力单元和通信单元之间的互联互通水平。当然,在成本约束条件下,还需要通过模型目标函数或约束条件设计,确保一定程度的通信拓扑鲁棒性。

6. 信息网络鲁棒性的度量和优化

信息网络鲁棒性是保证 C^2 单元之间的信息关联,可以不受或较少受到下层通信单元故障、损毁或上层信息业务改变的影响,其本质是一种直接鲁棒性。

定义 2.8 信息网络抗毁性通过 C^2 单元间的信息链路连通程度进行度量,定义信息网络抗毁性度量为

$$F_{\text{robus}}^{\text{inf}}=f(\text{IL}_1,\text{IL}_2,\cdots,\text{IL}_{|S_{\text{IL}}|}) \tag{2.9}$$

式中：S_{IL}为 C^2 单元间信息链路连通程度构成的集合；$|S_{\mathrm{IL}}|$为集合 S_{IL}中元素数量；IL_n 为 S_{IL}中第 n 个信息链路连通程度。

提高信息网络鲁棒性的重要前提，是提高信息链路的数量，根本上还是要加强组织单元之间的互联互通水平。与通信拓扑鲁棒性一样，信息网络鲁棒性也可以通过基于一定约束条件的最优化方法实现。

综上所述，C^2 组织的鲁棒性生成是一个涵盖多类鲁棒性、具有多种度量和优化方法的整体。表 2.2 所列为 C^2 组织鲁棒性生成的度量和优化方法。

表 2.2　C^2 组织鲁棒性生成的度量和优化方法

具体内容	度量方法	优化方法
C^2 结构鲁棒性	性能值与最优值偏离比（直接鲁棒性）	不确定优化、模型目标函数设计
C^2 权限鲁棒性	C^2 模式测度边缘程度（间接鲁棒性）	模式冗余
过程策略鲁棒性	性能值与最优值偏离比（直接鲁棒性）	不确定优化、模型目标函数设计
	方案完备程度（间接鲁棒性）	方案冗余
任务计划鲁棒性	性能值与最优值偏离比（直接鲁棒性）	不确定优化、模型目标函数设计
	资源冗余程度（间接鲁棒性）	资源冗余
通信拓扑鲁棒性	抗毁性（直接鲁棒性）	模型目标函数或约束条件设计
信息网络鲁棒性	抗毁性（直接鲁棒性）	模型目标函数或约束条件设计

2.3.3　适应性演进的度量和优化

与 C^2 组织的鲁棒性生成一样，C^2 组织的适应性演进同样可以分解到 C^2 结构、C^2 权限、过程策略、任务计划、通信拓扑和信息网络六个方面。

1. C^2 结构适应性的度量和优化

C^2 结构适应性是在非预期事件发生，仅依靠 C^2 结构鲁棒性难以抵消事件对组织效能的影响时，需要进行 C^2 结构演进的性能表现。

定义 2.9　C^2 结构适应性度量是 C^2 结构演进后，包括新结构性能值、结构演进代价的综合度量，定义 C^2 结构适应性度量为

$$F^{C^2}_{\mathrm{adapt}}\_\mathrm{str} = f(\mathrm{QV}_1^{\mathrm{aaft}}, \mathrm{QV}_2^{\mathrm{aaft}}, \cdots, \mathrm{QV}_{|S_{\mathrm{QV}}|}^{\mathrm{aaft}}, \mathrm{YC}) \tag{2.10}$$

式中：S_{QV}为 C^2 结构性能指标构成的集合；$|S_{\mathrm{QV}}|$为集合 S_{QV}中元素数量；$\mathrm{QV}_i^{\mathrm{aaft}}$ 为 S_{QV}中第 i 个性能指标演进后值；YC 为结构演进代价，通过结构变化幅度表征。

提高 C^2 结构适应性的途径，主要包括最小变更方法、模型目标函数或约束条件设计方法，以及基于滚动时域（Rolling Horizon Procedure，RHP）方法。最小变更方法本质上是一种邻域变更方法，即在原结构基础上，通过邻域搜索方式，逐步实现结构的演进，且能够有效控制演进规模。模型目标函数或约束条件设计方法是将演进代价作为模型的目标函数或者约束条件，从而能够将演进代价控制在一定范围之内。滚动时域策略将较长时域的全局优化问题转化为多个较短时域的局部优化问题，在各决策时刻，基于当前信息对预测窗口进行更新，并设计对应时域局部优化的滚动窗口，通过引入滚动和反馈机制，实现对不确定事件的有效响应。图 2.10 所示为基于滚动时域的 C^2 结构适应性演进流程。

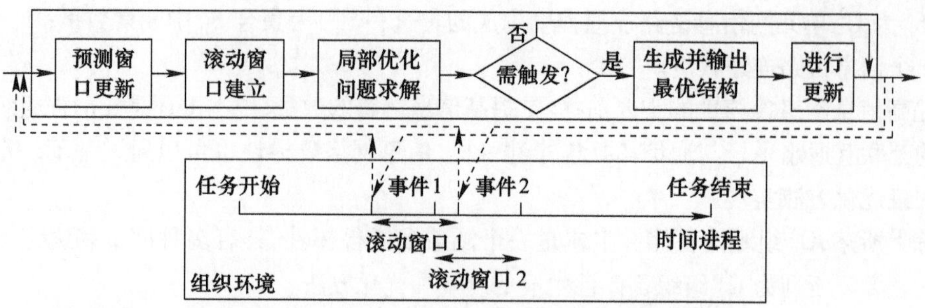

图 2.10 基于滚动时域策略的 C^2 结构适应性演进流程

2. C^2 权限适应性的度量和优化

C^2 权限适应性的概念蕴含在理解 C^2 敏捷性 12 条假说的第 8 条中,即"演进越快的 C^2,其敏捷性越好"。考虑到任何演进均会带来一定的演进代价,C^2 权限适应性演进的频率和幅度并不是越快越好、越大越好。

定义 2.10 C^2 权限适应性度量是组织 C^2 权限演进后,对权限与态势匹配度、C^2 权限演进代价等内容的综合度量,定义 C^2 权限适应性度量为

$$F_{\text{adapt}}^{C^2}=f(\text{MD},\text{YP},\text{YF}) \tag{2.11}$$

式中:MD 为演进后 C^2 权限与态势匹配度;YP 和 YF 分别为 C^2 权限演进频率和 C^2 权限演进幅度,两者共同构成 C^2 权限演进代价。

提高 C^2 权限适应性的途径,主要是采用相邻阶段演进方法。相邻阶段演进方法本质上是一种多阶段决策方法,该方法通过设置演进条件阈值,从而达到控制演进频率和阈值的目的。

3. 过程策略适应性的度量和优化

过程策略适应性是在非预期事件发生,依靠过程策略鲁棒性已无法抵消事件影响时,对 C^2 组织的兵力运用方案进行演进,进而使之符合当前态势的性能表现。

定义 2.11 过程策略适应性度量是 C^2 组织的过程策略演进后,对过程策略新性能值、过程策略演进代价等内容的综合度量,定义过程策略适应性度量为

$$F_{\text{adapt}}^{\text{sch}}=f(\text{PV}_1^{\text{aaft}},\text{PV}_2^{\text{aaft}},\cdots,\text{PV}_{|S_{\text{PV}}|}^{\text{aaft}},\text{YS}) \tag{2.12}$$

式中:S_{PV} 为过程策略性能指标构成的集合;$|S_{\text{PV}}|$ 为集合 S_{PV} 中元素数量;$\text{PV}_j^{\text{aaft}}$ 为 S_{PV} 中第 j 个性能指标演进后值;YS 为过程策略演进代价,通过过程策略演进数量表征。

提高过程策略适应性的途径,与提高 C^2 结构适应性的途径类似。不同的是,两者的性能值定义并不一致。

4. 任务计划适应性的度量和优化

任务计划适应性是在出现新任务、平台损毁等非预期事件,且依靠任务计划鲁棒性难以维持组织效能时,对任务计划进行演进的性能表现。

定义 2.12 任务计划适应性度量是 C^2 组织的任务计划演进后,对任务计划新性能值、任务计划演进代价等内容的综合度量,定义任务计划适应性度量为

$$F_{\text{adapt}}^{\text{pla}}=f(\text{RV}_1^{\text{aaft}},\text{RV}_2^{\text{aaft}},\cdots,\text{RV}_{|S_{\text{RV}}|}^{\text{aaft}},\text{YP}) \tag{2.13}$$

式中:S_{RV} 为任务计划性能指标构成的集合;$|S_{\text{RV}}|$ 为集合 S_{RV} 中元素数量;$\text{RV}_k^{\text{aaft}}$ 为 S_{RV} 中第 k

个性能指标演进后值；YP 为任务计划演进代价；通过任务计划演进涉及平台或任务数量表征。

提高任务计划适应性的途径，与提高 C^2 结构、过程策略适应性的途径类似，区别在于性能值定义并不一致。

5. 通信拓扑适应性的度量和优化

通信拓扑适应性是在通信单元受到攻击造成故障或损毁时，仅能通过通信拓扑演进才能维持并达到一定要求通信保障效果的性能表现。

定义 2.13 通信拓扑适应性度量是 C^2 组织的通信拓扑演进后，对新拓扑抗毁性、拓扑演进代价等内容的综合度量，定义通信拓扑适应性度量为

$$F_{\text{adapt}}^{\text{com}} = f(F_{\text{robus}}^{\text{com}}\_\text{aaft}, \text{YD}) \tag{2.14}$$

式中：$F_{\text{robus}}^{\text{com}}\_\text{aaft}$ 为演进后通信拓扑抗毁性度量；YD 为拓扑演进代价，通过通信拓扑中组织单元通信连接演进数量表征。

提高通信拓扑适应性的途径，与提高 C^2 结构适应性的途径类似，即采用最小变更、模型目标函数或约束条件设计，以及滚动时域方法。当然，由于通信基础适应性演进会受到通信体制、构建成本和信息保密等多重约束，现实中的演进问题是一个复杂问题。

6. 信息网络适应性的度量和优化

信息网络适应性是在下层通信单元出现故障、损毁或上层信息业务改变，依赖于信息网络鲁棒性较难保证信息服务质量时，C^2 组织的信息网络需要进行演进，从而保证信息服务质量的性能表现。

定义 2.14 信息网络适应性度量是 C^2 组织的信息网络演进后，对新网络抗毁性、网络演进代价等内容的综合度量，定义信息网络适应性度量为

$$F_{\text{adapt}}^{\text{inf}} = f(F_{\text{robus}}^{\text{inf}}\_\text{aaft}, \text{YI}) \tag{2.15}$$

式中：$F_{\text{robus}}^{\text{inf}}\_\text{aaft}$ 为演进后信息网络抗毁性度量；YI 为网络演进代价，通过信息网络中信息链路演进数量表征。

提高信息网络适应性的途径，根本上还是要加强通信基础建设，从而能够以较强的通信基础支持信息服务保障。在具体方法上，同样可以在满足一定约束条件基础上，采用最小变更、模型目标函数或约束条件设计方法，以及滚动时域方法。

综上所述，C^2 组织的适应性演进同样是一个涵盖多类适应性、具有多种度量和优化方法的整体。表 2.3 所列为 C^2 组织适应性演进的度量和优化方法。

表 2.3　C^2 组织适应性演进的度量和优化方法

具体内容	度量方法	优化方法
C^2 结构适应性	新性能值 + 演进代价	最小变更、模型目标函数或约束条件设计、滚动时域
C^2 权限适应性	匹配度 + 演进代价	相邻阶段演进
过程策略适应性	新性能值 + 演进代价	最小变更、模型目标函数或约束条件设计、滚动时域
任务计划适应性	新性能值 + 演进代价	最小变更、模型目标函数或约束条件设计、滚动时域
通信拓扑适应性	新抗毁性 + 演进代价	最小变更、模型目标函数或约束条件设计、滚动时域
信息网络适应性	新抗毁性 + 演进代价	最小变更、模型目标函数或约束条件设计、滚动时域

2.4 C^2 组织生成及演进的过程和结果评估

与 C^2 组织设计一样，C^2 组织生成及演进同样包括过程和结果两种评估模式。过程评估模式本质上是一种"边设计边评估(Design Alternates With Evaluation,DAWE)"模式，即在 C^2 组织生成及演进过程中，通过不断的评估反馈提高组织生成及演进的质效。结果评估本质上是一种"先设计后评估(First Design Then Evaluation,FDTE)"模式，即在 C^2 组织生成及演进完成后，对整体结果进行评估优选，选取最优方案集合。

2.4.1 C^2 组织生成及演进的过程评估

由于 C^2 组织生成及演进的某些方面内容是典型的多目标优化问题，这些方面内容会产生多套 Pareto 最优方案；且某些方面内容存在一定的耦合关系，前一方面内容的多种输入又会导致后一方面内容的多种输出。因此，组织最终会形成多套前后关联、优势均衡的生成及演进结果。

DAWE 模式是指将评估融入组织生成及演进过程中的评估模式。以具有耦合关系的过程策略选取、平台实体调度、决策实体配置和信息网络优化四个方面内容为例，当获得多套过程策略选取方案后，通过评估的方式从中选取一套最佳方案作为平台实体调度的输入信息；当获得多套平台实体调度方案后，通过评估的方式从中选取一套最佳方案作为决策实体配置的输入信息；当获得多套决策实体配置方案后，通过评估的方式从中选取一套最佳方案作为决策实体配置的输入信息；当获得多套决策实体配置方案后，通过评估的方式从中选取一套最佳方案作为信息网络优化的输入信息。对于 C^2 权限分配和通信拓扑规划而言，虽然本质上均属于单目标优化问题，但由于处于耦合关系链的中间环节，仍然需要进行评估。图 2.11 所示为 C^2 组织生成及演进的 DAWE 过程。

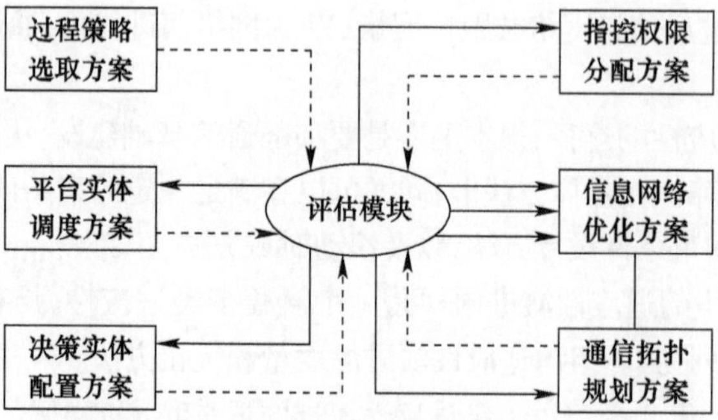

图 2.11 C^2 组织生成及演进的 DAWE 过程

图 2.11 中，虚线箭头所示为输入，实线箭头所示为输出。可以看出，C^2 组织生成及演进的 DAWE 过程是一个复杂交互过程，DAWE 模式类似于贪婪策略，最终获得的 C^2 组织生成及演进总体方案在事实上不一定最佳。

2.4.2 C^2 组织生成及演进的结果评估

C^2 组织生成及演进的 FDTE 模式是不同于 DAWE 模式的一种评估模式，是指完成整个组织生成及演进过程后再进行评估。

以具有耦合关系的过程策略选取、平台实体调度、决策实体配置、C^2 权限分配、通信拓扑规划和信息网络优化六个方面内容为例，当获得多套过程策略选取方案后，将每一套方案作为平台实体调度的输入信息；当获得多套平台实体调度方案后，将每一套方案作为决策实体配置的输入信息；当获得多套决策实体配置方案后，将每一套方案作为 C^2 权限分配、通信拓扑规划和信息网络优化的输入信息；通过上述过程，可以获得多套 C^2 权限分配、通信拓扑规划和信息网络优化方案。所有过程策略选取方案、平台实体调度方案、决策实体配置方案、C^2 权限分配方案、通信拓扑规划方案和信息网络优化方案，一起构成 C^2 组织生成及演进整体方案，并通过评估的方式可以从这些多套方案中选取一套最佳方案。图 2.12 所示为 C^2 组织生成及演进的 FDTE 过程。

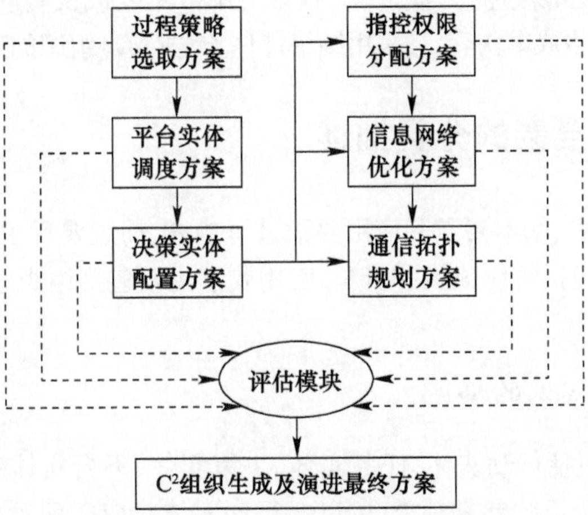

图 2.12　C^2 组织生成及演进的 FDTE 过程

相比于 DAWE 模式，FDTE 模式的交互过程相对简单，且由于是对所有方案的整体评估，最终获得的 C^2 组织生成及演进总体方案在理论上要优于 DAWE 模式，当然也存在评估交互性不强的问题。因此，本书主要选取 FDTE 模式进行 C^2 组织生成及演进的结果评估。

第3章 C^2 组织生成及演进的模型描述和实现途径

对 C^2 组织生成及演进的分类描述，可以为 C^2 组织生成及演进抽象模型的建立提供基础，并基于此，提出 C^2 组织生成及演进具体内容和结果评估的实现途径。

由于侧重点的不同，本书主要涉及 C^2 组织过程策略选取方案生成、平台实体调度方案生成及演进、决策实体配置方案生成及演进、C^2 权限分配方案生成及演进、通信拓扑规划方案生成和信息网络优化方案生成等内容，且采用结果评估方法对 C^2 组织的生成及演进进行评估。

3.1 C^2 组织要素的分类描述

对 C^2 组织前置要素、基本要素和应用要素进行描述，前置要素主要包括组织目标、任务和环境，基本要素主要包括组织成员和资源，应用要素主要包括组织过程、结构和支撑，下面分别进行描述。

3.1.1 C^2 组织实体的描述

C^2 组织实体主要包括行动实体、任务实体、决策实体、平台实体和通信实体，虽然都称为实体，但各实体对应于不同要素种类。其中，行动实体对应于前置要素中的组织行动，任务实体对应于前置要素中的组织任务，决策实体对应于基本要素中的组织成员，平台实体和通信实体均对应于基本要素中的组织资源，平台实体和通信实体本质上分别为兵力资源和通信资源。对于平台实体而言，其还包括执行具体任务的细分资源。

1. 行动实体

行动实体（action，A）是完成组织目标可选的组织行为集合。C^2 组织的行动集为 $S_A = \{A_1, A_2, \cdots, A_K\}$，其中，$K$ 为组织行动的数量。行动实体的基本属性包括可分子行动（任务实体）、行动－效果映射关系等，具体见3.1.2节。

2. 任务实体

任务实体（task，T）是组织为达成其组织目标而必须执行的任务，其是由行动实体分解而来。C^2 组织的任务集记为 $S_T = \{T_1, T_2, \cdots, T_N\}$，其中，$N$ 是任务的数量。对 $\forall T_i \in S_T$，其基本属性包括：①任务坐标位置（xt_i，yt_i）；②任务持续时间 tt_i；③任务的能力需求向量 $\boldsymbol{R}_{T_i} = (dt_{i1}, dt_{i2}, \cdots, dt_{iL})$，其中，若 $dt_{il} > 0 (1 \leqslant l \leqslant L)$，则 dt_{il} 表示任务 T_i 被执行时，需要的第 l 项资源能力大小，若 $dt_{il} = 0$，则 dt_{il} 表示执行任务 T_i 时并不需要第 l 项资源能力，L 是不同类型资源能力数量。

3. 平台实体

平台实体（Platform，P）是组织中直接执行任务的兵力单元，如战机编队、步兵连等。C^2 组织的平台集记为 $S_P = \{P_1, P_2, \cdots, P_V\}$，其中，$V$ 是平台的数量。对 $\forall P_j \in S_P$，其基本属性包括:①平台初始坐标位置(xp_j,yp_j);②平台移动速度 vp_j;③平台的资源能力向量$\boldsymbol{R}_{P_j}=(op_{j1},op_{j2},\cdots,op_{jL})$,若 $op_{jl}>0$ $(1\leqslant l\leqslant L)$,则 op_{jl}表示平台 P_j 的第 l 项资源能力大小,若 $op_{jl}=0$,则 op_{jl}表示平台 P_j 不提供第 l 项资源能力。

4. 决策实体

决策实体(Decision - maker,DM)是组织中 C^2 活动的具体承担者,如各级 C^2 单元(人员)。决策实体分为战役决策实体(Operational Decision - maker,ODM)和战术决策实体(Tactical Decision - maker,TDM)两类,战役决策实体负责整个 C^2 组织的集中宏观控制,战术决策实体负责具体组织任务的执行。组织中通常包含一个战役决策实体和多个战术决策实体,唯一的战役决策实体记为ODM_1,战术决策实体构成的集合记为 $S_{TDM}=\{TDM_1,TDM_2,\cdots,TDM_D\}$,其中,$D$ 是战术决策实体的数量,C^2 组织所有决策实体构成的集合为$S_{DM}=\{ODM_1\}\cup S_{TDM}$。

战役决策实体ODM_1 的基本属性包括:①坐标位置($xodm_1$,$yodm_1$);②能同时控制的战术决策实体数量上限 D^{max}。对 $\forall\, TDM_k\in S_{TDM}$,其基本属性包括:①坐标位置($xtdm_k$,$ytdm_k$);②能同时控制的平台实体数量上限 V_k^{max};③能同时执行的任务数量上限 N_k^{max}。

5. 通信实体

通信实体(Communication - supporter,C)是组织通信网络中的节点对象,如通信卫星、地面通信站等。C^2 组织的通信实体集记为 $S_C=\{C_1,C_2,\cdots,C_Q\}$,其中,$Q$ 是通信实体的数量。对 $\forall\, C_m\in S_C$,其基本属性包括:①坐标位置(xc_m,yc_m);②允许接入的用户(即决策实体和平台实体)数量上限 U_m^{max};③允许接入的通信实体数量上限 Q_m^{max}。

3.1.2 C^2 组织过程的描述

从认知论的角度看,C^2 组织过程可以抽象为“认知”和“行动”两大活动。“认知”就是认清战场态势和敌我双方力量对比,目的是在知己知彼的基础上形成决策;而“行动”就是根据认知采取适当的策略,目的是达成己方的目标。因此,如何正确地“认知”和如何采取合适的“行动”便成为整个组织过程的关键所在。由于组织资源的有限性、外部事件的不确定性、己方行动的关联性、组织环境变化的随机性等特点,使得战场态势信息来源是变化的、分布的,导致了信息分析的复杂性和决策过程的时效性。因此,如何在网络化条件下构建战场态势的认知模型并在模型的基础上获取最佳的组织 COA 显得更为迫切,同时也使得 C^2 组织 COA 问题研究成为国内外军事领域研究热点[122-123]。

尽管对 C^2 组织 COA 问题在不同领域有不同理解和认识,但从本质上来看,COA 问题就是依据有限的资源采取最佳过程策略,从而有效完成某一作战使命的过程。从解决 COA 问题的研究方法来看,一般可以划分为两种:一是依据目标对资源的需求来进行平台优化分配,如空军战役规划问题;二是依据己方可采取的行动以及行动可能导致敌方反应来选择 COA,如凯撒(CAESAR)系统以及康涅狄格大学关于过程策略的研究。其中,较为常见的是第二种研究方法,其认为 COA 选择问题是敌我双方的一种博弈行为,是战役规划者根据己方可采取的行动以及行动可能导致敌方的反应来选择 COA,通过这种研究方法把 COA 问题描述为一个马尔可夫决策过程(Markov Decision Process,MDP),把问题的求解过程理解为对动态的行动 - 效果之间的因果联系进行建模,并对模型优化求解的过程。

C^2 组织的过程策略取决于组织行动、外部事件、期望效果和中间效果四个方面，组织行动和外部事件共同促进了中间效果和期望效果的状态转移。

组织行动(Organization Action，OA)，即为行动实体 A。考虑到完成组织行动是一个连续动态过程，假定该过程可划分为 $T+1$ 个阶段，C^2 组织在起始 $t_0 \sim t_1$ 阶段不会采取行动。若在$t_{n-1} \sim t_n(2 \leqslant n \leqslant T+1)$阶段，$C^2$ 组织采取了行动 A_p，记 $P_{n-1}(A_p)=1, 1 \leqslant p \leqslant K$；而反之，若未采取组织行动 A_p，则记 $P_{n-1}(A_p)=0, 1 \leqslant p \leqslant K$。因此，若不考虑组织资源和规则约束，组织可行行动 A_p 在所有 $T+1$ 个阶段的行动策略组合有 2^T 个；而由于相应约束的存在，A_p 在各阶段可行行动策略数量远不能达到 2^T 个。假设组织行动 A_p 在所有 $T+1$ 个阶段的子行动策略集合为$\Psi_p=\{A_p^1, A_p^2, \cdots, A_p^{|A_p|}\}$，其中，有 $|A_p|<2^T$ 成立，Ψ_p 中任一元素 $A_p^q(1 \leqslant q \leqslant |A_p|)$是一个长度为 T 的行动序列$[A_p^q(t_1), A_p^q(t_2), \cdots, A_p^q(t_T)]$，且 $A_p^q(t_n) \in \{0,1\}, 1 \leqslant n \leqslant T$。在 $T+1$ 个阶段，所有组织行动构成的可行行动空间为 $\Psi=\Psi_1 \times \Psi_2 \times \cdots \times \Psi_K$。

外部事件(Exogenous Event，EE)是敌方组织为阻挠我方组织目标的达成，而针对我方组织行动所采取的一系列敌对行为。记可能出现的外部事件集合为 $S_B=\{B_1, B_2, \cdots, B_J\}$，其中，$J$ 为外部事件数量。由于敌对行为的不确定性，外部事件的出现概率(用 eep 表示)具有不确定性，但仍可由专家根据历史数据和自身知识，大致给出外部事件在某阶段的出现概率。例如，在 $t_{n-1} \sim t_n(2 \leqslant n \leqslant T+1)$阶段，外部事件 B_o 的出现概率 $P_{n-1}(B_o)$一般是取值范围为$[P_{n-1}^{\min}(B_o), P_{n-1}^{\max}(B_o)]$的概率区间。

期望效果(Desired Effect，DE)是 C^2 组织所要实现的最终组织目标效果。采取的组织行动不同，期望效果的种类和数量也有所不同，选取高效 COA 的核心目标，就是使得期望效果的实现概率最大。令组织运行过程中的期望效果集合为 $S_E=\{E_1, E_2, \cdots, E_H\}$，其中，$H$ 为期望效果的数量。

中间效果(Intermediate Effect，IE)是 C^2 组织为达成最终组织目标而取得的阶段性目标效果，其是组织行动、外部事件和期望效果之间的纽带。C^2 组织执行复杂任务时，直接建立数量较多的组织行动、外部事件和期望效果之间的影响关系难度较大。因此，一般通过中间效果实现对各影响关系的分类关联，从而有效降低表征组织运行过程中所有影响关系的难度。令组织中间效果集合为 $S_G=\{G_1, G_2, \cdots, G_F\}$，其中，$F$ 为中间效果的数量。

3.1.3 C^2 组织结构的描述

C^2 组织结构具体分为任务计划、C^2 结构和 C^2 权限分配 3 类，其中的任务计划和 C^2 结构均为三阶段方法中的重要内容，具有一定耦合关系，这里进行一体描述。

1. C^2 组织的任务计划和 C^2 结构

C^2 组织的任务计划和 C^2 结构涉及组织的任务实体、平台实体和决策实体，各类实体间的关系具体包括任务实体间的时序关系 R_{T-T}、平台实体对任务实体的执行关系 R_{T-P}、战役决策实体对战术决策实体的 C^2 关系 $R_{ODM-TDM}$、战术决策实体间的协作关系 $R_{TDM-TDM}$、战术决策实体对平台实体的 C^2 关系 R_{TDM-P}、战术决策实体对任务实体的执行关系 R_{TDM-T}。图 3.1所示为 C^2 组织任务实体、平台实体和决策实体间关系，即 C^2 组织的任务计划和 C^2 结构。

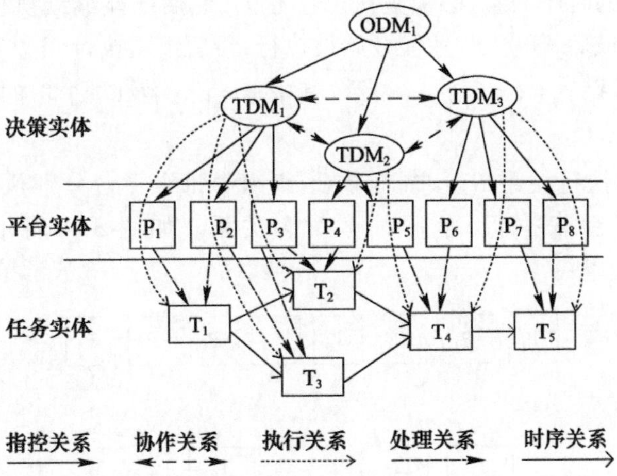

图 3.1　C^2 组织的任务计划和 C^2 结构

根据不同的关系类型,将这些关系划分为任务计划和 C^2 结构两类。图 3.2 所示为 C^2 组织任务计划和 C^2 结构的分类视图。

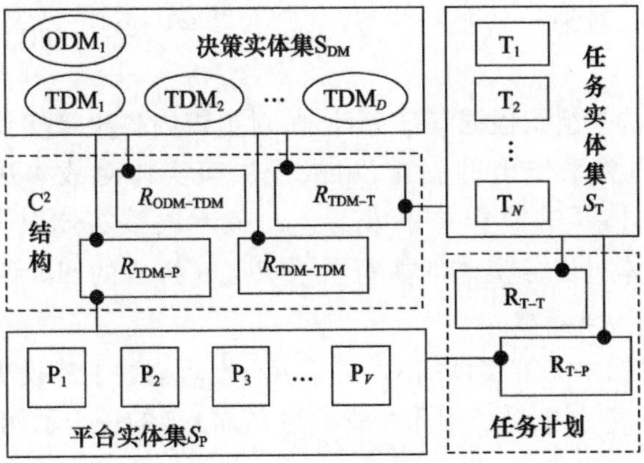

图 3.2　C^2 组织任务计划和 C^2 结构的分类视图

1) 任务计划

C^2 组织的任务计划(Task Plan,TP)是组织为达成组织目标,对任务执行的时间顺序和平台实体调度作出的安排,由任务间的时序关系 R_{T-T}和平台对任务的执行关系 R_{T-P}构成的二元组 $A^{OP} = < R_{T-T}, R_{T-P} >$表示。

任务实体间的时序关系 R_{T-T}描述了组织在任务执行过程中任务执行的先后顺序,是一种多对多关系。如图 3.3 所示,为 R_{T-T}的一个示例。

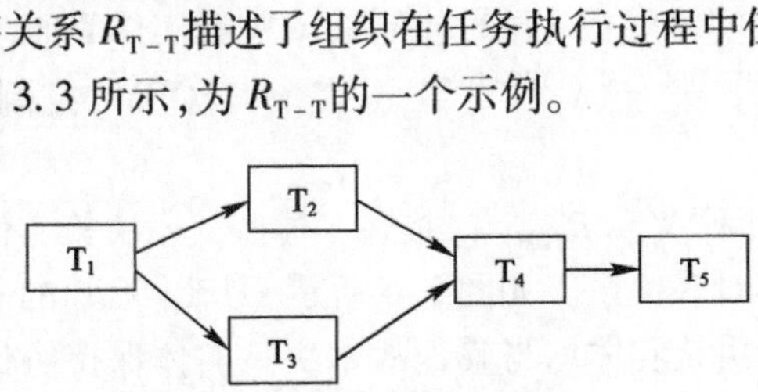

图 3.3　任务间的时序关系

根据图 3.3 中的时序关系，必须先执行任务 T_1，然后才能继续执行任务 T_2 和 T_3，当这两个任务都被完成后，任务 T_4 才能开始被执行，最后组织执行任务 T_5。任务间的时序关系 R_{T-T} 可由矩阵 $\boldsymbol{X}^{T-T}=(x_{ii'}^{T-T})_{N\times N}$ 表示，其中，$i\neq i'$。若 T_i 是 $T_{i'}$ 的直接前导任务，则 $x_{ii'}^{T-T}=1$，否则，$x_{ii'}^{T-T}=0$。

平台对任务的执行关系 R_{T-P} 描述了 C^2 组织中每个平台分别执行哪些任务，各个任务分别由哪些平台来执行，是一种多对多关系。如图 3.4 所示，为 R_{T-P} 的一个示例。

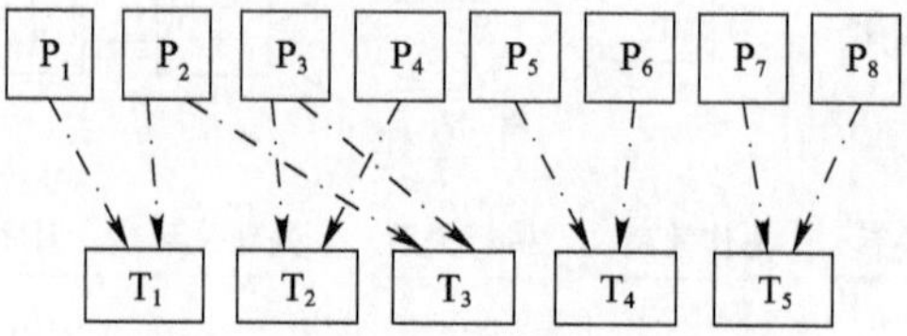

图 3.4　平台对任务的执行关系

图 3.4 中，一个平台能执行多个任务，如平台 P_2 需要执行任务 T_1 和 T_3，一个任务可由多个平台执行，如任务 T_4 由平台 P_5 和 P_6 执行。平台对任务的执行关系 R_{T-P} 可由矩阵 $\boldsymbol{X}^{T-P}=(x_{ij}^{T-P})_{N\times V}$ 表示，若平台 P_j 执行任务 T_i，则 $x_{ij}^{T-P}=1$，否则，$x_{ij}^{T-P}=0$。

2）C^2 结构

C^2 组织的 C^2 结构是组织根据其任务计划，对组织内各决策实体所属的平台、任务，以及决策实体相互间关系作出的安排，由战役决策实体对战术决策实体的 C^2 关系 $R_{ODM-TDM}$、战术决策实体间的协作关系 $R_{TDM-TDM}$、战术决策实体对平台实体的 C^2 关系 R_{TDM-P} 和战术决策实体对任务实体的执行关系 R_{TDM-T} 构成的四元组 $A^{CCS}=<R_{ODM-TDM},R_{TDM-TDM},R_{TDM-P},R_{TDM-T}>$ 表示。

战役决策实体对战术决策实体的 C^2 关系 $R_{ODM-TDM}$ 描述了战役决策实体控制哪些战术决策实体，是一种一对多关系。图 3.5 所示为 $R_{ODM-TDM}$ 的一个示例。

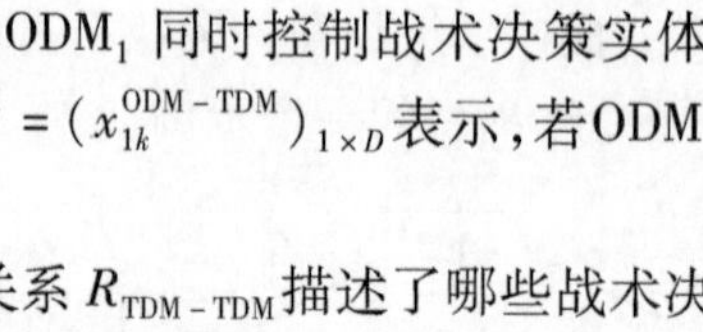

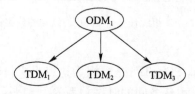

图 3.5　战役决策实体对战术决策实体的 C^2 关系

图 3.5 中，战役决策实体 ODM_1 同时控制战术决策实体 TDM_1、TDM_2 和 TDM_3。C^2 关系 $R_{ODM-TDM}$ 可由矩阵 $\boldsymbol{X}^{ODM-TDM}=(x_{1k}^{ODM-TDM})_{1\times D}$ 表示，若 ODM_1 控制 TDM_j，则 $x_{1k}^{ODM-TDM}=1$，否则，$x_{1k}^{ODM-TDM}=0$。

战术决策实体间的协作关系 $R_{TDM-TDM}$ 描述了哪些战术决策实体在运行过程中需要保持沟通与配合，是一种多对多关系。如图 3.6 所示，为 $R_{TDM-TDM}$ 的一个示例。

图 3.6 中，每个战术决策实体均与其他战术决策实体保持协作。战术决策实体间的协作关系 $R_{TDM-TDM}$ 可由矩阵 $\boldsymbol{X}^{TDM-TDM}=(x_{kk'}^{TDM-TDM})_{D\times D}$ 表示，其中，$k\neq k'$。若 TDM_k 与 $TDM_{k'}$ 间存在协作，则 $x_{kk'}^{TDM-TDM}=1$，否则，$x_{kk'}^{TDM-TDM}=0$。

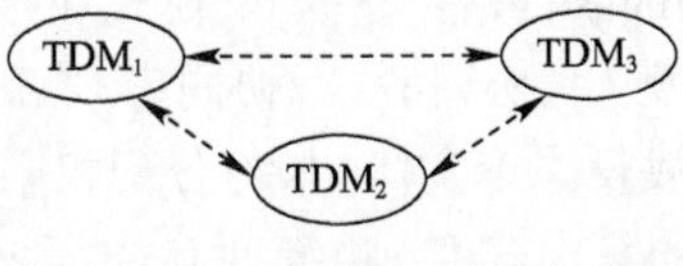

图 3.6　战术决策实体间的协作关系

战术决策实体对平台实体的 C^2 关系 R_{TDM-P} 描述了组织中的各战术决策实体分别控制哪些平台实体，各平台实体分别受哪个战术决策实体的控制，是一种一对多的关系。图 3.7所示为 R_{TDM-P} 的一个示例。

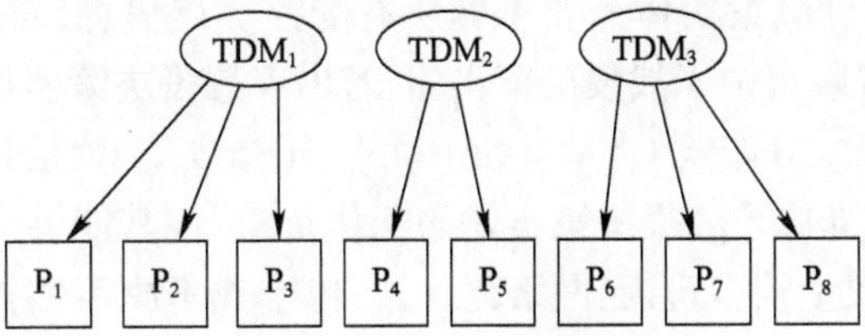

图 3.7　战术决策实体对平台的 C^2 关系

图 3.7 中，一个战术决策实体能同时控制多个平台实体，如 TDM_1 同时控制了平台 P_1、P_2 和 P_3，各平台只能受一个战术决策实体的控制，如平台 P_5 只受 TDM_2 的控制。C^2 关系 R_{TDM-P} 可由矩阵 $\boldsymbol{X}^{TDM-P}=(x_{kj}^{TDM-P})_{D\times V}$ 表示，若 TDM_k 控制平台 P_j，则 $x_{kj}^{TDM-P}=1$，否则，$x_{kj}^{TDM-P}=0$。

战术决策实体对任务实体的执行关系 R_{TDM-T} 描述了每个战术决策实体分别执行哪些任务，各任务分别由哪些战术决策实体共同执行，是一种多对多关系。图 3.8 所示为 R_{TDM-T} 的一个示例。

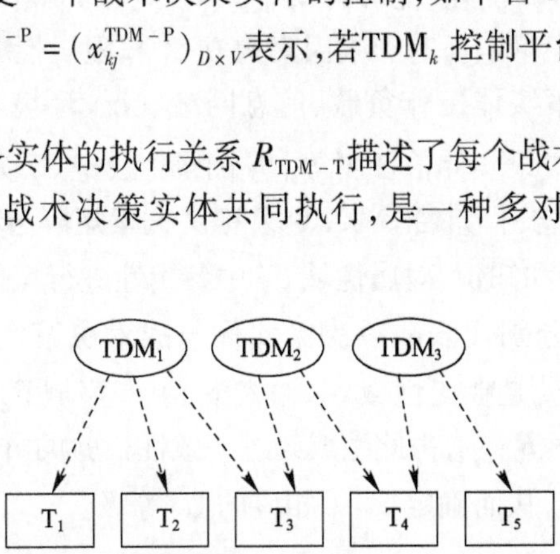

图 3.8　战术决策实体对任务的执行关系

图 3.8 中，一个战术决策实体能执行多个任务，例如 TDM_1 需要执行任务 T_1、T_2 和 T_3，一个任务也可由多个战术决策实体共同执行，例如任务 T_4 由 TDM_2 和 TDM_3 共同执行。战术决策实体对任务实体的执行关系 R_{TDM-T} 可由矩阵 $\boldsymbol{X}^{TDM-T}=(x_{ki}^{TDM-T})_{D\times N}$ 表示，若 TDM_k 需要执行任务 T_i，则 $x_{ki}^{TDM-T}=1$，否则，$x_{ki}^{TDM-T}=0$。

2. C^2 组织的 C^2 权限分配

C^2 组织 C^2 权限分配是指，为确保组织能够以一定 C^2 模式并借助于一定 C^2 方法，对所配属兵力进行指挥、协调、监督和控制等活动，而必须明确的上下级指挥机构的集权/分权关系和权限内容划分的总体。C^2 组织 C^2 权限分配主要包括 C^2 模式的构建、影响因素的分析，以及分配方案的选择规则。首先，根据 C^2 权限的划分情况构建 C^2 组织的 C^2 模式;然后,分析影响分配方案的因素;最后,根据 C^2 模式和影响因素构建权限分配方案的选择规则。冲突型 C^2、解冲突型 C^2、协调型 C^2、协同型 C^2 和边缘型 C^2 等五类 C^2 模式的区分,本质上是上级 C^2 单元(战役决策实体)如何分配权限的差别。其中,冲突型 C^2 模式的权限集中度最高,是典型的集中式 C^2;边缘型 C^2 模式的权限集中度最低,即分布度最高,是典型的分布式 C^2。解冲突型 C^2 模式、协调型 C^2 模式和协同型 C^2 模式的权限集中度介于两者之间,是典型的混合式 C^2,只是混合程度不同。集中式、混合式(还可进一步细化)和分布式 C^2,对应于不同 C^2 等级。

一般来说,集中式 C^2 具有结构明确、便于集中管理、易于全局优化的优点,但仍然存在以下不足:①由于战役决策实体需要掌握所有受控实体信息,对战役决策实体的连续 C^2 能力要求较高;②权限集中于战役决策实体,若出现战役决策实体 C^2 失能将影响组织效能。相比于集中式 C^2,分布式 C^2 具有如下优点:①减少了 C^2 层级,能够实现对战场态势变化的快速响应;②降低了战役决策实体的工作负载,使其能够专注于高层任务控制;③战术决策实体相对数量较多,且已网络化互连,单个战术决策实体的 C^2 失能不会影响组织效能。

随着 C^2 组织中战术决策实体 C^2 能力的提升,使得 C^2 组织中战役决策实体不必完全集中权限,而需要适当分权,这样可以充分发挥战术决策实体 C^2 的能力,并通过与战役决策实体的协作实现全局协调优化,能够将集中式 C^2 与分布式 C^2 优势结合,发挥各自优势。C^2 权限分配受多因素影响,所有影响因素构成 C^2 权限属性域 S_Y,令 $S_Y=\{Y_1,Y_2,\cdots,Y_{|S_Y|}\}$,分别代表战役决策实体工作负载、信息网络状况、环境不确定程度、任务紧迫程度、战役决策实体对战术决策实体信任度等 $|S_Y|$ 个属性;记 S_Z 为 C^2 权限分配专家域,令 $S_Z=\{Z_1,Z_2,\cdots,Z_{|S_Z|}\}$,代表 $|S_Z|$ 名专家,专家建议决策矩阵分别为 $\boldsymbol{R}_1$、$\boldsymbol{R}_2$、…、$\boldsymbol{R}_{|S_Z|}$,专家需要基于各自专家经验和知识,对属性域 S_Y 中各属性进行赋值;记 S_X 为 C^2 等级域,令 $S_X=\{X_1,X_2,\cdots,X_{|S_X|}\}$,分别代表战役决策实体与战术决策实体协同 C^2 的不同等级。C^2 权限分配的大致过程,就是在属性域 S_Y 输入下,由专家域 S_Z 中专家给出的专家建议决策矩阵分别为 $\boldsymbol{R}_1$、$\boldsymbol{R}_2$、…、$\boldsymbol{R}_{|S_Z|}$,由此生成经过一致性检验的群体决策矩阵 $\boldsymbol{R}$,进行关联度比对后得到关联度矩阵,从而确定 S_X 中相应的 C^2 等级。

3.1.4 C^2 组织支撑的描述

C^2 组织信息支撑包括通信基础和信息网络两个方面,其中,前者需要解决通信拓扑规划问题,后者需要解决信息网络优化问题。

1. C^2 组织的通信拓扑

C^2 组织的通信拓扑涉及组织的平台实体、决策实体和通信实体,各类实体间的连接关系包括通信实体间的连接关系 R_{C-C}、战役决策实体与通信实体间的连接关系 R_{ODM-C}、战术决策实体与通信实体间的连接关系 R_{TDM-C} 和平台实体与通信实体间的连接关系 R_{P-C},构成四元组 $A^{CS}=<R_{C-C},R_{ODM-C},R_{TDM-C},R_{P-C}>$。图 3.9 所示为通信拓扑及用户接入。

通信实体间的连接关系 R_{C-C} 描述了组织中哪些通信实体间存在直接的通信连接,是一种多对多的关系。图 3.10 所示为 R_{C-C} 的一个示例。

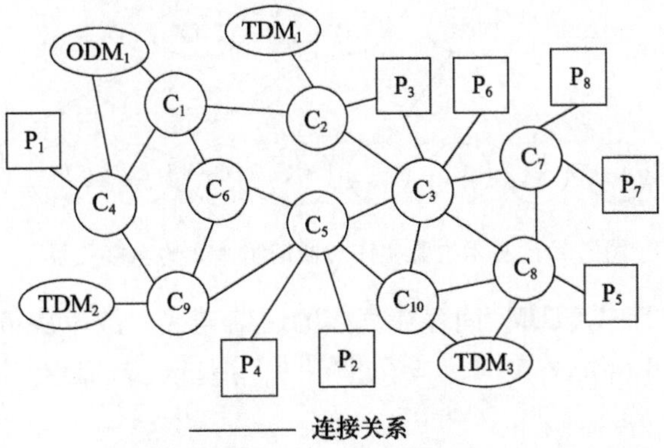

图 3.9　C^2 组织的通信拓扑及用户接入

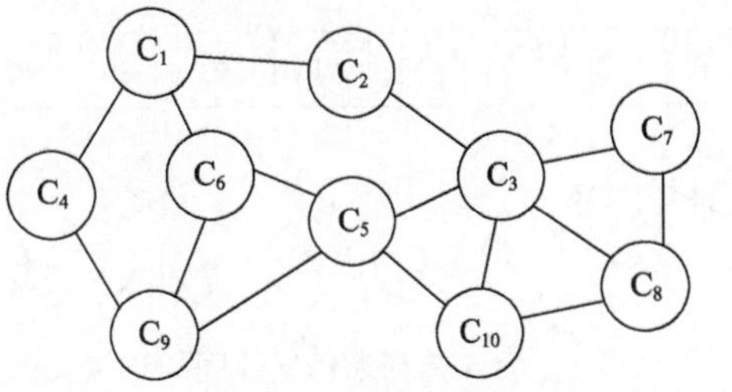

图 3.10　通信实体间的连接关系

图 3.10 中，各通信实体均可与其他多个通信实体间存在直接的通信连接，如通信实体 C_5 与 C_3、C_6、C_9 和 C_{10} 间存在直接通信连接。通信实体间连接关系 R_{C-C} 可由矩阵 $\boldsymbol{X}^{C-C}=(x_{mm'}^{C-C})_{Q\times Q}$ 表示，其中，$m\neq m'$。若 C_m 与 $C_{m'}$ 相连，则 $x_{mm'}^{C-C}=1$，否则，$x_{mm'}^{C-C}=0$。

战役决策实体与通信实体间的连接关系用 R_{ODM-C} 表示，其描述了组织中的战役决策实体与哪些通信实体间存在直接的通信连接。图 3.11 所示为 R_{ODM-C} 的一个示例。

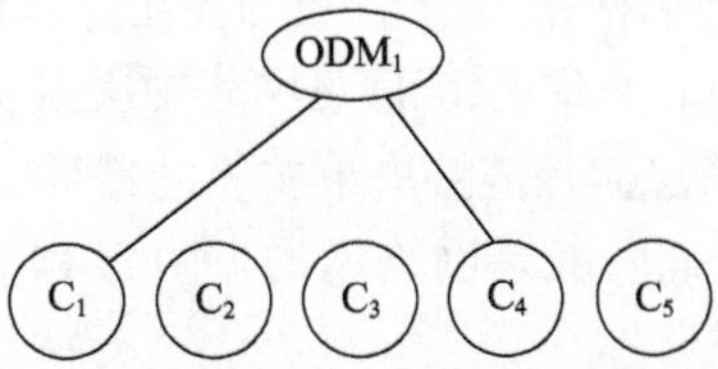

图 3.11　战役决策实体与通信实体间的连接关系

图 3.11 中，战役决策实体 ODM_1 与通信实体 C_1 和 C_4 间存在直接的通信连接。战役决策实体与通信实体间的连接关系 R_{ODM-C} 可由矩阵 $\boldsymbol{X}^{ODM-C}=(x_{1m}^{ODM-C})_{1\times Q}$ 表示，若 ODM_1 与 C_m 直接相连，则 $x_{1m}^{ODM-C}=1$，否则，$x_{1m}^{ODM-C}=0$。

战术决策实体与通信实体间的连接关系 R_{TDM-C} 描述了组织中每个战术决策实体分别与哪些通信实体间存在直接的通信连接，是一种多对多关系。图 3.12 所示为 R_{TDM-C} 的一个示例。

图 3.12 中，一个战术决策实体可与多个通信实体间存在直接的通信连接，例如 TDM_1 与 C_2、C_5 间存在直接的通信连接，一个通信实体也能与多个战术决策实体间存在直接的

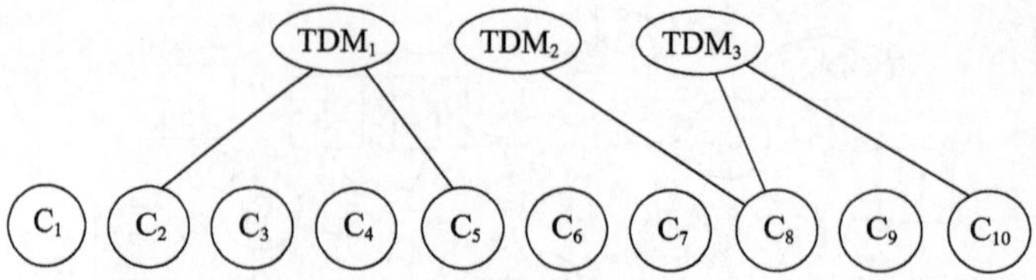

图 3.12　战术决策实体与通信实体间的连接关系

通信连接，例如 C_8 与TDM_2、TDM_3 间存在直接的通信连接。战术决策实体与通信实体间的连接关系 R_{TDM-C} 可由矩阵$\boldsymbol{X}^{TDM-C}=(x_{km}^{TDM-C})_{D\times Q}$表示，若$TDM_k$ 与 C_m 直接相连，则 $x_{km}^{TDM-C}=1$，否则，$x_{km}^{TDM-C}=0$。

平台实体与通信实体间的连接关系 R_{P-C}描述了各平台实体分别与哪些通信实体间存在通信连接，是一种多对多关系。图 3.13 所示为 R_{P-C}的一个示例。

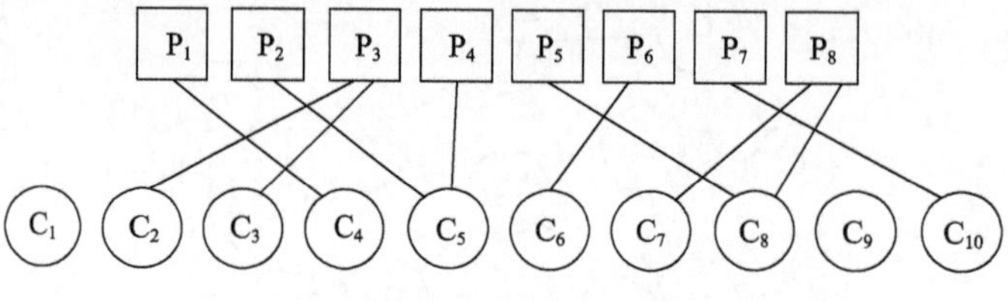

图 3.13　平台实体与通信实体间的连接关系

图 3.13 中，一个平台实体可与多个通信实体间存在直接的通信连接，例如 P_3 与 C_2、C_3 间存在通信连接，一个通信实体也能与多个平台实体间存在通信连接，如 C_5 与 P_2、P_4 间存在直接的通信连接。平台实体与通信实体间的连接关系 R_{P-C}可由矩阵$\boldsymbol{X}^{P-C}=(x_{jm}^{P-C})_{V\times Q}$表示，若 P_j 与 C_m 直接相连，则 $x_{jm}^{P-C}=1$，否则，$x_{jm}^{P-C}=0$。

2. C^2 组织的信息网络

在 C^2 组织运行过程中，存在情报、指控、协作和状态等大量信息流，其中，决策实体间的信息流与 C^2 组织 C^2 活动密切相关，重要性更为突出。从信息流角度看，决策实体间存在信息关系 R_{DM-DM}，该关系决定了 C^2 组织信息网络中决策实体间信息流向和信息流量。

信息时代的 C^2 组织中，信息流是链接决策实体的载体，应更加注重决策实体间的横向信息分发，即信息关系 R_{DM-DM}一般是网络型的。图 3.14 所示为决策实体间信息关系 R_{DM-DM}的一个示例。

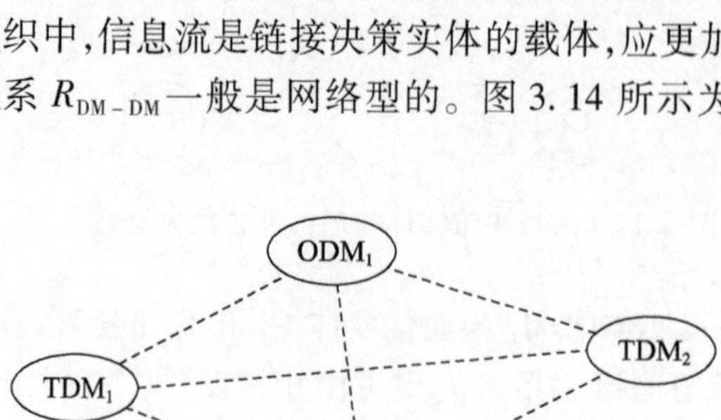

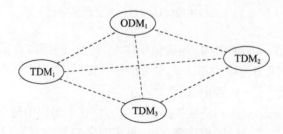

图 3.14　决策实体间的信息关系

图 3.14 仅给出不同决策实体间逻辑层面的信息关系，但实际实体间信息传输的路由选择和每条链路和容量并未体现。如何科学利用 C^2 组织中有限的信息资源，按照信息需

求建立合理的信息网络，把需要的信息以最佳途径传送给对应的决策实体，以避免信息在某一链路的超载、失效或信息传输延时，保持决策实体间信息分发的通畅和高效，是 C^2 组织决策实体间的信息关系 R_{DM-DM} 设计需要解决的问题。

(1) 链路(Link,L)是组织中决策实体间的一条信息路径。假定决策实体DM_k 和决策实体$DM_{k'}$间存在相连的逻辑通道，这一逻辑通道就是一条链路，记为 $L_{kk'}$，该链路的容量记为 $N_{kk'}$，将所有信息链路集合记为 $S_L = \{L_{12}, L_{13}, \cdots, L_{(D+1)D}\}$。

(2) 路由(Routing,R)是决策实体间的多条连续信息路径。假定从决策实体DM_k 到决策实体$DM_{k'}$存在信息需求，则将从DM_k 到$DM_{k'}$进行信息传输的路径称为从DM_k 到$DM_{k'}$的信息传输路由，记为 $R_{kk'}$。假定一个决策实体到另一个决策实体的信息传输只能选择它们之间所有路由中的其中一条，记所有信息传输路由集合为 $S_R = \{R_{12}, R_{13}, \cdots, R_{(D+1)D}\}$。

3.2 C^2 组织生成及演进的抽象模型

C^2 组织生成及演进的抽象模型，是一个包括要素模型、状态模型、生成模型和演进模型四类模型的整体，需要分别进行建立。

3.2.1 C^2 组织的要素模型

C^2 组织的要素模型是完整描述组织环境、目标过程、组织结构和信息支撑的抽象化、形式化表达。

组织环境是直接或间接影响组织运行及其效能的因素总和，这种影响包括正向和反向两个方面，其模型 M_{env} 是包含影响性质 Inf_{env}、不确定特性 Unc_{env}、复杂特性 Com_{env}、动态特性 Dyn_{env} 和对抗特性 Con_{env} 的五元组。定义组织环境模型为

$$M_{env} = < Inf_{env}, Unc_{env}, Com_{env}, Dyn_{env}, Con_{env} > \tag{3.1}$$

式中：组织环境的不确定特性 Unc_{env}、复杂特性 Com_{env}、动态特性 Dyn_{env} 和对抗特性 Con_{env} 都是不易量化度量的。

C^2 组织过程模型 M_{act} 表征了组织为完成其目标需要采取的派生行动组合和行动－任务分解关系，这个行动组合包含多种可行子行动，即组织任务，并通过串行、并行或串并交叉方式进行链接。定义组织过程模型为

$$M_{act} = < R_{A-A}, R_{A-T} > \tag{3.2}$$

C^2 组织结构模型 M_{str} 是组织结构核心关系，即平台对任务的执行关系 R_{T-P}、战术决策实体对平台实体的 C^2 关系 R_{TDM-P} 以及战役决策实体对战术决策实体的 C^2 关系 $R_{ODM-TDM}$ 的综合，定义组织结构模型为

$$M_{str} = < R_{T-P}, R_{TDM-P}, R_{ODM-TDM} > \tag{3.3}$$

C^2 组织支撑模型 M_{sup} 是组织通信拓扑中核心关系 R_{C-C} 和决策实体间信息关系 R_{DM-DM} 的综合，定义组织支撑模型为

$$M_{sup} = < R_{C-C}, R_{DM-DM} > \tag{3.4}$$

式中:不同的 R_{C-C} 对应不同的通信拓扑性能,而通过调节 R_{DM-DM} 可以生成不同的信息流向流量分布。

3.2.2 C² 组织的状态模型

组织状态模型 M_{sta} 表征了组织中各实体的状态属性和组织约束规则等,由行动实体集 S_A、任务实体集 S_T、平台实体集 S_P、决策实体集 S_{DM}、通信实体集 S_C、任务资源能力需求 $\boldsymbol{A}_T$、平台资源能力 $\boldsymbol{A}_P$ 和组织约束规则集 S_{Rule} 组成。

定义组织状态模型为

$$M_{sta} = < S_A, S_T, S_P, S_{DM}, S_C, \boldsymbol{A}_T, \boldsymbol{A}_P, S_{Rule} > \tag{3.5}$$

式中:组织约束规则集 S_{Rule} 是组织过程、结构和支撑生成及演进过程中的作战约束条件,如同一平台不能同时执行两个以上任务等。

组织的状态模型会随着组织的不断运行而发生动态变化,而实时、准确的组织状态输入是实现组织生成及演进的前提。

3.2.3 C² 组织的生成模型

组织的生成模型是包括组织环境模型 M_{env}、组织状态模型 M_{sta} 和组织生成映射 E_{gen} 在内的三元组,定义组织的生成模型为

$$M_{gen} = < M_{env}, M_{sta}, E_{gen} > \tag{3.6}$$

组织生成映射 E_{gen} 表征了组织过程、结构和支撑生成前后的对应关系,这种对应关系取决于一定的对应规则。在时变组织环境下,组织各层次生成都强调鲁棒性。但在具体生成过程中,鲁棒性实现途径各有不同,如组织过程策略选取的鲁棒性是通过区间不确定优化实现的,而组织支撑中的通信拓扑规划和信息网络优化都是通过提高抗毁性度量实现的。定义组织生成映射为

$$E_{gen} = < E_{gen}^{act}, E_{gen}^{str}, E_{gen}^{bra} > \tag{3.7}$$

式中:E_{gen}^{act} 为组织过程生成映射;E_{gen}^{str} 为组织结构生成映射;E_{gen}^{bra} 为组织支撑生成映射。因此,有

$$\begin{cases} E_{tra}^{act}(M_{sta}) = M_{act} \\ E_{tra}^{str}(M_{sta}) = M_{str} \\ E_{tra}^{sup}(M_{sta}) = M_{sup} \end{cases} \tag{3.8}$$

式中:M_{act}、M_{str} 和 M_{sup} 均是基于 M_{sta} 生成的。

3.2.4 C² 组织的演进模型

组织的演进模型是包括组织环境模型 M_{env}、组织状态模型 M_{sta}、目标过程模型 M_{act}、组织结构模型 M_{str}、信息支撑模型 M_{bra}、组织演进触发 G_{tra} 和组织演进映射 E_{tra} 在内的七元组,定义组织的演进模型为

$$M_{tra} = < M_{env}, M_{sta}, M_{act}, M_{str}, M_{sup}, G_{tra}, E_{tra} > \tag{3.9}$$

组织演进映射表征了组织过程、结构和支撑演进前后的对应关系，这种对应关系难以用确定的数学表达式表征，但一旦确定了对应规则，则演进前后一定是一一对应的。组织演进映射 E_{tra} 中最关键的就是确定映射规则，对于不同类别的演进，演进映射规则各不相同。定义组织的演进映射为

$$E_{\text{tra}} = < E_{\text{tra}}^{\text{act}}, E_{\text{tra}}^{\text{str}}, E_{\text{tra}}^{\text{bra}} > \tag{3.10}$$

式中：$E_{\text{tra}}^{\text{act}}$ 为过程演进映射；$E_{\text{tra}}^{\text{str}}$ 为结构演进映射；$E_{\text{tra}}^{\text{bra}}$ 为支撑演进映射。以组织过程为例，其通过 $E_{\text{tra}}^{\text{act}}$ 实现演进前后的对应，因此，有

$$\begin{cases} E_{\text{tra}}^{\text{act}}(M_{\text{act}}) = M'_{\text{act}} \\ E_{\text{tra}}^{\text{str}}(M_{\text{str}}) = M'_{\text{str}} \\ E_{\text{tra}}^{\text{sup}}(M_{\text{sup}}) = M'_{\text{sup}} \end{cases} \tag{3.11}$$

式中：M'_{act}、M'_{str} 和 M'_{sup} 分别为演进后的组织过程、结构和支撑。

从触发方式分类上看，组织演进触发 G_{tra} 主要包括主动触发和被动触发两大类。主动触发是 C^2 组织中具有权限的 C^2 单元主动发起对组织过程、结构和支撑的演进，主动触发条件基于 C^2 单元（人员）的主观判断和自觉目的；被动触发是在组织环境、组织约束等客观因素影响下，C^2 组织进行过程、结构和支撑的演进，从而保证组织的适应性，被动触发条件包括组织环境变化、组织约束不满足（资源约束、效能约束）等。从触发效果分类上看，组织演进触发主要包括单点触发和链式触发，单点触发引起演进情况 3，链式触发引起演进情况 1 和 2，关于 C^2 组织的 3 种演进情况，2.2.4 节进行了详细分析。

3.3 C^2 组织生成及演进的实现途径

C^2 组织生成及演进包括正向实施和反向评估两个主要部分。正向实施部分依赖于 C^2 组织生成及演进的敏捷性优化方法，并取决于具体的实现途径；反向评估部分是对正向实施性能的结果评估，是从整体流程角度进行方案评估和优选。

3.3.1 具体内容的实现途径

C^2 组织生成及演进共包含过程策略选取、平台实体调度、决策实体配置、C^2 权限分配、通信拓扑规划和信息网络优化六个方面，本书并未覆盖六个方面的所有生成及演进问题，仅对关键性问题开展了研究。为实现 C^2 组织的生成及演进，各部分内容应遵循一定的敏捷性思想，即在鲁棒性生成方面突出健壮、抗毁需求，在适应性演进方面突出灵活、适配需求。

具体地，为实现过程策略选取和平台实体调度的鲁棒性，主要采用区间不确定优化方法。一般的线性区间不确定优化问题描述如下：

$$\begin{aligned} &\min_x \sum_{i=1}^{n} [c_i^{\text{L}}, c_i^{\text{R}}] \cdot x_i \\ &\text{s.t.} \sum_{i=1}^{n} [a_{ij}^{\text{L}}, a_{ij}^{\text{R}}] \cdot x_i \leqslant [b_i^{\text{L}}, b_i^{\text{R}}] \qquad j = 1,2,\cdots,m \end{aligned} \tag{3.12}$$

式中:[·]为区间型不确定变量。

与一般优化方法不同,区间不确定优化方法的基础是要确定合理的区间数排序方法,即基于可比较的区间数值,进而判定约束条件的满足情况,以及不同目标函数值的优劣关系。在约束处理机制和搜索机制等方面,区间不确定优化方法和一般优化方法是一致的。当然,实际的问题一般均为非线性问题,但处理方法均相似。

为实现平台实体调度和决策实体配置的适应性,主要采用最小变更+贪心求解方法。最小变更方法是一种考虑方案和计划稳定性的方法,能够有效保证方案和计划演进的幅度。方案和计划的稳定性 Stability(S,S')定义如下。

$$\text{Stability}(S,S') = \frac{\text{num}(S[\![\text{pd}]\!] \wedge S'[\![\text{pd}]\!])}{\text{num}(S'[\![\text{pd}]\!])} \tag{3.13}$$

式中:$\text{num}(S[\![\text{pd}]\!] \wedge S'[\![\text{pd}]\!])$为演进前后方案和计划 S、S'的不变实体-实体关系个数,$\text{num}(S'[\![\text{pd}]\!])$为演进后方案和计划 S'的实体-实体关系个数。Stability(S,S')可以分别映射到式(2.10)中的 YC 和式(2.13)中的 YP。

贪心求解是一种局部搜索机制,通过牺牲一定的求解精度换取较好的求解时长效果。更具体地,贪心求解可以近似为一种邻域搜索机制,即以一定的初始解为起点,通过一系列邻域动作,产生相应的邻居解,并根据某种解判定规则选择邻居解,重复上述操作直至算法结束。贪心求解包括不带展望机制和带展望机制两种方式,不带展望机制的贪心求解是一旦选取邻居解,则会直接以其为起点进行下一轮搜索;而带展望机制的贪心求解会预测各邻域解更多步后的求解效果,通过多步邻域的综合解判定进行下一邻域解的选取。图 3.15 和图 3.16 所示分别为不带展望机制和带展望机制的贪心求解示意图。

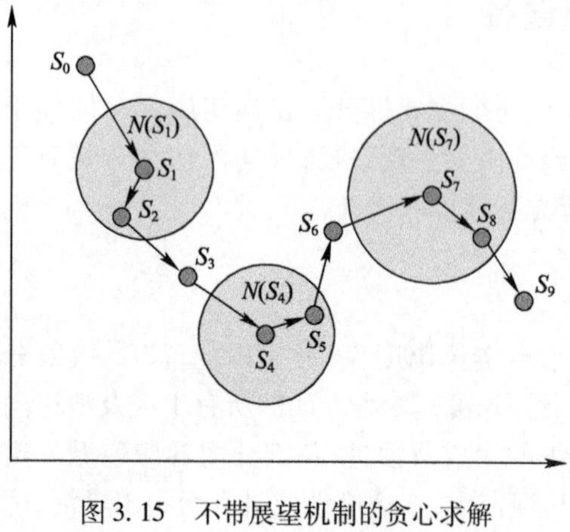

图 3.15　不带展望机制的贪心求解

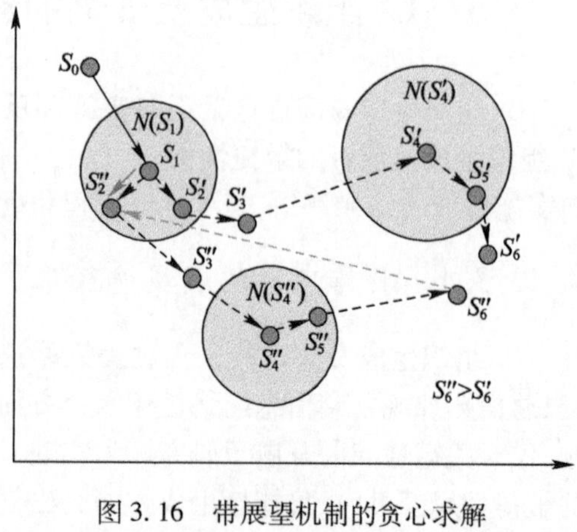

图 3.16　带展望机制的贪心求解

图 3.16 中,当 S_0 迭代到 S_1 时,S_1 并不会直接在邻域 S_2'和 S_2''中选取较优解更新,而是分别从 S_2'和 S_2''出发,按照 $S_2'\to S_3'\to S_4'\to S_5'\to S_6'$和 $S_2''\to S_3''\to S_4''\to S_5''\to S_6''$顺序进行迭代,若 $S_6''>S_6'$,则回退至 S_2''进行选取。

为实现 C^2 权限分配的适应性,主要采用相邻阶段演进方法。与最小变更法类似,相邻阶段演进方法也是一种考虑 C^2 权限分配方案稳定性的方法,方案的稳定性 Stability(M_0,M_n)定义如下。

$$\text{Stability}(M_0, M_n) = f\left(\frac{1}{n}\sum_{i=0}^{n-1}\text{sgn}(M_i - M_{i+1}), \sum_{i=0}^{n-1}\text{num}(|M_i - M_{i+1}|)\right) \quad (3.14)$$

式中：M_0 和 M_n 分别为起始和终止分配方案，$\frac{1}{n}\sum_{i=0}^{n-1}\text{sgn}(M_i - M_{i+1})$ 对应于式(2.11)中的 YP，$\sum_{i=0}^{n-1}\text{num}(|M_i - M_{i+1}|)$ 对应于式(2.11)中的 YF，sgn(·)为阶跃函数。

相邻阶段演进区别于直接演进的最大不同在于，直接演进是在分配方案效用值发生变化需要进行方案演进时直接进行演进，而相邻阶段演进是需要判断效用值前后变化幅度是否超过一定阈值，若超过则演进，反之，不演进。

为实现通信拓扑规划的抗毁性，主要采用极限攻击条件设计方法。想要规划抗毁性强的通信拓扑，就是使得通信拓扑在破坏性最强的通信节点攻击策略之下，依然能够保持一定的通信保障能力，这是极限攻击条件设计方法的基本思想。因此，度量攻击策略效果的测度和度量通信拓扑抗毁性的测度存在一定的相似性，有时甚至是完全相同的。图 3.17所示为基于极限攻击条件的抗毁性通信拓扑规划流程。

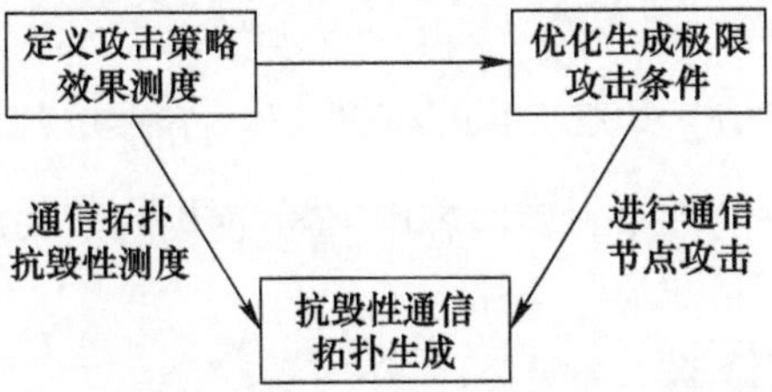

图 3.17　基于极限攻击条件的抗毁性通信拓扑规划流程

为实现信息网络优化的抗毁性，主要采用模型约束条件设计方法。模型约束条件设计是定义一定的抗毁性度量，并在优化过程中确保其不低于一定阈值。

对于通信拓扑规划和信息网络优化抗毁性的优化，一般采用全局搜索或局部搜索方法。全局搜索方法包括遗传算法、蚁群算法、人工蜂群算法和人工鱼群算法等，局部搜索方法包括禁忌搜索、(变)邻域搜索等。

对于 C^2 组织生成及演进问题，有以下几点需要说明。

(1) 决策实体配置(C^2 结构)的扁平并不等于高效，对 C^2 结构进行扁平化设计并不难，拿掉中间层次即可实现，但是这种扁平化并没有解决效率问题。因为扁平化以后，虽然层级减少，但 C^2 幅度却相应增大，使得决策实体的工作负载加重，一旦决策实体不堪重负，C^2 组织的高效运行无从谈起。因此，C^2 组织 C^2 结构的构造并非简单地去掉中间层级，而是要实现高效的扁平化。

(2) 通信拓扑规划和信息网络优化的抗毁性(鲁棒性)是两个层面的不同问题，前者是物理层面，而后者是逻辑层面。通信拓扑破坏必然导致组织内部信息流转受到影响，抗毁的通信拓扑是指当组织中的部分通信实体遭到攻击而失效时，在不调整通信拓扑的情形下降低对组织内部信息流转的影响，而抗毁的信息网络是在通信拓扑出现问题时，仍然能够通过逻辑链路的路由选择保证信息正常流转。

(3) 在进行适应性演进时应关注演进的即时性。信息时代的战场局势变化迅速，若 C^2 组织的演进跟不上战场局势的变化，轻则丧失战机、陷入被动，重则整个组织都有灭顶之灾。C^2 组织演进速度主要受制于决策速度和演进规模,在运行过程中组织应提高决策速度,不应片面地以时间为代价来追求更优决策结果;此外,C^2 组织应按照"触发谁调整谁"原则,通过分层演进方式控制组织内部变化的规模。图3.18所示为 C^2 组织生成及演进具体内容的实现途径。

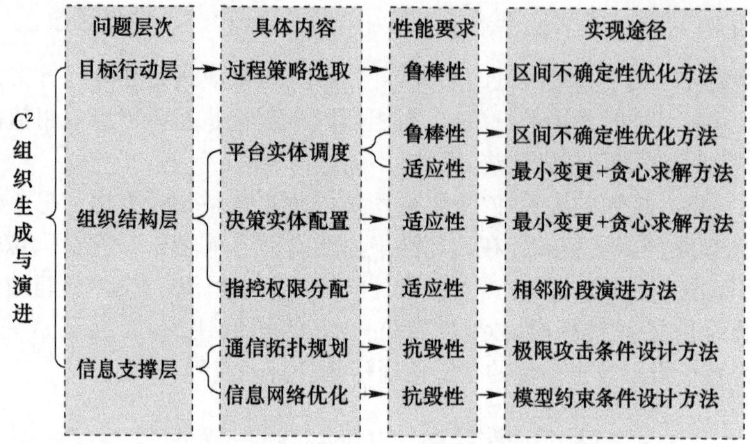

图3.18　C^2 组织生成及演进具体内容的实现途径

在 C^2 组织生成及演进的六个方面内容中,各方面内容所采用的关键要素和环节各不相同。

1. C^2 组织的过程策略选取

C^2 组织过程是在一定组织环境中,面向一定组织目标生成及演进的。组织环境是指整个 C^2 组织所处的外部和内部环境,包括环境中的所有事物、条件和状态;而组织目标可能不止一个,多个目标之间可能还会产生一定交叉和冲突。

为了简化组织目标,对其描述只关注组织关键目标(Critical Target,CT),在组织环境中,这些关键目标便构成了整个战场的重心(Center of Gravity,COG),对这些关键目标的行为(如摧毁、控制等)改变了组织目标状态,即对应于不同的组织效果。

在 C^2 组织过程策略选取中考虑参数不确定性,采用 DIN 方法生成鲁棒性组织过程策略。在这个过程中,关键环节主要包括:基于 IN 的 COA 静态建模分析、基于 DIN 的 COA 动态建模分析、DIN 的概率传播机制设计和过程策略选取模型求解。其中,DIN 的概率传播机制设计中,关键参数确定根据专家经验和知识给出,需要进行一致性检验。

2. C^2 组织的平台实体调度

C^2 组织的任务计划中包含的实体间关系不止一个,并且这些关系相互之间也并不完全独立,因此,C^2 组织中的任务计划生成及演进是比较复杂的问题。需要分析组织任务计划中的各类关系,讨论哪些关系属于核心关系,哪些关系可由核心关系推导得出,从而简化问题。

组织任务计划 $A^{OP} = < R_{T-T}, R_{T-P} >$ 中的任务时序关系 R_{T-T} 是由组织过程关系 R_{A-A} 决定的,这里认为关系 R_{T-T} 是已知的。平台对任务执行关系 R_{T-P} 的确定本质上属于资源调度问题,需要任务信息、平台信息以及任务时序关系 R_{T-T} 作为输入,因此,该关系是 C^2 组织任务计划中的核心关系。

在 C^2 组织平台实体调度方案生成中考虑参数不确定性，关键环节主要包括：分析模型约束条件、构建模型目标函数和模型求解。其中，在模型求解算法中，需要根据模型的区间特性，进行适应性改造。在 C^2 组织平台实体调度方案演进中考虑保持方案稳定性，基于最小变更思想进行方案演进，关键环节主要包括：分析模型约束条件、构建模型目标函数和模型求解。其中，考虑到方案演进中算法实时性要求，主要采用贪心求解策略。

3. C^2 组织的决策实体配置

组织 C^2 结构 $A^{CCS} = <R_{ODM-TDM}, R_{TDM-TDM}, R_{TDM-P}, R_{TDM-T}>$ 中战术决策实体对平台实体 C^2 关系 R_{TDM-P} 的确定需要考虑组织中配置的战术决策实体数量以及各战术决策实体分别控制哪些平台实体，该问题属于组织效能的优化问题，需要平台信息、战术决策实体信息和组织任务计划 A^{OP} 作为输入信息。

当关系 R_{TDM-P} 确定时，组织中配置的战术决策实体数量 D 也随之确定，由于组织中的战役决策实体负责整个组织的集中宏观控制，故所有战术决策实体都是其下属，因此，战役决策实体对战术决策实体的 C^2 关系 $R_{ODM-TDM}$ 满足 $x_{1k}^{ODM-TDM}=1\ (1 \leqslant k \leqslant D)$，考虑到组织运行过程中任意两个战术决策实体均需保持交流以便共享态势信息并且及时沟通处理突发状况，故战术决策实体之间的协作关系 $R_{TDM-TDM}$ 满足

$$x_{kk'}^{TDM-TDM}=\begin{cases}1, & k \neq k'; 1 \leqslant k, k' \leqslant D \\ 0, & \text{其他}\end{cases} \tag{3.15}$$

此外，战术决策实体对任务实体的执行关系 R_{TDM-T} 满足

$$x_{ki}^{TDM-T}=\begin{cases}1, & x_{kj}^{TDM-P}=1, x_{ij}^{T-P}=1; 1 \leqslant j \leqslant V \\ 0, & \text{其他}\end{cases} \tag{3.16}$$

即若战术决策实体TDM_k 控制平台 P_j，而 P_j 被分配执行任务 T_i，则TDM_k 是 T_i 的一个执行者。由此可知，C^2 组织 C^2 结构生成及演进的核心在于关系 R_{TDM-P} 的确定。

在 C^2 组织决策实体配置方案生成中考虑高效性，关键环节主要包括：分析模型约束条件、构建模型目标函数和模型求解。在 C^2 组织决策实体配置方案演进中考虑保持方案稳定性，基于最小变更思想进行方案演进，关键环节主要包括：分析模型约束条件、构建模型目标函数和模型求解。其中，考虑到方案演进中算法实时性要求，主要采用贪心求解策略。

4. C^2 组织的 C^2 权限分配

在 C^2 组织运行过程中，根据各属性确定战役决策实体和战术决策实体间 C^2 权限分配结果，并采用状态监测模块对战役决策实体状态和其他属性状态进行持续监测。

对于 C^2 权限分配生成问题，关键环节主要包括：权限分解、固化分配、优势对比、等级划分、结果确定。图 3.19 所示为 C^2 权限分配关键步骤。其中 C^2 权限分解是面向组织任务的，主要包括态势评估、任务协调、武器攻击和效能评估等任务权限。

(1) 权限分解

权限分解是将 C^2 权限分解为具有确切含义的决策内容，其原则为代表性、科学性、独立性。功能分解在内容分布上应涵盖组织运行过程中的典型 C^2 活动，在内容属性上应客

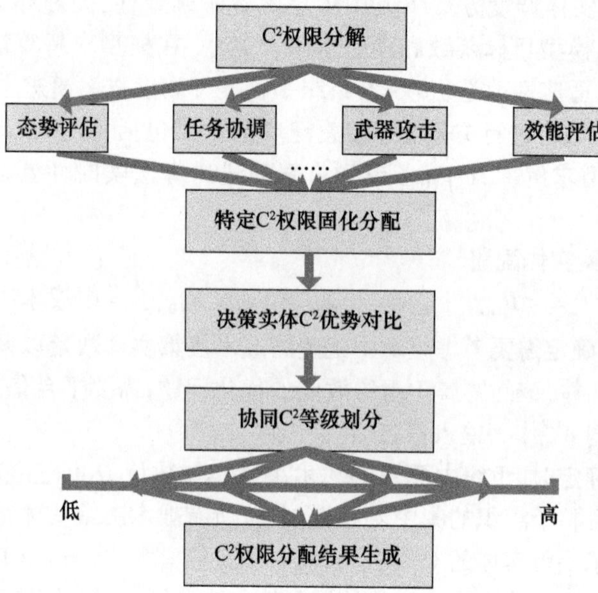

图 3.19　C^2 权限分配关键步骤

观真实反映 C^2 过程，在内容关系上应避免概念内涵重叠。

（2）固化分配

固化分配是指需要将某些 C^2 权限固定分配给战役决策实体或战术决策实体，一般包括两种类型：一种是某些性能特性明确属于战役决策实体或战术决策实体的 C^2 权限，比如涉及各种决策结果生成的规则推理、复杂计算等一般分配给战术决策实体；另一种是受法律或作战规则限制的 C^2 权限，比如对可能引起较大国际影响的重要目标攻击等一般分配给战役决策实体。确定固化分配内容，可为划定可分配 C^2 权限清单奠定基础，固化分配 C^2 权限内容不作为在战役决策实体和战术决策实体之间可动态分配的 C^2 权限内容。

（3）优势对比

在 C^2 权限分配过程中，由于 C^2 特点的不同，战役决策实体和战术决策实体具有各自 C^2 优势。采用列表法对所涉及战役决策实体和战术决策实体 C^2 优势进行系统罗列，确保战役决策实体和战术决策实体 C^2 优势对比的全面、准确。

（4）等级划分

C^2 权限分配结果决定了战役决策实体和战术决策实体在 C^2 活动中的参与度，一般而言，C^2 权限分配结果与 C^2 主体的参与度并没有严格的函数映射关系，其划分依据主要根据专家知识，具有一定的主观性。

（5）结果确定

C^2 权限分配结果确定，是在综合考虑分配影响因素基础上，对人因、环境、任务等信息进行综合处理后，生成与相应 C^2 等级之间的关联度矩阵，并采用相应判据确定最终分配结果。

由状态监测模块对战役决策实体状态和其他属性状态进行监测，在非预期事件发生后进行分析及处理，依赖于各状态监测结果，采用自适应算法生成 C^2 权限分配结果；并将结果通知战役决策实体，如图 3.20 所示。

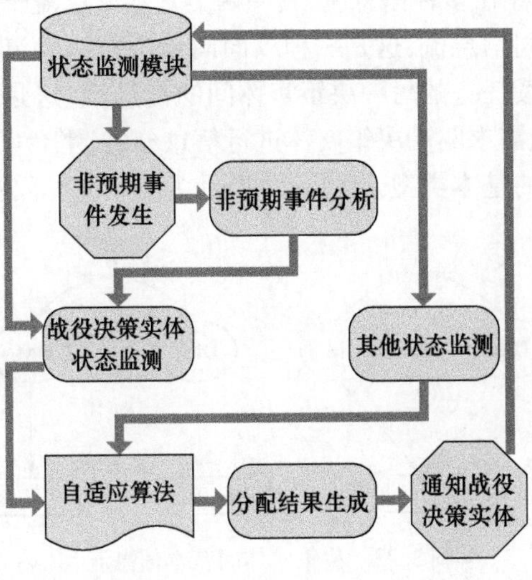

图 3.20　非预期事件引起的 C^2 权限分配演进过程

5. C^2 组织的通信拓扑规划

对于组织通信拓扑 $A^{CS}=<R_{C-C},R_{ODM-C},R_{TDM-C},R_{P-C}>$ 中战役决策实体、战术决策实体和平台实体与通信实体之间的连接关系 R_{ODM-C}、R_{TDM-C} 和 R_{P-C}，一般根据其各自部署的位置采取就近原则确定。

因此，C^2 组织通信拓扑规划的核心是通信实体间连接关系 R_{C-C} 的确定。在构造关系 R_{C-C} 时，要考虑如何才能使通信拓扑具有较强的抗毁性能，该问题以通信实体连接关系 R_{ODM-C}、R_{TDM-C}、R_{P-C} 和组织 C^2 结构 A^{CCS} 为输入信息。图 3.21 所示为 C^2 组织任务计划、C^2 结构和通信拓扑中各类关系。

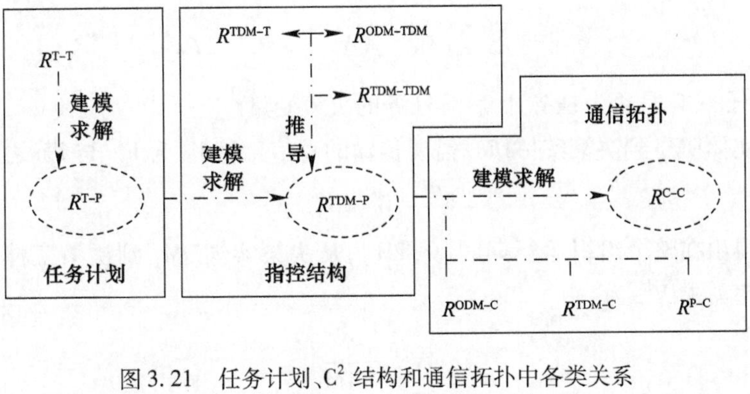

图 3.21　任务计划、C^2 结构和通信拓扑中各类关系

通信实体之间的连接关系 R_{C-C} 是 C^2 组织通信拓扑规划中的核心关系，需要进行优化求解。C^2 组织通信拓扑规划的关键环节主要包括：通信实体攻击序列构造、通信拓扑规划约束条件分析、通信拓扑规划优化目标函数确定和通信拓扑规划模型求解。其中，对通信实体攻击序列进行研究，是为了保证规划的通信拓扑在最极端攻击条件下依然能够维持通信效能，从而实现通信拓扑的抗毁性（鲁棒性）生成。

6. C^2 组织的信息网络优化

C^2 组织决策实体间存在多种信息流,其中两类基本信息流十分重要[124]:一是执行同一任务的两个决策实体间信息流,这是一种双向同步协作信息流,记为 I_1;二是执行前导任务决策实体向执行后续任务的另一决策实体间的信息流,这是一种单向任务约束信息流,记为 I_2。这两类信息需求驱动决策实体进行信息分发,平台实体进行功能协作,是 C^2 组织决策实体间信息流的基本类型。图 3.22 所示为决策实体间基本信息流。

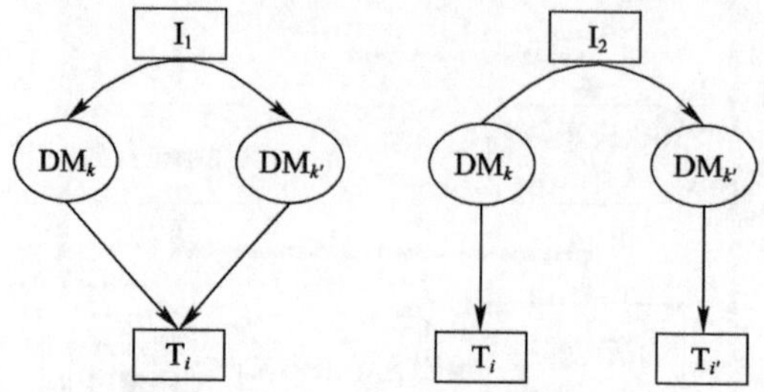

图 3.22　决策实体间基本信息流

假定执行任务 T_i 的两个决策实体间信息分发速率需求为 r_i 单位/s,执行前导任务 T_i 决策实体向执行后续任务 $T_{i'}$ 另一决策实体的传输信息量为 $\rho_{ii'}$ 单位。

在整个组织运行期间,从决策实体 DM_k 到决策实体 $DM_{k'}$ 需要传输的同步协作信息量 $I_1^{kk'}$ 为

$$I_1^{kk'} = \sum_{i=1}^{N} x_{ki}^{DM-T} \cdot x_{k'i}^{DM-T} \cdot tt_i \cdot r_i \tag{3.17}$$

式中:x_{ki}^{DM-T} 和 $x_{k'i}^{DM-T}$ 分别为决策实体 DM_k 和 $DM_{k'}$ 是否执行任务 T_i 的决策变量;tt_i 为任务 T_i 的持续时间。

从决策实体 DM_k 到决策实体 $DM_{k'}$ 需要传输的任务约束信息量 $I_2^{kk'}$ 为

$$I_2^{kk'} = \sum_{i=1}^{N} \sum_{i'=1}^{N} x_{ki}^{DM-T} \cdot x_{k'i'}^{DM-T} \cdot x_{ii'}^{T-T} \cdot \rho_{ii'} \tag{3.18}$$

式中:$x_{ii'}^{T-T}$ 为任务 $T_{i'}$ 是否为任务 T_i 后续任务的决策变量。

从决策实体 DM_k 到决策实体 $DM_{k'}$ 需要传输的总信息量 $I^{kk'}$ 为 $I_1^{kk'}$ 与 $I_2^{kk'}$ 之和,即有

$$I^{kk'} = I_1^{kk'} + I_2^{kk'} \tag{3.19}$$

可计算得出在整个组织运行期间[0,TM],从决策实体 DM_k 到决策实体 $DM_{k'}$ 的平均信息传输速率需求 $IV^{kk'}$ 为

$$IV^{kk'} = \frac{I^{kk'}}{TM} \tag{3.20}$$

一旦明确决策实体间的信息分发需求,就为决策实体间信息关系 R_{DM-DM} 的生成及演进提供了依据。不失一般性,假定信息到达过程是基于 M/M/1 模型的,从决策实体 DM_k 到决策实体 $DM_{k'}$ 满足需求的信息传输速率为 $IV^{kk'}$,该值只是一个信息传输速率需求的近似值,因为在 C^2 组织实际完成任务过程中,决策实体间信息分发速率需求是一个动态变化的数值。

C^2 组织信息网络优化关键环节主要包括:信息网络最优容量确定和信息网络路由优选,这两个问题是相互耦合的整体。其中,在路由优选时,考虑路由的抗毁性(鲁棒性),将其作为一个优化目标。

3.3.2 结果评估的实现途径

C^2 组织是在一定过程策略下,基于通信基础和信息网络支撑,以特定组织结构完成组织目标的。其中,组织的平台实体调度方案、决策实体配置方案和通信拓扑规划方案起到基础性作用,因此,主要对这三个方面进行评估。在 C^2 组织生成及演进过程中,由于需兼顾因素较多,且平台实体调度和决策实体配置过程中均采用多目标建模和优化方法,可能出现多种不同的平台实体调度方案、决策实体配置方案和通信拓扑规划方案,如何从中选取最佳方案组合是 C^2 组织评估需要解决的问题。

C^2 组织生成及演进的结果评估包括评估对象、评估目的、评估指标、指标权重、评估方法和效用值等。C^2 组织评估对象是组织的多套方案,评估目的是从备选方案中挑选出最佳方案以最大化组织效能,评估指标是指在某一方面能够反映方案性能优劣的因素,指标权重是评估指标定量化的重要程度,评估方法是指采取一定的步骤、手段,科学合理地将多种方案的评估指标值和指标权重集结为一个能综合衡量该方案整体优劣程度的量化值,该值也称为方案的效用值。

C^2 组织生成及演进的结果评估本质上是一个多属性决策问题,解决该问题主要包含评估指标体系建立、评估指标权重分配和评估对象效用值计算三步。

为评估对象建立评估指标体系是评估活动的第一步。考虑到在构造 C^2 组织的平台实体调度方案、决策实体配置方案和通信拓扑规划方案时可能需要兼顾多个不同的优化目标,因此,可以选取这些优化目标作为评估组织方案优劣的测度指标,即选取平台实体调度方案中的任务执行周期 TM 和任务平均完成质量 QM、决策实体配置方案中的负载均值 AVG_{TDM} 和负载方差 VAR_{TDM}、通信拓扑规划方案中的综合抗毁度 f'_{inv} 构建指标体系。

给评估指标体系中的各评估指标分配权重是评估活动的第二步。常用的指标赋权方法分为主观赋权法、客观赋权法和组合赋权法三类,由于每种方法各有优劣,在进行指标权重分配时如何扬长避短以保证权重分配结果客观合理是需要解决的问题,主要采用群决策中的 Kendall 协和系数检验法进行指标赋权。C^2 组织生成及演进方案评估的指标集记为 $S_I=\{I_1,I_2,\cdots,I_U\}$,其中,$U$ 为评估指标的数量。指标权向量记为 $\boldsymbol{S}_W=\{W_1,W_2,\cdots,W_U\}$,其中,$W_y(W_y\geqslant 0)$ 是指标 I_y 的权重且满足 $\sum_{y=1}^{U} W_y = 1$。专家集合记为 $S_Z=\{Z_1,Z_2,\cdots,Z_A\}$,其中,$A$ 为专家的数量。集合 S_Z 中各位专家的权威程度用专家权重 ϖ_d 来表示,且满足 $\sum_{d=1}^{A} \varpi_d = 1$,所有专家权重构成的专家权向量记为 $\boldsymbol{S}_Q=\{Q_1,Q_2,\cdots,Q_A\}$。对 $\forall Z_d\in S_Z$,其给出的意见记为 $S_{V_d}\in\{V_{d1},V_{d2},\cdots,V_{dU}\}$,其中,$V_{dy}(1\leqslant y\leqslant U)$ 是专家 Z_d 给指标 I_y 赋予的权重并且 $\sum_{y=1}^{U} V_{dy} = 1$。采用 Kendall 协和系数检验法进行指标赋权的基本思想是,在指标集 S_I 中,通过对专家给出所有指标权重向量 $\boldsymbol{S}_W$ 大小排序关系的一致性检验,在专家权向量为 $\boldsymbol{S}_Q$ 的专家集 S_Z 中选取意见一致性程度最大的专家组 $S_{Z'}$,并综合 $S_{Z'}$ 中所有专家意见得到最终的指标权重。

集结指标值和指标权重以计算评估对象的效用值是评估活动的第三步。这一阶段需要关注效用值计算过程中容易出现的合理性缺失现象,而一致化处理和无量纲化处理的方式选取均会对评估结果产生影响。因此,主要采用基于相对优势关系的效用值计算方法,从而确保评估对象的优劣排序结果准确、稳定,并最终得到可靠的评估结论。

第4章　C^2 组织的过程策略选取方法

C^2 组织过程策略选取，即COA优选，是 C^2 组织根据实际组织环境和敌方组织可能采取的组织行动，在不考虑资源约束或在较粗粒度考虑资源约束条件下，生成的最优或较优组织行动方案。

C^2 组织过程策略的选取，是构建组织结构的前提。组织过程策略选取的本质是对动态组织行动、组织环境和行动效果三者因果关系的科学定量描述和高效优化求解，其选取效果与组织目标实现程度密切相关[125-126]。

作为目标过程层的重要内容，COA优选与平台实体调度，即任务计划生成都是军事任务规划中的重要组成部分。COA优选与平台实体调度的区别主要在于，COA优选并不会像平台实体调度那样细致地考虑资源约束条件，且不会生成平台对任务的执行关系 R_{T-P}，而只是生成大致行动方案作为平台实体调度的输入。

4.1　过程策略选取分析

4.1.1　相关研究情况分析

对COA问题建模分析，运用较多的BN和DBN方法存在一定缺陷：一是在概率推理过程中，BN和DBN高度依赖条件概率表（Conditional Probability Table，CPT），而CPT的合理构建具有一定困难；二是随着组织规模的增大，CPT中节点数量随之增多，进而降低概率推理的计算效率[127]。因此，研究人员主要通过引入CAST参数，采用参数定义较少、推理效率较高的IN方法[128]，对COA问题进行研究。

在现有研究中，大多考虑了COA优选中的不确定性，并采用不同方法处理这种不确定性。文献[129]考虑到组织运行过程中的不确定性和对抗性，基于不完全信息博弈方法和IN进行问题建模，但缺乏对参数的不确定性表征。文献[130]认为不确定性（外部事件出现概率的区间性）主要来源于外部事件，通过蒙特卡洛方法对外部事件的不确定性进行模拟，并根据多次实验下的概率计算信噪比（SNR）作为目标函数，但没有考虑基准概率和影响强度值的不确定性。文献[131]对文献[130]进行了拓展研究，针对影响强度值时变场景，基于DIN进行建模，并采用学习型遗传算法对模型进行求解，但缺乏对关键参数确定过程中专家知识的一致性检验。

综上所述，在充分分析不确定性来源基础上，需要针对参数不确定性处理方式相对简单、关键参数获取过程中专家知识缺少一致性检验等问题，采用无需估计变量分布律的区间值度量参数不确定性，引入区间不确定优化思想构建基于DIN的COA优选模型。然后，基于改进Kendall协和系数检验法得到经过一致性检验的关键参数，并分析期望效果实现概率和各关键参数的相关关系。最后，采用改进快速非支配排序遗传（Non - dominated Sorting Genetic Algorithm II, NSGA－Ⅱ)算法对模型进行求解。通过以上步骤,实现了 C^2 组织鲁棒过程策略的高效选取。

4.1.2 优选方案性能测度

对于 COA 优选组合的效果评价问题,可采用单一或组合指标,评价指标一般包括:①特定阶段 $t_{n-1} \sim t_n$ 的期望效果实现概率 $P\{\mathrm{E}_a(t_n) | M_{\mathrm{env}}, \psi\}$ $(a=1,2,\cdots,H)$;②最后阶段的期望效果实现概率 $P\{\mathrm{E}_a(t_{T+1}) | M_{\mathrm{env}}, \psi\}$ $(a=1,2,\cdots,H)$;③在各个阶段的期望效果实现概率平均值 $P\{\bar{\mathrm{E}}_a | M_{\mathrm{env}}, \psi\}$ $(a=1,2,\cdots,H)$。

考虑到 C^2 组织 COA 优选的目的是有效完成使命任务,因此,主要选取最后阶段的期望效果实现概率 $P\{\mathrm{E}_a(t_{T+1}) | M_{\mathrm{env}}, \psi\}$ 作为评价指标。以 C^2 组织资源和规则为约束条件,以特定过程策略下的期望效果实现概率为优化目标,建立基于 DIN 的 COA 优选数学模型为

$$\max f_{\mathrm{sel}} = P\{\mathrm{E}_a(t_{T+1}) | M_{\mathrm{env}}, \psi\}$$
$$\mathrm{s.t.}\begin{cases} \mathrm{OR}(t_n) \leqslant \mathrm{OR}_{\max}, & 1 \leqslant n \leqslant T+1 \\ \psi \subseteq \Psi \\ a = 1,2,\cdots,H \end{cases} \tag{4.1}$$

式中:$\mathrm{OR}(t_n)$ 为 $t_{n-1} \sim t_n$ 阶段的组织资源消耗;$\mathrm{OR}_{\max}$ 为组织资源阈值;ψ 为实际过程策略。目标函数表示 C^2 组织在一定组织环境下,在可行行动空间中选取相应过程策略,使得最终期望效果实现概率最大;第一个约束表示任意阶段的组织资源消耗均不能超过资源阈值;第二个约束表示过程策略必须在可行行动空间中选取。

4.1.3 具体不确定性分析

施计用谋是夺取组织优势的重要部分,在 C^2 组织运行过程中,双方组织存在大量示假隐真和出奇设伏等活动;此外,由于军事专家的经验和知识会受到一系列主观和客观因素的影响,存在一定局限性。因此,对于外部事件出现概率、基准概率和影响强度值等需要借助于专家知识给出的经验值,往往较难以精确形式赋值,而是需要在模型构建和求解过程中充分考虑其区间特性,采用区间不确定优化方法进行处理。

4.2 过程策略选取方案生成模型

4.2.1 基于影响网络的静态模型

基于 IN 进行 COA 问题因果关系建模,是将组织行动、外部事件、期望效果和中间效果之间的因果关系影响强度用 CAST 参数来表示,通过从父节点到子节点的概率传播计算得到期望效果的实现概率。图 4.1 所示为基于 IN 的 COA 静态模型。

基于 IN 的 COA 静态模型可表征为四元组 IN = <O, M, CAST, BP>。其中,O = {A, B, E, G},表示影响网络中组织行动 A、外部事件 B、期望效果 E 和中间效果 G 等节点。

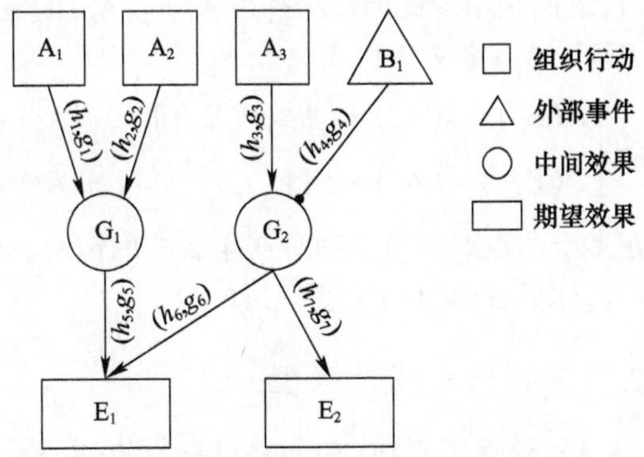

图 4.1 基于 IN 的 COA 静态模型

M = {(A,E),(B,E),(G,E)} 表示影响网络中节点的因果关系,用带箭头或圆头的有向边描述。

CAST 表示对 $\forall r \in O$,影响网络中的因果关系影响强度,对于有向边(A,E),影响强度为$CAST_{(A,E)} \in \{(h,g) \mid h \geqslant -1, g \leqslant 1\}$。其中,$h$ 表示父节点为 1 对子节点为 1 的影响程度,g 表示父节点为 0 对子节点为 1 的影响程度。一般可以根据 h 和 g 的取值情况,将因果关系划分为促进关系和抑制关系两类,对于有向边(A,E),当 $h>0, g \leqslant 0$ 时,表示 A 对 E 有促进作用,所对应的有向边 $s \in M$ 带箭头;当 $h \leqslant 0, g>0$ 时,表示 A 对 E 有抑制作用,所对应的有向边 $s \in M$ 带圆头。而在概率推理过程中,影响强度值取 h 值或 g 值,取决于父节点是否发生。若发生则取 h,反之则取 g 值。

BP 表示影响网络中各相关节点取值的基准概率,即在没有外部因果关系影响下,相应节点取值为 1 的概率,基准概率集合为 $S_{BP} = \{BP_1, BP_2, \cdots, BP_R\}$。其中,$R$ 为 S_{BP} 中元素数量。

以 E_a 受 A_p 影响场景下的概率计算为例,令 $v(A_p)$ 为取值 0、-1 或 1 的变量,A_p 和 E_a 的取值情况直接影响到 $v(A_p)$ 的取值情况。若给定 A_p,E_a 一定发生,则 $v(A_p)=1$;若给定 A_p,E_a 一定不发生,则 $v(A_p)=-1$;若 E_a 的发生与否与 A_p 无关,则 $v(A_p)=0$。采用式(4.2),从定性角度度量 A_p 和 E_a 取值情况对 $v(A_p)$ 取值情况的影响

$$v(A_p) = \begin{cases} 1, & \text{给定 } A_p, E_a \text{ 一定发生} \\ -1, & \text{给定 } A_p, E_a \text{ 一定不发生} \\ 0, & E_a \text{ 是否发生,与 } A_p \text{ 无关} \end{cases} \tag{4.2}$$

对于给定的 A_p,节点 E_a 发生的条件概率为 $P(E_a \mid A_p)$,则式(4.3)表示从定量角度定义 A_p 对 E_a 的影响情况

$$P(E_a \mid A_p) = \begin{cases} 1, & v(A_p) = 1 \\ 0, & v(A_p) = -1 \\ P(E_a), & v(A_p) = 0 \end{cases} \tag{4.3}$$

式中:$P(E_a)$ 为节点 E_a 发生的基准概率。

令 $v(\mathrm{A}_p)\in[-1,1]$，进而利用线性插值法扩展 $P(\mathrm{E}_a|\mathrm{A}_p)$ 的定义空间，则给定 A_p，节点 E_a 发生的条件概率 $P(\mathrm{E}_a|\mathrm{A}_p)$ 定义为

$$P(\mathrm{E}_a|\mathrm{A}_p)=\begin{cases}P(\mathrm{E}_a)+v(\mathrm{A}_p)\cdot[1-P(\mathrm{E}_a)], & v(\mathrm{A}_p)\in[0,1]\\ P(\mathrm{E}_a)+v(\mathrm{A}_p)\cdot P(\mathrm{E}_a), & v(\mathrm{A}_p)\in[-1,0)\end{cases}\tag{4.4}$$

在实际问题中，存在多个节点对某节点同时产生影响的情况。此时，需要在影响强度值聚合后进行概率推理，具体见式(4.14)~式(4.18)。

4.2.2 基于动态影响网络的动态模型

通过式(4.2)~式(4.4)，建立了CAST值与条件概率 $P(\mathrm{E}_a|\mathrm{A}_p)$ 的映射关系，从而将组织行动、外部事件、期望效果和中间效果的因果关系用影响强度值进行链接，生成相应影响网络。

然而，C^2 组织行动是连续动态过程，组织行动和外部事件会随着战场态势的变化而不断变化，从而导致基于IN的COA静态模型并不能有效表征参数变量的动态变化过程。为克服IN在建模过程中时间特性表征不足的缺陷，需基于DIN对 C^2 组织COA问题进行动态建模，在影响强度计算过程中引入自环(Self Loop,SL)机制。即某组织运行阶段的期望效果和中间效果实现概率不仅与当前阶段的过程策略有关，还会受到上一阶段的期望效果和中间效果实现概率的影响，从而有效刻画了期望效果和中间效果状态转移的马尔可夫特性。

图4.2所示为基于DIN的COA动态模型。其中，虚线表示期望效果和中间效果的后向影响关系，参数 $P_n(\mathrm{O}_r^0)(1\leqslant n\leqslant T,\mathrm{O}_r\in\{\mathrm{E},\mathrm{G}\})$ 表示阶段 t_{n-1} 向阶段 t_n 传递的相应节点取值为1的概率，即有 $P_n(\mathrm{O}_r^0)=P_{n-1}(\mathrm{O}_r)$ 成立。

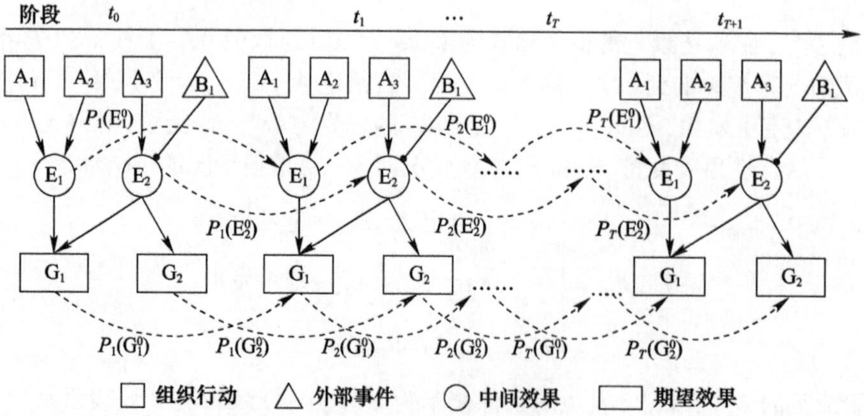

图4.2 基于DIN的COA动态模型

与IN一样，DIN的概率传播也是子节点与多个独立父节点之间的近似概率推理，概率推理的核心要素CAST参数由相关专家根据知识和经验给出。与IN不同的是，DIN具有动态特性，若父节点的实现概率随着时间发生动态变化，则子节点的实现概率也会发生相应变化。

DIN的概率传播机制主要包括两个方面，分别是关键参数确定和概率传播算法，其

中,关键参数主要包括 CAST 参数和外部事件出现概率。

1. 关键参数确定

对于 DIN 中的关键参数,一般采用多专家知识融合方法确定。在具体表征方式上,用横坐标为专家权威度 Q、纵坐标为关键参数的二维坐标系,即信念图进行表示[132]。如图 4.3 所示,为关键参数是影响强度值时,基于信念图的影响强度值。

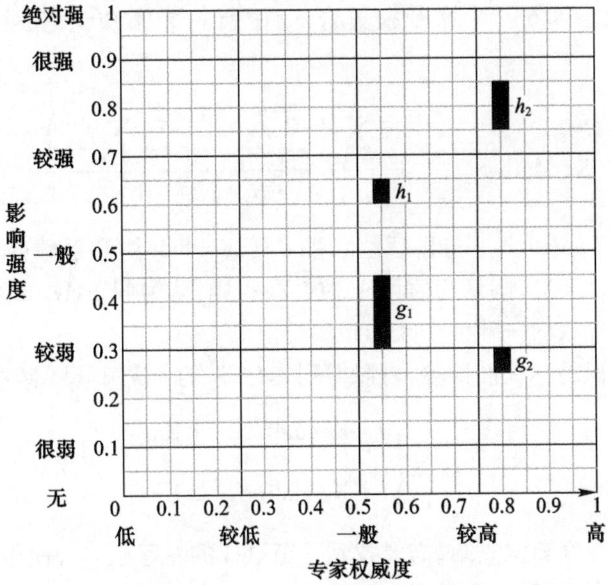

图 4.3 基于信念图的影响强度值

专家权威度 Q 和关键参数的分类采用模糊语言型分类,可建立评语到定量表达的映射,专家权威度 Q 的评判划分为五级,分别为高、较高、一般、较低、低,对应量化值为 1、0.75、0.5、0.25、0;关键参数的评判划分为七级,分别为绝对强、很强、较强、一般、较弱、很弱、无,对应量化值为 1、0.9、0.7、0.5、0.3、0.1、0。图 3 中点位 $h_2(0.8,[0.75,0.85])$ 和 $g_2(0.8,[0.25,0.30])$ 分别表示在不考虑取值正负性情况下,权威度为 0.8 的专家给出 h 值的取值范围为 $[0.75,0.85]$,g 值的取值范围为 $[0.25,0.30]$。

一般直接采用相应方法进行关键参数的融合生成,然而,当前研究缺乏对专家知识的一致性检验,从而造成某些与其他专家知识不一致的专家知识对最终融合值生成产生影响。因此,首先采用改进 Kendall 协和系数检验法对专家知识进行一致性检验,随后将通过一致性检验的专家知识融合生成最终结果。

(1) 基于改进 Kendall 协和系数检验法的一致性检验

同样以影响强度值为例,记所有专家集合为 $S_Z=\{Z_1,Z_2,\cdots,Z_A\}$,$A$ 为专家数量,则对集合 S_Z 中专家知识进行一致性检验步骤如下。

步骤 1 对于专家 $Z_d\in S_Z(1\leqslant d\leqslant A)$,若给出 $h_d(\mathrm{Qh}_d,[\mathrm{Ch}_d^{\min},\mathrm{Ch}_d^{\max}])$ 和 $g_d(\mathrm{Qg}_d,[\mathrm{Cg}_d^{\min},\mathrm{Cg}_d^{\max}])$,其中,$\mathrm{Qh}_d$ 和 Qg_d 为专家 Z_d 的权威度,一般有 $\mathrm{Qh}_d=\mathrm{Qg}_d$。$\mathrm{Ch}_d^{\min}$ 和 $\mathrm{Ch}_d^{\max}$ 分别为专家 Z_d 给出的 h 值 Ch_d 的下限和上限,$\mathrm{Cg}_d^{\min}$ 和 $\mathrm{Cg}_d^{\max}$ 分别为专家 Z_d 给出的 g 值 Cg_d 的下限和上限。则根据式(4.5),以 h 值为例,计算得到专家 Z_d 给出的 h 值向量 $\boldsymbol{H}_d=$

$(Ch_{d,1}, Ch_{d,2}, \cdots, Ch_{d,B})$构造的相应升序号向量为

$$\boldsymbol{R}_d = (r_{d,1}, r_{d,2}, \cdots, r_{d,B}) \tag{4.5}$$

式中：$r_{d,c}(1 \leqslant c \leqslant B)$为$Ch_{d,c}$在$\boldsymbol{H}_d$中按升序排序的排序号，区间数的排序方法见式(4.21)。

步骤 2 建立假设Hy_0：集合S_Z中专家关于影响强度赋值意见不一致；备择假设Hy_1：集合S_Z中专家关于影响强度赋值意见一致。令显著性水平$\alpha = 0.05$。

步骤 3 根据式(4.6)，计算专家集合S_Z中所有专家知识的 Kendall 协和系数检验量：

$$\text{Kendall}(S_Z) = \frac{12\sum_{c=1}^{B}\left(\sum_{d=1}^{A} r_{d,c} - \frac{1}{B}\sum_{c'=1}^{B}\sum_{d=1}^{A} r_{d,c'}\right)^2}{A^2 \cdot B \cdot (B^2 - 1)} \tag{4.6}$$

步骤 4 判断$\text{Kendall}(S_Z)$与显著性水平α下 Kendall 协和系数检验阈值K_α的大小关系，若$\text{Kendall}(S_Z) < K_\alpha$，则认为假设$Hy_0$成立；否则，认为假设$Hy_1$成立。

(2) 基于综合加权的一致性专家知识集结

通过对专家知识的一致性检验，可以得到集合S_Z的专家知识一致度：

$$\eta_{S_Z} = \begin{cases} 0 & \text{Kendall}(S_Z) < K_\alpha \\ 1 & \text{Kendall}(S_Z) \geqslant K_\alpha \end{cases} \tag{4.7}$$

则对于一致性专家知识集结，需要找到一组这样的专家组$S_{Z'}$，使得$S_{Z'}$中专家知识一致并且具有最高专家组权威度，即有

$$\max \mu_{S_{Z'}}$$
$$\text{s.t.} \begin{cases} \eta_{S_{Z'}} = 1 \\ S_{Z'} \subseteq S_Z \end{cases} \tag{4.8}$$

式中：第一个约束表示$S_{Z'}$中专家知识必须一致。$\mu_{S_{Z'}}$为$S_{Z'}$的专家组权威度，计算公式为

$$\mu_{S_{Z'}} = \sum_{Z_d \in S_{Z'}} Qh_d \tag{4.9}$$

为求解式(4.8)，并利用综合加权方法集结专家知识得到融合后影响强度值。具体步骤如下。

步骤 1 初始化专家集合$S_{Z''} = \varnothing$，令计数器 count = 1。

步骤 2 判断专家集合S_Z的知识一致度η_{S_Z}是否等于 1，若否，则将S_Z中知识相似度最小专家移至集合$S_{Z''}$，循环执行步骤 2 直至$\eta_{S_Z} = 1$或S_Z中只剩一名专家。如式(4.10)所示，为专家知识相似度计算方法。

$$\delta_d = \frac{\sum_{1 \leqslant d, d' \leqslant A, d \neq d'} \text{Kendall}(\{Z_d, Z_{d'}\})}{A - 1} \tag{4.10}$$

步骤 3 令集合$S_Z[\![\text{count}]\!] = S_Z$且$\text{count} = \text{count} + 1$，并先后执行$S_Z = S_{Z''}$、$S_{Z''} = \varnothing$，循环执行步骤 2 和 3 直至$\eta_{S_Z} = 1$或$S_Z$中只剩一名专家。

步骤 4 比较 $S_Z⟦1⟧$、$S_Z⟦2⟧$、…的权威度,令 $S_{Z'}=\text{argmax}\{\mu_{S_Z⟦1⟧},\mu_{S_Z⟦2⟧},\cdots\}$。

步骤 5 通过步骤 1～步骤 4,确定了符合一致性原则并使得权威度最大的专家组,采用式(4.11)计算得到融合多专家知识的影响强度 h 值结果:

$$h=\sum_{Z_d\in S_{Z'}}\frac{Qh_d}{\mu_{S_{Z'}}}ch_d \tag{4.11}$$

式(4.11)的计算涉及区间数和区间数的加法运算规则,以及区间数和实数的乘法运算规则。在复杂组织环境中,难以给出上述参数准确值,甚至较难估计其分布律[133]。因此,主要采用只需简单给出上下界的区间数对上述参数的不确定性进行表征。对于区间数 $U=[u^L,u^R]$ 和 $W=[w^L,w^R]$,定义相关运算法则如下。

$$U+W=[u^L+w^L,u^R+w^R] \tag{4.12}$$

$$\chi U=[\chi u^L,\chi u^R] \qquad \chi>0 \tag{4.13}$$

类似地,融合多专家知识的其他关键参数均可以通过上述步骤计算得到。

2. 概率传播算法

在任意阶段,子节点的实现概率取决于父节点的实现概率。因此,随着组织运行进程的不断推进,需要根据父节点的实现概率变化情况,从上至下依次进行子节点实现概率的更新。具体概率传播算法如下。

步骤 1 对于特定阶段,根据当前影响网络中所有节点出度和入度情况,将节点划分为不同层次。其中,父节点层次最高,中间节点层次居中,子节点层次最低。

步骤 2 判断是否进入下一阶段,若是,则更新所有节点层次和父节点先验概率。

步骤 3 根据影响强度值计算子节点条件概率,以根据父节点集合 A、子节点 E_a,求 E_a 的条件概率 $P(E_a|A_1,A_2,\cdots,A_K)$ 为例,A_p 的影响强度取值为 $v(A_p)$。相应条件概率具体计算过程如下。

(1) 进行正影响强度聚合,生成 PI 值:

$$\text{PI}=1-\prod_{v(A_p)\geqslant 0}(1-v(A_p)) \tag{4.14}$$

(2) 进行负影响强度聚合,生成 NI 值:

$$\text{NI}=1-\prod_{v(A_p)<0}(1+v(A_p)) \tag{4.15}$$

(3) 将 PI 值和 NI 值聚合,生成整体影响强度 OI 值:

$$\text{OI}=\begin{cases}1-\text{NI}/\text{PI} & \text{PI}\geqslant\text{NI}\\ \text{PI}/\text{NI}-1 & \text{PI}<\text{NI}\end{cases} \tag{4.16}$$

(4) 计算得到条件概率 $P(E_a|A_1,A_2,\cdots,A_K)$。

$$P(E_a|A_1,A_2,\cdots,A_K)=\begin{cases}P(E_a)+\text{OI}\cdot[1-P(E_a)] & \text{OI}\geqslant 0\\ P(E_a)+\text{OI}\cdot P(E_a) & \text{OI}<0\end{cases} \tag{4.17}$$

步骤 4 同样以步骤 3 中父节点发生情况为例,根据全概率公式计算子节点实现概率,考虑到父节点的独立性,$P(E_a)$的计算方法如下:

$$P(\mathrm{E}_a)=P(\mathrm{E}_a|\mathrm{A}_1,\mathrm{A}_2,\cdots,\mathrm{A}_K)\times P(\mathrm{A}_1)\times P(\mathrm{A}_2)\times\cdots\times P(\mathrm{A}_K)+$$
$$P(\mathrm{E}_a|\neg\mathrm{A}_1,\mathrm{A}_2,\cdots,\mathrm{A}_K)\times P(\neg\mathrm{A}_1)\times P(\mathrm{A}_2)\times\cdots\times P(\mathrm{A}_K)+$$
$$P(\mathrm{E}_a|\mathrm{A}_1,\neg\mathrm{A}_2,\cdots,\mathrm{A}_K)\times P(\mathrm{A}_1)\times P(\neg\mathrm{A}_2)\times\cdots\times P(\mathrm{A}_K)+\cdots+$$
$$P(\mathrm{E}_a|\neg\mathrm{A}_1,\neg\mathrm{A}_2,\cdots,\neg\mathrm{A}_K)\times P(\neg\mathrm{A}_1)\times P(\neg\mathrm{A}_2)\times\cdots\times P(\neg\mathrm{A}_K)\quad(4.18)$$

步骤5 按照上述步骤,将所有层次节点进行概率更新。

由于外部事件出现概率、基准概率和影响强度值的区间不确定性,期望效果和中间效果的实现概率必然也为区间值。而期望效果和中间效果实现概率区间值的上下界取决于其与上述各关键参数的相关关系。因此,需要根据式(4.14)~式(4.18),分析子节点实现概率与各关键参数的相关关系,有命题4.1~命题4.4成立。由此可知,目标节点实现概率与外部事件出现概率成反比,与基准概率成正比,与影响强度 h 值、g 值成正比。

命题4.1 若父节点A、G对子节点E有促进作用,父节点B对子节点E有抑制作用,则子节点E与父节点A、G呈正相关关系。

证明 取简单情形,假定父节点集合为$\{\mathrm{A}_1,\mathrm{B}_1,\mathrm{G}_1\}$,对于子节点$\mathrm{E}_1$,共有8种组合场景,包括$\{\mathrm{E}_1|\mathrm{A}_1,\mathrm{B}_1,\mathrm{G}_1\}$、$\{\mathrm{E}_1|\neg\mathrm{A}_1,\mathrm{B}_1,\mathrm{G}_1\}$、$\{\mathrm{E}_1|\mathrm{A}_1,\neg\mathrm{B}_1,\mathrm{G}_1\}$、$\{\mathrm{E}_1|\mathrm{A}_1,\mathrm{B}_1,\neg\mathrm{G}_1\}$、$\{\mathrm{E}_1|\neg\mathrm{A}_1,\neg\mathrm{B}_1,\mathrm{G}_1\}$、$\{\mathrm{E}_1|\neg\mathrm{A}_1,\mathrm{B}_1,\neg\mathrm{G}_1\}$、$\{\mathrm{E}_1|\mathrm{A}_1,\neg\mathrm{B}_1,\neg\mathrm{G}_1\}$和$\{\mathrm{E}_1|\neg\mathrm{A}_1,\neg\mathrm{B}_1,\neg\mathrm{G}_1\}$。

以父节点A_1为例,定义只有A_1状态不同,B_1和G_1状态相同的两个场景,为一个场景对。例如,$\{\mathrm{E}_1|\mathrm{A}_1,\neg\mathrm{B}_1,\neg\mathrm{G}_1\}$和$\{\mathrm{E}_1|\neg\mathrm{A}_1,\neg\mathrm{B}_1,\neg\mathrm{G}_1\}$即为一个场景对;同理,$\{\mathrm{E}_1|\mathrm{A}_1,\mathrm{B}_1,\mathrm{G}_1\}$和$\{\mathrm{E}_1|\neg\mathrm{A}_1,\mathrm{B}_1,\mathrm{G}_1\}$也为一个场景对。

对于场景对$\{\mathrm{E}_1|\mathrm{A}_1,\mathrm{B}_1,\mathrm{G}_1\}$和$\{\mathrm{E}_1|\neg\mathrm{A}_1,\mathrm{B}_1,\mathrm{G}_1\}$,在场景$\{\mathrm{E}_1|\mathrm{A}_1,\mathrm{B}_1,\mathrm{G}_1\}$下,影响强度值取为$h(\mathrm{A}_1)>0$、$h(\mathrm{B}_1)\leqslant0$和$h(\mathrm{G}_1)>0$时,分别进行正、负影响强度聚合,有$\mathrm{PI}(\mathrm{A}_1,\mathrm{B}_1,\mathrm{G}_1)=1-[(1-h(\mathrm{A}_1))\times(1-h(\mathrm{G}_1))]$,$\mathrm{NI}(\mathrm{A}_1,\mathrm{B}_1,\mathrm{G}_1)=1-(1+h(\mathrm{B}_1))$成立。类似地,在场景$\{\mathrm{E}_1|\neg\mathrm{A}_1,\mathrm{B}_1,\mathrm{G}_1\}$下,影响强度值取为$g(\mathrm{A}_1)\leqslant0$、$h(\mathrm{B}_1)\leqslant0$和$h(\mathrm{G}_1)>0$时,分别进行正、负影响强度聚合,则同样地,有$\mathrm{PI}(\neg\mathrm{A}_1,\mathrm{B}_1,\mathrm{G}_1)=1-(1-h(\mathrm{G}_1))$,$\mathrm{NI}(\neg\mathrm{A}_1,\mathrm{B}_1,\mathrm{G}_1)=1-[(1+h(\mathrm{B}_1))\times(1+g(\mathrm{A}_1))]$成立。

当$P(\mathrm{A}_1)=x(0\leqslant x\leqslant1)$时,有$P(\neg\mathrm{A}_1)=1-x$。根据式(4.18),$P(\mathrm{E}_1)$在上述场景对下的部分项$P(\mathrm{E}_1|\mathrm{B}_1,\mathrm{G}_1)$可以表示如下:

$$P(\mathrm{E}_1|\mathrm{B}_1,\mathrm{G}_1)=P(\mathrm{A}_1)\times P(\mathrm{B}_1)\times P(\mathrm{G}_1)\times P(\mathrm{E}_1|\mathrm{A}_1,\mathrm{B}_1,\mathrm{G}_1)+$$
$$P(\neg\mathrm{A}_1)\times P(\mathrm{B}_1)\times P(\mathrm{G}_1)\times P(\mathrm{E}_1|\neg\mathrm{A}_1,\mathrm{B}_1,\mathrm{G}_1)\quad(4.19)$$

式中:$P(\mathrm{E}_1|\mathrm{A}_1,\mathrm{B}_1,\mathrm{G}_1)$和$P(\mathrm{E}_1|\neg\mathrm{A}_1,\mathrm{B}_1,\mathrm{G}_1)$的计算主要根据式(4.14)~式(4.18)。

由于影响强度值范围为$[-1,1]$,则必有$\mathrm{PI}(\mathrm{E}_1|\mathrm{A}_1,\mathrm{B}_1,\mathrm{G}_1)\geqslant\mathrm{PI}(\mathrm{E}_1|\neg\mathrm{A}_1,\mathrm{B}_1,\mathrm{G}_1)$,$\mathrm{NI}(\mathrm{E}_1|\mathrm{A}_1,\mathrm{B}_1,\mathrm{G}_1)\leqslant\mathrm{NI}(\mathrm{E}_1|\neg\mathrm{A}_1,\mathrm{B}_1,\mathrm{G}_1)$成立。根据式(4.16)可知,OI与PI呈正相关关系,OI与NI呈负相关关系,则有$\mathrm{P}(\mathrm{E}_1|\mathrm{A}_1,\mathrm{B}_1,\mathrm{G}_1)\geqslant\mathrm{P}(\mathrm{E}_1|\neg\mathrm{A}_1,\mathrm{B}_1,\mathrm{G}_1)$成立。若记$S_1=P(\mathrm{B}_1)\times P(\mathrm{G}_1)\times P(\mathrm{E}_1|\mathrm{A}_1,\mathrm{B}_1,\mathrm{G}_1)$,$S_2=P(\mathrm{B}_1)\times P(\mathrm{G}_1)\times P(\mathrm{E}_1|\neg\mathrm{A}_1,\mathrm{B}_1,\mathrm{G}_1)$,则$S_1\geqslant S_2$,式(4.19)可简化为$P(\mathrm{E}_1|\mathrm{B}_1,\mathrm{G}_1)=P(\mathrm{A}_1)\times S_1+P(\neg\mathrm{A}_1)\times S_2$。

当$P(\mathrm{A}_1)=x+\Delta x(\Delta x\geqslant0)$时,有$P(\neg\mathrm{A}_1)=1-x-\Delta x$成立,$P(\mathrm{E}_1)$在相应场景对下的部分项变化量$\Delta P(\mathrm{E}_1|\mathrm{B}_1,\mathrm{G}_1)=(x+\Delta x)\times S_1+(1-x-\Delta x)\times S_2-x\times S_1-(1-x)\times S_2=\Delta x\times(S_1-S_2)\geqslant0$。对于其他场景对,均可采用以上证明过程进行证明,且可以拓展到更复杂情形。因此,子节点E与父节点A呈正相关关系;同样地,可以证明,子节点E

与父节点 G 呈正相关关系。

命题 4.2 若父节点 A、G 对子节点 E 有促进作用，父节点 B 对子节点 E 有抑制作用，则子节点 E 与父节点 B 呈负相关关系。

证明 以命题 4.1 证明过程中的简单情形为例，对于场景对 $\{E_1|A_1,B_1,G_1\}$ 和 $\{E_1|A_1,\neg B_1,G_1\}$，在场景 $\{E_1|A_1,B_1,G_1\}$ 下，影响强度、PI 和 OI 取值情况与命题 4.1 证明过程中相同。在场景 $\{E_1|A_1,\neg B_1,G_1\}$ 下，影响强度值取为 $h(A_1)>0$、$g(B_1)>0$ 和 $h(G_1)>0$，分别进行正、负影响强度聚合，则同时有 $PI(A_1,\neg B_1,G_1)=1-[(1-h(A_1))\times(1-g(B_1))\times(1-h(G_1))]$ 和 $NI(A_1,\neg B_1,G_1)=0$ 成立。

当 $P(B_1)=y(0\leqslant y\leqslant 1)$ 时，有 $P(\neg B_1)=1-y$。根据式(4.18)，$P(E_1)$ 在上述场景对下的部分项 $P(E_1|A_1,G_1)$ 可以表示如下。

$$P(E_1|A_1,G_1)=P(B_1)\times P(A_1)\times P(G_1)\times P(E_1|A_1,B_1,G_1)+ P(\neg B_1)\times P(A_1)\times P(G_1)\times P(E_1|A_1,\neg B_1,G_1) \tag{4.20}$$

由于影响强度值取值范围为 $[-1,1]$，因此，必有 $PI(A_1,B_1,G_1)\leqslant PI(A_1,\neg B_1,G_1)$，$NI(A_1,B_1,G_1)\geqslant NI(A_1,\neg B_1,G_1)$ 成立。根据 OI 与 PI、NI 的相关关系，则有 $P(E_1|A_1,B_1,G_1)\leqslant P(E_1|A_1,\neg B_1,G_1)$。若记 $S_3=P(A_1)\times P(G_1)\times P(E_1|A_1,B_1,G_1)$，$S_4=P(A_1)\times P(G_1)\times P(E_1|A_1,\neg B_1,G_1)$，则 $S_3\leqslant S_4$，式(4.20)可简化为 $P(E_1|A_1,G_1)=P(B_1)\times S_3+P(\neg B_1)\times S_4$。

当 $P(B_1)=y+\Delta y(\Delta y\geqslant 0)$ 时，有 $P(\neg B_1)=1-y-\Delta y$ 成立，$P(E_1)$ 在相应场景对下的部分项变化量 $\Delta P(E_1|A_1,G_1)=(y+\Delta y)\times S_3+(1-y-\Delta y)\times S_4-y\times S_3-(1-y)\times S_4=\Delta y\times(S_3-S_4)\leqslant 0$。对于其他场景对，均可采用以上证明过程进行证明，且可以拓展到更复杂情形。因此，子节点 E 与父节点 B 呈负相关关系。

命题 4.3 若父节点 A、G 对子节点 E 有促进作用，父节点 B 对子节点 E 有抑制作用，则子节点 E 与父节点的影响强度 h 值呈正相关关系。

证明 以命题 4.1 证明过程中的简单情形为例，对于场景对 $\{E_1|A_1,B_1,G_1\}$ 和 $\{E_1|\neg A_1,B_1,G_1\}$，影响强度、PI 以及 OI 的取值情况与命题 4.1 证明过程中相同。

首先，分析起促进作用父节点的影响强度 h 值对子节点 E 实现概率的影响。在场景 $\{E_1|A_1,B_1,G_1\}$ 下，当 $h(G_1)$ 增大时，则 $PI(A_1,B_1,G_1)$ 也增大，进而导致 OI 和 $P(E_1|A_1,B_1,G_1)$ 增大。在场景 $\{E_1|\neg A_1,B_1,G_1\}$ 下，当 $h(G_1)$ 增大时，则 $PI(\neg A_1,B_1,G_1)$ 也增大，同样进而导致 OI 和 $P(E_1|\neg A_1,B_1,G_1)$ 增大。因此，在该场景对下，根据式(4.18)，$P(E_1)$ 随之增大。对于其他场景对，均可采用以上证明过程进行证明，且可以拓展到更复杂情形。

然后，分析起抑制作用父节点的影响强度 h 值对子节点 E 实现概率的影响。在场景 $\{E_1|A_1,B_1,G_1\}$ 下，当 $h(B_1)$ 增大时，$NI(A_1,B_1,G_1)$ 减小，进而导致 OI 和 $P(E_1|A_1,B_1,G_1)$ 增大。类似地，在场景 $\{E_1|\neg A_1,B_1,G_1\}$ 下，当 $h(B_1)$ 增大时，$NI(\neg A_1,B_1,G_1)$ 减小，进而使 OI 和 $P(E_1|\neg A_1,B_1,G_1)$ 增大。因此，在该场景对下，根据式(4.18)，$P(E_1)$ 随之增大。对于其他场景对，均可采用以上证明过程进行证明，且可以拓展到更复杂情形。

综上所述，子节点与所有父节点的影响强度 h 值呈正相关关系。

命题 4.4 若父节点 A、G 对子节点 E 有促进作用，父节点 B 对子节点 E 有抑制作用，则子节点 E 与父节点的影响强度 g 值呈正相关关系。

证明 以命题4.1证明过程中的简单情形为例,对于场景对$\{E_1|\neg A_1,\neg B_1,G_1\}$和$\{E_1|\neg A_1,\neg B_1,\neg G_1\}$。在场景$\{E_1|\neg A_1,\neg B_1,G_1\}$下,影响强度值取为$g(A_1)\leqslant 0$、$g(B_1)>0$和$h(G_1)>0$,在分别进行正、负影响强度值聚合时,必有$PI(\neg A_1,\neg B_1,G_1)=1-[(1-g(B_1))\times(1-h(G_1))]$,$NI(\neg A_1,\neg B_1,G_1)=1-(1+g(A_1))$成立。在场景$\{E_1|\neg A_1,\neg B_1,\neg G_1\}$下,影响强度值取为$g(A_1)\leqslant 0$、$g(B_1)>0$和$g(G_1)\leqslant 0$,在分别进行正、负影响强度聚合时,必有$PI(\neg A_1,\neg B_1,\neg G_1)=1-(1-g(B_1))$和$NI(\neg A_1,\neg B_1,\neg G_1)=1-[(1+g(A_1))\times(1+g(G_1))]$成立。

首先,分析起促进作用父节点的影响强度g值对子节点E实现概率的影响。在场景$\{E_1|\neg A_1,\neg B_1,G_1\}$下,当$g(A_1)$增大时,$NI(\neg A_1,\neg B_1,G_1)$减小,进而导致OI和$P(E_1|\neg A_1,\neg B_1,G_1)$增大。在场景$\{E_1|\neg A_1,\neg B_1,\neg G_1\}$下,当$g(A_1)$增大时,$NI(\neg A_1,\neg B_1,\neg G_1)$减小,同样进一步导致OI和$P(E_1|\neg A_1,\neg B_1,\neg G_1)$增大。因此,在该场景对下,根据式(4.18),$P(E_1)$随之增大。对于其他场景对,均可采用以上证明过程进行证明,且可以拓展到更复杂情形。

然后,分析起抑制作用父节点的影响强度g值对子节点E实现概率的影响。在场景$\{E_1|\neg A_1,\neg B_1,G_1\}$下,当$g(A_1)$增大时,$PI(\neg A_1,\neg B_1,G_1)$也增大,进而导致OI和$P(E_1|\neg A_1,\neg B_1,G_1)$增大。在场景$\{E_1|\neg A_1,\neg B_1,\neg G_1\}$下,当$g(A_1)$增大时,则$PI(\neg A_1,\neg B_1,\neg G_1)$随之增大,进而导致OI和$P(E_1|\neg A_1,\neg B_1,\neg G_1)$增大。因此,在该场景对下,根据式(4.18),$P(E_1)$随之增大。对于其他场景对,均可采用以上证明过程进行证明,且可以拓展到更复杂情形。

综上所述,子节点与所有父节点的影响强度g值呈正相关关系。

考虑到组织运行具有动态特性,在目标节点,即期望效果和中间效果实现概率计算过程中,需要逐阶段进行,步骤如下。

步骤1 初始化目标节点状态,输入经过一致性检验专家知识的关键参数。

步骤2 根据专家知识,选取$t_{n-1}\sim t_n$阶段的可行行动策略。

步骤3 根据式(4.14)~式(4.18)进行概率传播,生成本阶段期望和中间效果实现概率。

步骤4 向下一阶段传播期望效果和中间效果实现概率,并同样根据式(4.14)~式(4.18),计算下一阶段目标节点实现概率。

步骤5 当使命任务结束时,计算目标函数值$P\{E_a(t_{T+1})\}$。

4.3 基于区间型NSGA-Ⅱ的模型求解

组织过程策略选取是一个典型的组合优化问题,本质是优选出使得期望效果实现概率最大的行动组合,其主要包括三个关键部分:一是根据Kendall协和系数检验法集结专家知识生成影响强度值;二是根据DIN计算生成期望效果实现概率;三是采用改进区间不确定优化算法优选最佳过程策略。图4.4所示为过程策略选取方法框架。

从式(4.1)可知,组织过程策略选取问题是一个典型的多目标优化问题,需要进行优化的目标不止一个,需采用多目标优化算法求解,而NSGA-Ⅱ算法是一种有效求解方法[134]。该算法根据快速非支配排序、个体拥挤距离计算以及基于外部档案的精英保留

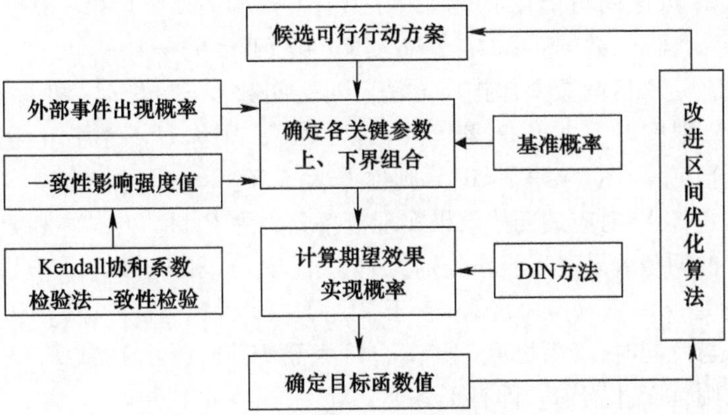

图 4.4　过程策略选取方法框架

等策略，对包括选择、交叉和变异等算子的遗传算法进行拓展，使之能够高效、稳定求解多目标优化问题。

因此，需要根据区间不确定优化的特点，对 NSGA - Ⅱ算法进行适应性改造，主要包括实数型编解码方式、基于可能度的区间数个体排序、基于期望值和宽度值的区间数个体拥挤距离计算，从而有效求解式(4.1)描述的数学模型。

1. 实数型编解码方式

对于组织行动 A_p，在 $T+1$ 个阶段中，其可行子行动集合由专家根据专家知识确定，为 $\Psi_p=\{A_p^1,A_p^2,\cdots,A_p^{|A_p|}\}$，多个组织行动构成整体过程策略。

考虑到 NSGA - Ⅱ算法的迭代特性，采用长度为 $|S_A|$ 的实数型编码方式。对于不同位置的个体元素，取值范围各有不同，如对第 p 个个体元素，取值范围为 $(1,|A_p|+1)$，其中，$|A_p|$ 为组织行动 A_p 中基本策略的个数。

在解码时，主要根据个体元素的整数信息确定所采用的基本策略编号，若第 2 个个体元素取值为 4.0837，则表示 A_2 实际采用第 3 种策略，即 A_2^3。通过这种编解码方式，可实现编码空间向解码空间的有效映射，且使得解码信息唯一、无冲突地表示对应可行解，从而大为提高搜索效率。

2. 基于可能度的区间数个体排序

若存在区间数 $U=[u^L,u^R]$ 和 $W=[w^L,w^R]$，则构建区间可能度模型如下[135]。

$$P(U\leqslant W)=\begin{cases}0 & w^R\leqslant u^L\\ 0.5\times\dfrac{w^R-u^L}{u^R-u^L}\times\dfrac{w^R-u^L}{w^R-w^L} & w^L\leqslant u^L<w^R\leqslant u^R\\ \dfrac{w^L-u^L}{u^R-u^L}+0.5\times\dfrac{w^R-w^L}{u^R-u^L} & u^L<w^L<w^R\leqslant u^R\\ \dfrac{w^L-u^L}{u^R-u^L}+\dfrac{u^R-w^L}{u^R-u^L}\times\dfrac{w^R-u^R}{w^R-w^L}+ & \\ 0.5\times\dfrac{u^R-w^L}{u^R-u^L}\times\dfrac{u^R-w^L}{w^R-w^L} & u^L<w^L\leqslant u^R<w^R\\ \dfrac{w^R-u^R}{w^R-w^L}+0.5\times\dfrac{u^R-u^L}{w^R-w^L} & w^L\leqslant u^L<u^R<w^R\\ 1 & u^R<w^L\end{cases}\tag{4.21}$$

根据式(4.21),区间可能度特性如下:①有 $0 \leqslant P(U \leqslant W) \leqslant 1$;②若 $P(U \leqslant W) = P(W \leqslant U)$,则有 $u^L = w^L, u^R = w^R$;③有 $P(U \leqslant W) + P(W \leqslant U) = 1$。

在此基础上,定义区间数个体排序方法。对区间数 $U = [u^L, u^R]$ 和 $W = [w^L, w^R]$,若 $P(U \leqslant W) \geqslant 0.5$,则称 U 不大于 W;若 $P(U \leqslant W) \leqslant 0.5$,则称 U 不小于 W;若 $P(U \leqslant W) > 0.5$,则称 U 小于 W;若 $P(U \leqslant W) < 0.5$,则称 U 大于 W。

因此,若染色体 Y_1 对应的期望效果实现概率分别为 $P_1\{E_1(t_{T+1})\}$ 和 $P_1\{E_2(t_{T+1})\}$,染色体 Y_2 对应的期望效果实现概率分别为 $P_2\{E_1(t_{T+1})\}$ 和 $P_2\{E_2(t_{T+1})\}$。

(1) 若满足 $P_1\{E_1(t_{T+1})\}$ 不小于 $P_2\{E_1(t_{T+1})\}$ 且 $P_1\{E_2(t_{T+1})\}$ 不小于 $P_2\{E_2(t_{T+1})\}$,与此同时,若满足 $P_1\{E_1(t_{T+1})\}$ 大于 $P_2\{E_1(t_{T+1})\}$ 或 $P_1\{E_2(t_{T+1})\}$ 大于 $P_2\{E_2(t_{T+1})\}$,则称 Y_1 优于 Y_2,即有 $Y_1 > Y_2$。

(2) 若满足 $P_1\{E_1(t_{T+1})\}$ 不大于 $P_2\{E_1(t_{T+1})\}$ 且 $P_1\{E_2(t_{T+1})\}$ 不大于 $P_2\{E_2(t_{T+1})\}$,与此同时,若满足 $P_1\{E_1(t_{T+1})\}$ 小于 $P_2\{E_1(t_{T+1})\}$ 或 $P_1\{E_2(t_{T+1})\}$ 小于 $P_2\{E_2(t_{T+1})\}$,则称 Y_1 劣于 Y_2,即有 $Y_1 < Y_2$。

(3) 当 Y_1 既不优于 Y_2 也不劣于 Y_2 时,称 Y_1 等价于 Y_2,即有 $Y_1 \sim Y_2$。

区间型 NSGA - Ⅱ(Interval NSGA - Ⅱ,INSGA - Ⅱ)算法搜索目的,是通过多次迭代寻优,搜索到优于其他所有个体的个体集合。

3. 基于期望值和宽度值的区间数个体拥挤距离计算

在 INSGA - Ⅱ算法中,由于规模限制,某一等级的染色体无法全部进入外部档案,需要根据个体间拥挤距离计算结果,排除拥挤距离较小的个体。因此,对区间数距离计算主要采用基于期望值和宽度值的广义 EK 距离计算方法[136]。

$$d(U,W) = \sqrt[2]{|E(U) - E(W)|^2 + \frac{1}{3}|K(U) - K(W)|^2} \tag{4.22}$$

式中:$E(U) = (u^L + u^R)/2$ 和 $K(U) = (u^R - u^L)/2$ 分别为区间数 U 的期望值和宽度值;$E(W)$ 和 $K(W)$ 的计算方法类似。

4.4 具体案例分析

C^2 组织任务类型众多,以离岸岛屿攻击任务为例。假定敌方组织在某离岸岛屿构建完整防御体系,敌方重要目标主要包括作战指挥中心、雷达阵地、弹药库、机场以及港口等。我方 C^2 组织行动预期是集中各类组织力量,摧毁敌方关键军事节点,以便于下一步夺取岛屿控制权。

4.4.1 实验案例设定

在组织行动方面,令 C^2 组织可采取行动集如下。A_1:对敌方 C^2 组织空中作战编队实施空对空攻击;A_2:对敌方 C^2 组织水面舰艇实施空对海攻击;A_3:对敌方 C^2 组织固定预定目标实施空对地攻击;A_4:对影响固定预定目标攻击的前序固定非预定目标,实施空对地攻击;A_5:对敌方 C^2 组织移动预定目标实施空对地攻击;A_6:对影响移动预定目标攻击的前序移动非预定目标,实施空对地攻击;A_7:作战信息支援;A_8:空中截击作战;A_9:对敌电子干扰；A_{10}：空中加油。

在外部事件方面，由作战专家根据作战知识或历史数据给出事件类型和出现概率，可能的外部事件如下。B_1：敌方 C^2 组织空中作战编队进行空中拦截；B_2：敌方 C^2 组织水面舰艇编队进行对空拦截；B_3：敌方 C^2 组织地面防空系统进行防空作战；B_4：敌方 C^2 组织对我进行电子干扰；B_5：敌方 C^2 组织岛外增援空中作战编队参与作战。

在期望效果方面，主要包括两类。E_1：C^2 组织成功完成离岸岛屿攻击任务；E_2：C^2 组织任务执行中战损程度。

在中间效果方面，由我方组织行动和外部事件共同作用生成，包括如下。G_1：空对空攻击任务执行效果；G_2：空对海攻击任务执行效果；G_3：对影响预定目标攻击的前序非预定目标攻击任务执行效果；G_4：我方 C^2 组织空中作战编队攻击预定目标前空中集结；G_5：对预定目标攻击任务执行效果；G_6：我方 C^2 组织空中作战编队返航空中集结。

如图 4.5 所示，为离岸岛屿攻击任务 DIN 模型。根据作战专家分析，我方 C^2 组织空中作战编队执行离岸岛屿攻击任务，可以分为 6 个阶段。$t_0 \sim t_1$ 阶段，对敌方空中拦截作战编队进行截击；$t_1 \sim t_2$ 阶段，对敌方海面舰艇进行压制；$t_2 \sim t_3$ 阶段，对敌方前序固定或移动非预定目标进行攻击；$t_3 \sim t_4$ 阶段，经过空中加油后，进行预定目标攻击前的空中集结；$t_4 \sim t_5$ 阶段，对敌方固定或移动预定目标进行攻击；$t_5 \sim t_6$ 阶段，对敌方岛外增援空中作战编队进行截击后，编队返航。

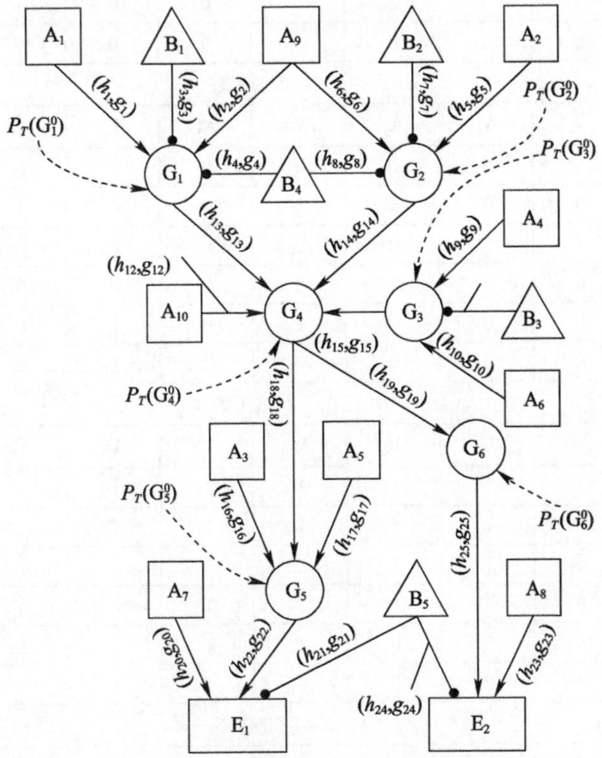

图 4.5　离岸岛屿攻击任务 DIN 模型

表 4.1 列出经过一致性检验的外部事件出现概率；表 4.2 所列为根据专家知识，考虑组织资源和规则约束，给出的各阶段行动可选策略。

表 4.1　外部事件出现概率

阶段	外部事件				
	B_1	B_2	B_3	B_4	B_5
$t_0 \sim t_1$	[0.4,0.5]	[0.2,0.4]	0	[0.4,0.6]	0
$t_1 \sim t_2$	0	[0.8,0.9]	0	[0.5,0.7]	0
$t_2 \sim t_3$	[0.6,0.7]	0	[0.6,0.8]	0	0
$t_3 \sim t_4$	0	0	[0.3,0.4]	0	[0.2,0.3]
$t_4 \sim t_5$	0	0	0	0	[0.4,0.5]
$t_5 \sim t_6$	0	0	0	0	[0.7,0.9]

表 4.2　各阶段的可选策略

阶段	可选策略									
	A_1^1	A_1^2	A_1^3	A_2^1	A_2^2	A_2^3	A_3^1	A_3^2	A_3^3	A_3^4
$t_0 \sim t_1$	1	0	0	1	0	0	0	0	0	0
$t_1 \sim t_2$	0	1	0	0	1	0	0	0	0	0
$t_2 \sim t_3$	0	0	1	0	0	0	0	0	0	0
$t_3 \sim t_4$	0	0	0	0	0	0	1	0	0	0
$t_4 \sim t_5$	0	0	0	0	0	0	0	1	0	1
$t_5 \sim t_6$	0	0	0	0	0	0	0	0	1	1

阶段	可选策略									
	A_4^1	A_4^2	A_4^3	A_5^1	A_5^2	A_5^3	A_5^4	A_6^1	A_6^2	A_6^3
$t_0 \sim t_1$	0	0	0	0	0	0	0	0	0	0
$t_1 \sim t_2$	1	0	0	0	0	0	0	1	0	0
$t_2 \sim t_3$	0	1	1	0	0	0	0	0	1	1
$t_3 \sim t_4$	0	0	1	1	0	0	0	0	0	1
$t_4 \sim t_5$	0	0	0	0	1	0	1	0	0	0
$t_5 \sim t_6$	0	0	0	0	0	1	1	0	0	0

阶段	可选策略									
	A_7^1	A_7^2	A_7^3	A_7^4	A_7^5	A_7^6	A_7^7	A_7^8	A_8^1	A_8^2
$t_0 \sim t_1$	1	1	1	1	1	1	1	1	0	0
$t_1 \sim t_2$	0	1	1	1	1	1	1	1	0	0
$t_2 \sim t_3$	0	0	1	1	1	1	0	1	0	0
$t_3 \sim t_4$	0	0	0	1	1	1	0	0	1	0
$t_4 \sim t_5$	0	0	0	0	1	1	1	1	0	1
$t_5 \sim t_6$	0	0	0	0	0	1	1	0	0	0

阶段	可选策略									
	A_8^3	A_8^4	A_9^1	A_9^2	A_9^3	A_9^4	A_9^5	A_9^6	A_{10}^1	A_{10}^2
$t_0 \sim t_1$	0	0	1	1	1	1	1	1	0	0

续表

阶段	可选策略									
	A_8^3	A_8^4	A_9^1	A_9^2	A_9^3	A_9^4	A_9^5	A_9^6	A_{10}^1	A_{10}^2
$t_1\sim t_2$	0	0	0	1	1	1	1	1	0	0
$t_2\sim t_3$	0	0	0	0	1	1	1	1	1	1
$t_3\sim t_4$	0	0	0	0	0	1	1	1	0	1
$t_4\sim t_5$	0	1	0	0	0	0	1	1	0	0
$t_5\sim t_6$	1	1	0	0	0	0	0	1	0	0

4.4.2 实验结果分析

仿真实验1 基于Kendall协和系数检验法,生成融合多专家知识的影响强度值。令专家数量 $A=6$;当显著性水平 $\alpha=0.05$ 时,在自由度24下的阈值为 $K_\alpha^{24}=36.4151$,在自由度7下的阈值为 $K_\alpha^7=14.0671$;假定对于 $\forall Z_d\in S_Z, Qh_d=Qg_d$,专家权威度向量为(0.75,0.25,0.50,0.50,0.25,0.75)。表4.3列出根据专家知识给出的基准概率;表4.4列出根据专家知识给出的 h 值和 g 值取值情况。

表4.3 各专家给出的基准概率取值情况

专家	基准概率					
	BP_1	BP_2	BP_3	BP_4	BP_7	BP_8
Z_1	[0.42,0.47]	[0.82,0.92]	[0.03,0.08]	[0.48,0.58]	[0.34,0.44]	[0.66,0.71]
Z_2	[0.15,0.25]	[0.65,0.80]	[0.05,0.20]	[0.55,0.60]	[0.45,0.50]	[0.54,0.59]
Z_3	[0.46,0.51]	[0.04,0.19]	[0.25,0.35]	[0.22,0.27]	[0.39,0.44]	[0.61,0.66]
Z_4	[0.02,0.17]	[0.13,0.23]	[0.63,0.78]	[0.82,0.87]	[0.33,0.48]	[0.79,0.89]
Z_5	[0.03,0.13]	[0.48,0.53]	[0.78,0.93]	[0.30,0.35]	[0.40,0.50]	[0.57,0.72]
Z_6	[0.83,0.98]	[0.79,0.89]	[0.55,0.70]	[0.76,0.86]	[0.35,0.45]	[0.56,0.61]

表4.4 各专家给出的 h 值和 g 值取值情况

取值	专家					
	Z_1	Z_2	Z_3	Z_4	Z_5	Z_6
h_1	[0.71,0.81]	[0.80,0.95]	[0.06,0.16]	[0.94,0.99]	[0.66,0.76]	[0.05,0.10]
h_2	[0.24,0.29]	[0.60,0.70]	[0.93,0.98]	[0.84,0.94]	[0.07,0.17]	[0.89,0.99]
h_3	[-0.94,-0.84]	[-0.49,-0.34]	[-0.94,-0.79]	[-0.12,-0.07]	[-0.44,-0.34]	[-0.95,-0.85]
h_4	[-0.76,-0.71]	[-0.96,-0.91]	[-0.62,-0.57]	[-0.10,-0.05]	[-0.92,-0.77]	[-0.98,-0.93]
h_5	[0.70,0.85]	[0.66,0.81]	[0.70,0.85]	[0.36,0.41]	[0.57,0.62]	[0.16,0.31]
h_6	[0.79,0.89]	[0.04,0.09]	[0.28,0.43]	[0.08,0.23]	[0.06,0.11]	[0.76,0.81]
h_7	[-0.88,-0.78]	[-0.29,-0.24]	[-0.91,-0.76]	[-0.18,-0.08]	[-0.64,-0.49]	[-0.49,-0.39]
h_8	[-0.79,-0.74]	[-0.92,-0.77]	[-0.21,-0.16]	[-0.64,-0.49]	[-0.53,-0.43]	[-0.71,-0.61]
h_9	[0.74,0.79]	[0.80,0.85]	[0.28,0.38]	[0.77,0.87]	[0.61,0.66]	[0.05,0.20]
h_{10}	[0.03,0.18]	[0.37,0.47]	[0.75,0.90]	[0.43,0.53]	[0.69,0.74]	[0.10,0.20]
h_{11}	[-0.90,-0.75]	[-0.35,-0.20]	[-0.79,-0.64]	[-0.85,-0.75]	[-0.93,-0.88]	[-0.99,-0.84]

续表

取值	专家					
	Z_1	Z_2	Z_3	Z_4	Z_5	Z_6
h_{12}	[0.62,0.67]	[0.08,0.23]	[0.02,0.07]	[0.18,0.28]	[0.89,0.94]	[0.11,0.26]
h_{13}	[0.79,0.89]	[0.14,0.29]	[0.86,0.91]	[0.49,0.59]	[0.13,0.23]	[0.14,0.19]
h_{14}	[0.64,0.79]	[0.42,0.47]	[0.32,0.42]	[0.68,0.83]	[0.59,0.69]	[0.54,0.64]
h_{15}	[0.84,0.94]	[0.21,0.36]	[0.70,0.85]	[0.77,0.92]	[0.37,0.52]	[0.60,0.70]
h_{16}	[0.08,0.18]	[0.08,0.18]	[0.66,0.81]	[0.74,0.84]	[0.89,0.94]	[0.04,0.14]
h_{17}	[0.59,0.69]	[0.48,0.63]	[0.03,0.18]	[0.43,0.58]	[0.09,0.14]	[0.76,0.86]
h_{18}	[0.16,0.31]	[0.67,0.82]	[0.06,0.11]	[0.58,0.73]	[0.21,0.36]	[0.67,0.72]
h_{19}	[0.77,0.92]	[0.77,0.82]	[0.49,0.54]	[0.08,0.18]	[0.24,0.39]	[0.76,0.91]
h_{20}	[0.05,0.10]	[0.71,0.81]	[0.54,0.59]	[0.93,0.98]	[0.10,0.25]	[0.47,0.57]
h_{21}	[-0.18,-0.03]	[-0.91,-0.86]	[-0.12,-0.07]	[-0.88,-0.73]	[-0.80,-0.65]	[-0.91,-0.81]
h_{22}	[0.03,0.13]	[0.38,0.53]	[0.13,0.28]	[0.78,0.93]	[0.43,0.53]	[0.87,0.92]
h_{23}	[0.24,0.34]	[0.21,0.26]	[0.02,0.12]	[0.03,0.08]	[0.87,0.97]	[0.53,0.68]
h_{24}	[-0.69,-0.54]	[-0.25,-0.10]	[-0.93,-0.83]	[-0.76,-0.61]	[-0.36,-0.31]	[-0.76,-0.61]
h_{25}	[0.45,0.50]	[0.09,0.19]	[0.14,0.19]	[0.04,0.19]	[0.17,0.22]	[0.12,0.22]
g_1	[-0.45,-0.40]	[-0.09,-0.04]	[-0.90,-0.85]	[-0.91,-0.81]	[-0.58,-0.48]	[-0.50,-0.40]
g_2	[-0.64,-0.49]	[-0.95,-0.85]	[-0.54,-0.44]	[-0.17,-0.02]	[-0.83,-0.68]	[-0.40,-0.35]
g_3	[0.13,0.18]	[0.38,0.48]	[0.03,0.13]	[0.06,0.16]	[0.81,0.91]	[0.89,0.94]
g_4	[0.63,0.73]	[0.03,0.18]	[0.24,0.39]	[0.38,0.53]	[0.66,0.81]	[0.02,0.12]
g_5	[-0.09,-0.04]	[-0.33,-0.18]	[-0.72,-0.62]	[-0.89,-0.79]	[-0.78,-0.63]	[-0.55,-0.40]
g_6	[-0.60,-0.55]	[-0.21,-0.11]	[-0.84,-0.79]	[-0.39,-0.24]	[-0.90,-0.80]	[-0.38,-0.28]
g_7	[0.43,0.48]	[0.64,0.79]	[0.75,0.90]	[0.09,0.24]	[0.83,0.93]	[0.76,0.81]
g_8	[0.31,0.36]	[0.46,0.61]	[0.43,0.53]	[0.26,0.36]	[0.67,0.72]	[0.60,0.65]
g_9	[-0.88,-0.73]	[-0.83,-0.78]	[-0.72,-0.57]	[-0.44,-0.34]	[-0.85,-0.80]	[-0.57,-0.52]
g_{10}	[-0.47,-0.42]	[-0.97,-0.92]	[-0.97,-0.82]	[-0.81,-0.66]	[-0.74,-0.69]	[-0.78,-0.63]
g_{11}	[0.26,0.41]	[0.14,0.19]	[0.46,0.51]	[0.23,0.38]	[0.85,0.95]	[0.19,0.29]
g_{12}	[-0.41,-0.26]	[-0.17,-0.12]	[-0.43,-0.28]	[-0.56,-0.46]	[-0.26,-0.16]	[-0.96,-0.91]
g_{13}	[-0.43,-0.38]	[-0.32,-0.27]	[-0.96,-0.81]	[-0.96,-0.81]	[-0.55,-0.40]	[-0.21,-0.06]
g_{14}	[-0.16,-0.11]	[-0.40,-0.30]	[-0.80,-0.65]	[-0.21,-0.11]	[-0.64,-0.54]	[-0.82,-0.67]
g_{15}	[-0.31,-0.21]	[-0.15,-0.05]	[-0.22,-0.17]	[-0.24,-0.14]	[-0.47,-0.32]	[-0.69,-0.64]
g_{16}	[-0.07,-0.02]	[-0.17,-0.12]	[-0.85,-0.80]	[-0.08,-0.03]	[-0.93,-0.78]	[-0.85,-0.80]
g_{17}	[-0.53,-0.43]	[-0.79,-0.69]	[-0.31,-0.26]	[-0.58,-0.48]	[-0.90,-0.85]	[-0.72,-0.62]
g_{18}	[-0.60,-0.55]	[-0.31,-0.21]	[-0.42,-0.32]	[-0.71,-0.56]	[-0.81,-0.76]	[-0.53,-0.43]
g_{19}	[-0.57,-0.42]	[-0.91,-0.81]	[-0.15,-0.05]	[-0.91,-0.76]	[-0.98,-0.88]	[-0.81,-0.71]
g_{20}	[-0.19,-0.04]	[-0.39,-0.24]	[-0.60,-0.45]	[-0.81,-0.66]	[-0.15,-0.05]	[-0.82,-0.72]
g_{21}	[0.04,0.14]	[0.55,0.60]	[0.31,0.36]	[0.72,0.87]	[0.80,0.85]	[0.83,0.98]
g_{22}	[-0.92,-0.82]	[-0.37,-0.32]	[-0.93,-0.78]	[-0.40,-0.30]	[-0.19,-0.04]	[-0.85,-0.80]
g_{23}	[-0.73,-0.63]	[-0.50,-0.45]	[-0.91,-0.86]	[-0.73,-0.58]	[-0.74,-0.69]	[-0.98,-0.88]
g_{24}	[0.77,0.82]	[0.54,0.28]	[0.28,0.43]	[0.24,0.34]	[0.83,0.93]	[0.03,0.18]
g_{25}	[-0.57,-0.47]	[-0.29,-0.19]	[-0.95,-0.85]	[-0.79,-0.74]	[-0.78,-0.63]	[-0.62,-0.47]

采用 Kendall 协和系数检验法对 h 值进行一致性检验时，具有最高权威度专家组集合为 $\{Z_1, Z_2, Z_3, Z_6\}$，生成的最终 h 值分别为[0.36,0.44]、[0.65,0.72]、[-0.89, -0.78]、[-0.82, -0.77]、[0.52,0.67]、[0.58,0.67]、[-0.69, -0.59]、[-0.65, -0.57]、[0.41,0.51]、[0.25,0.38]、[-0.84, -0.69]、[0.26,0.35]、[0.52,0.59]、[0.51,0.62]、[0.66,0.78]、[0.20,0.31]、[0.51, 0.63]、[0.36,0.46]、[0.70,0.82]、[0.37,0.44]、[-0.49, -0.39]、[0.37, 0.47]、[0.28,0.40]、[-0.72, -0.58]、[0.23,0.30]。当对 g 值进行一致性检验时，具有最高权威度专家组集合为 $\{Z_1, Z_2, Z_3, Z_5\}$，生成的最终 g 值分别为[-0.55, -0.49]、[-0.68, -0.55]、[0.23,0.31]、[0.44,0.57]、[-0.40, -0.31]、[-0.66, -0.59]、[0.61,0.71]、[0.42,0.50]、[-0.82, -0.70]、[-0.72, -0.64]、[0.38,0.48]、[-0.36, -0.23]、[-0.58, -0.49]、[-0.45, -0.35]、[-0.28, -0.19]、[-0.43, -0.37]、[-0.56, -0.48]、[-0.54, -0.47]、[-0.56, -0.44]、[-0.33, -0.19]、[0.30,0.37]、[-0.74, -0.63]、[-0.75, -0.68]、[0.61,0.71]、[-0.67, -0.56]。当对 bp 值进行一致性检验时，具有最高权威度专家组集合为 $\{Z_1, Z_2, Z_3, Z_5\}$，融合后 bp 值为[0.21,0.30]、[0.55, 0.65]、[0.31,0.42]、[0.56,0.63]、[0.41,0.54]、[0.53,0.64]、[0.36,0.47]、[0.67,0.75]。

仿真实验 2 在区间不确定优化模型求解过程中，对于期望效果实现概率上、下界的计算尤为重要，其主要取决于外部事件出现概率、基准概率和影响强度值的上、下界。根据理论分析，目标节点实现概率与外部事件出现概率呈负相关关系，与基准概率呈正相关关系，与影响强度值呈正相关关系。为验证上述结论，在控制变量基础上开展对比实验，即当分析期望效果实现概率与某一变量相关关系时，其他变量均取定值，且为对应区间取值范围内的中间值，过程策略为随机过程策略($A_1^2, A_2^2, A_3^2, A_4^1, A_5^1, A_6^2, A_7^2, A_8^2, A_9^4, A_{10}^1$)。图 4.6 所示分别为期望效果实现概率随外部事件出现概率、基准概率和影响强度值的变化情况。

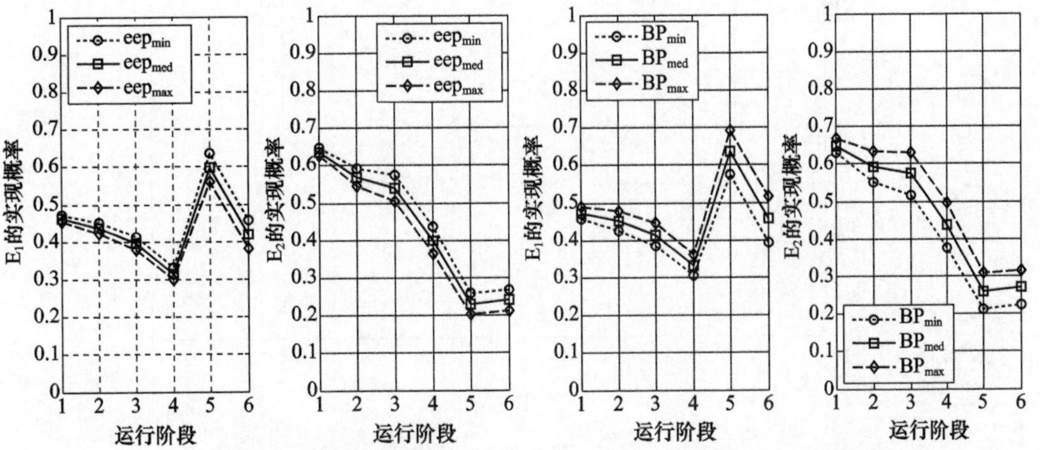

(a) 随外部事件出现概率变化情况　　(b) 随基准概率变化情况

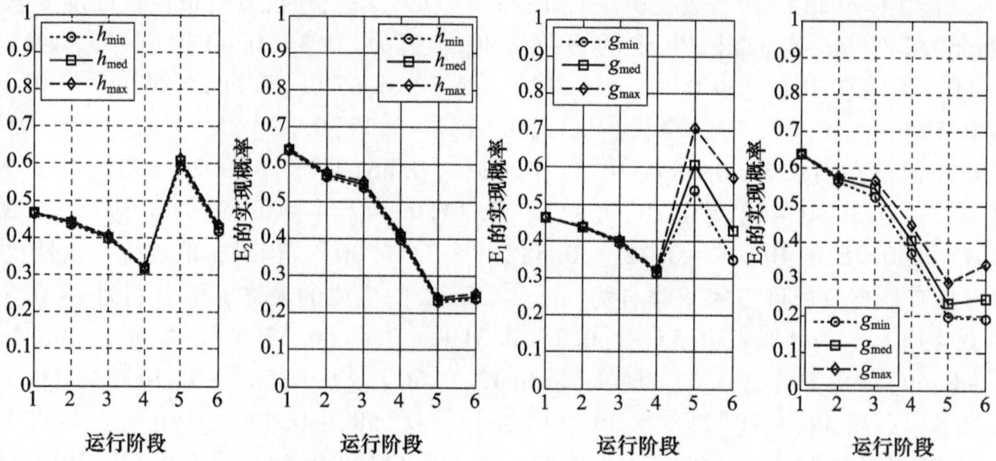

(c) 随h值变化情况　　　　(d) 随g值变化情况

图 4.6　期望效果实现概率随各关键参数变化情况

从图 4.6 可以看出，E_1 和 E_2 的实现概率与外部事件出现概率成反比，与基准概率和影响强度值成正比，验证了理论分析的正确性。

仿真实验 3　为验证 INSGA－Ⅱ算法的有效性，利用相应算例参数，进行仿真实验。其中，算法的最大迭代次数 gen＝100，种群规模 pop＝30，交叉概率 $p_c=0.9$，变异概率$p_m=0.1$。如图 4.7 所示，为典型 Pareto 最优解。其中，每个矩形代表一个 Pareto 最优解。

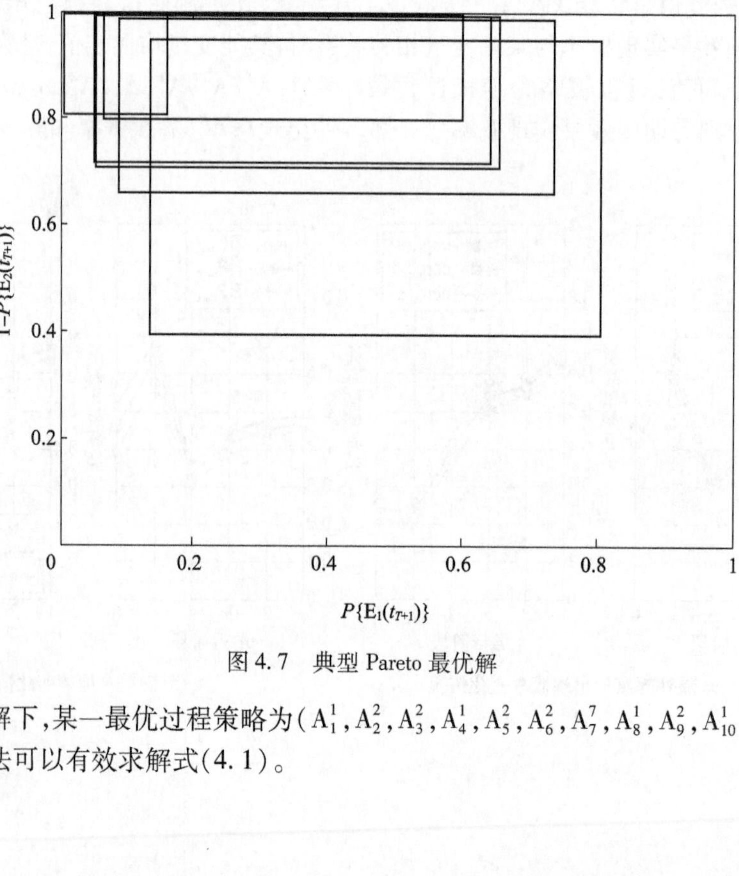

图 4.7　典型 Pareto 最优解

该典型解下，某一最优过程策略为（$A_1^1,A_2^2,A_3^2,A_4^1,A_5^2,A_6^2,A_7^7,A_8^1,A_9^2,A_{10}^1$）。因此，采用所提出算法可以有效求解式(4.1)。

仿真实验4 为验证INSGA－Ⅱ算法的优越性,将其与多目标离散人工蜂群(Multi－objective Discrete Artificial Bee Colony,MODABC)算法[137]和多目标离散粒子群优化(Multi－objective Discrete Particle Swarm Optimization,MODPSO)算法[138]进行对比。对比指标采用衡量多目标优化算法的覆盖性指标、均匀性指标和宽广性指标[139],其中,覆盖性指标和宽广性指标为效益型指标,越大越好;均匀性指标为成本型指标,越小越好。对目标函数进行归一后计算指标值,各算法均运行20次,取20次运行结果平均值进行对比。图4.8所示为所提出算法与MODABC算法对比情况;图4.9所示为所提出算法与MODPSO算法对比情况。

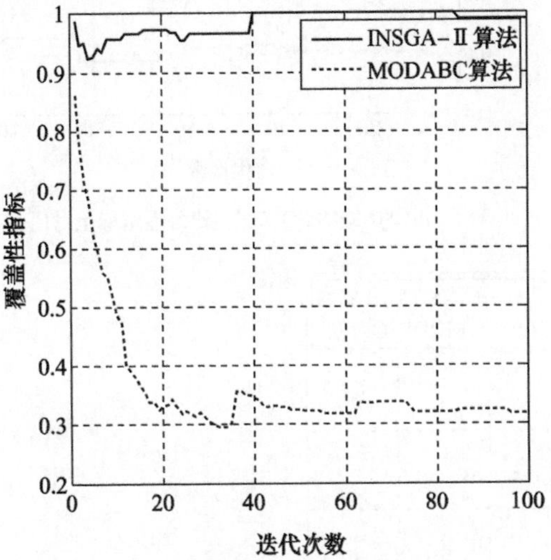

(a) 与MODABC算法在覆盖性指标上对比

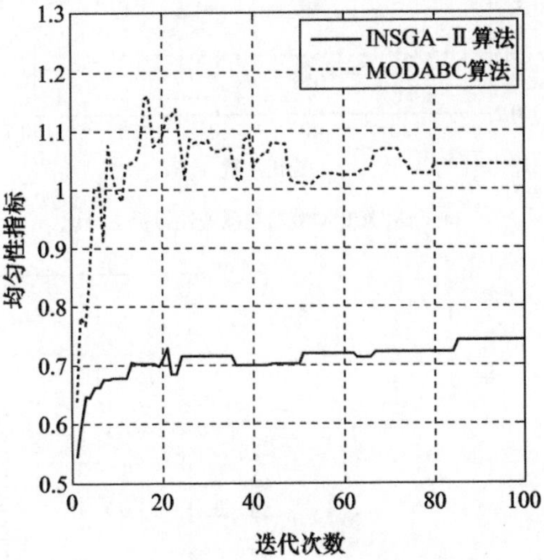

(b) 与MODABC算法在均匀性指标上对比

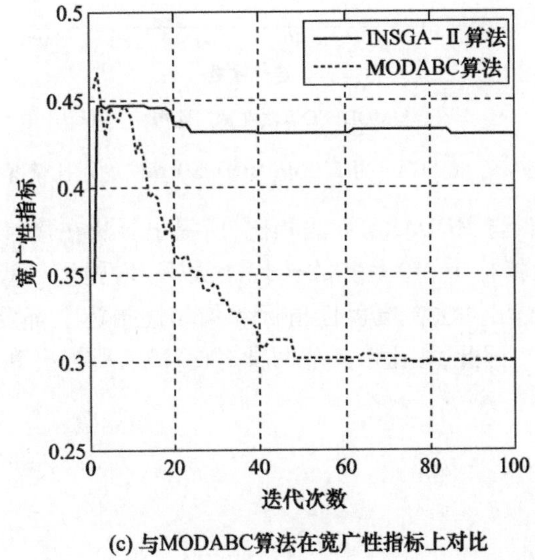

(c) 与MODABC算法在宽广性指标上对比

图4.8 INSGA－Ⅱ算法与MODABC算法的对比情况

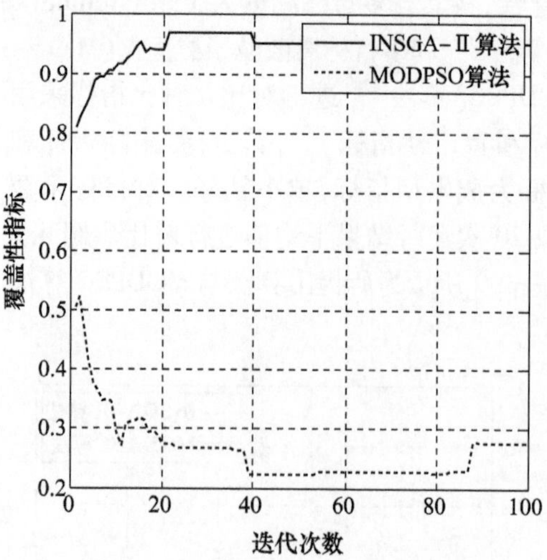

(a) 与MODPSO算法在覆盖性指标上对比

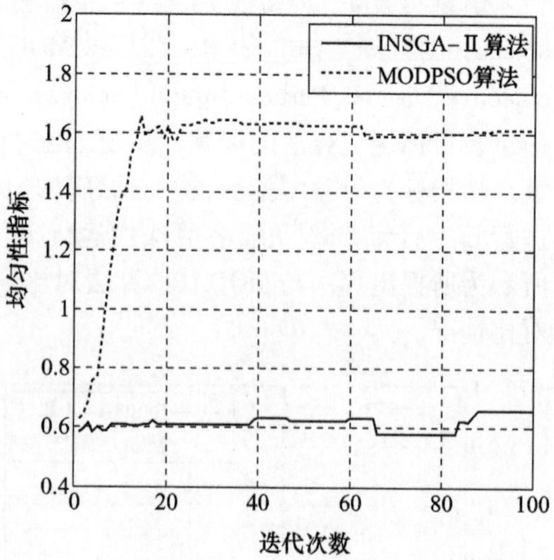

(b) 与MODPSO算法在均匀性指标上对比

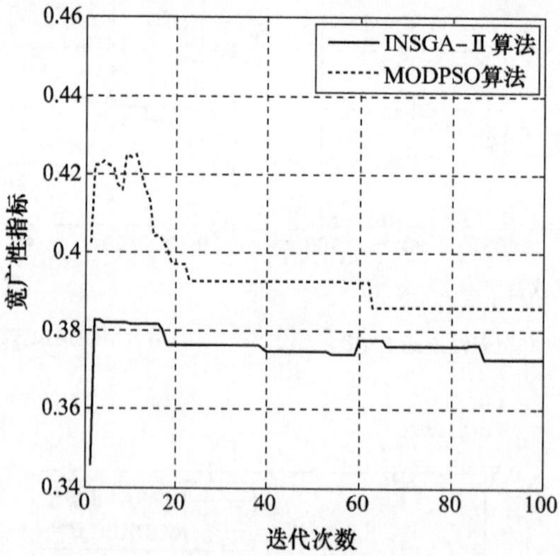

(c) 与MODPSO算法在宽广性指标上对比

图 4.9 INSGA－Ⅱ算法与 MODPSO 算法的对比情况

从图 4.8 可以看出，与 MODABC 算法相比，所提出算法在覆盖性指标和均匀性指标上都要更优，在宽广性指标上，在大多数迭代次数下，均更优。从图 4.9 可以看出，与 MODPSO 算法相比，所提出算法在覆盖性指标和均匀性指标上都要更优，在宽广性指标上，劣于 MODPSO 算法。因此，相比于其他两种对比算法，所提出算法总体上较优。

第 5 章　C^2 组织的平台实体调度方法

C^2 组织平台实体调度方案描述了平台实体和任务实体之间的执行与被执行关系,是直接反映组织内部组织任务分工的关系。平台实体调度的本质是根据任务 - 资源能力需求和平台 - 资源能力供给,在优化特定目标函数和遵循特定约束条件(主要是资源约束条件)基础上,通过资源实现平台到任务关系的链接。

C^2 组织平台实体的调度,是组织结构层的重要内容,其与决策实体配置、C^2 权限分配共同涵盖了组织结构的关键性结构,即职能结构、层次结构、部门结构和权限结构。结构决定功能,C^2 组织平台实体调度方案的优劣,直接影响组织效能的发挥。

平台实体调度分为生成和演进两部分,生成部分突出鲁棒性、最优性及两者的均衡,演进部分突出适应性和实时性。生成和演进部分的不同性能追求,导致了两者在模型建立和算法求解方面的差异。

5.1　平台实体调度分析

5.1.1　相关研究情况分析

在早期的 C^2 组织平台实体调度研究中,Levchuk 等建立了以最小化任务完成时长为目标的平台实体调度模型,并提出了基于多维动态列表规划(Multidimensional Dynamic List Scheduling, MDLS)的求解算法。考虑到 C^2 组织在任务执行过程中具有完成时限约束和时间窗口约束,文献[140]和文献[141]分别对这一模型进行了改进,并设计了求解相应模型的循环 MDLS 算法和扩展 MDLS 算法。文献[142]和[143]认为 MDLS 算法中存在优先权函数设计不够合理的现象,无法保证得到的解全局最优,因此,分别引入量子遗传算法和蚁群算法进行改进,提高了 MDLS 算法的性能。

信息时代的组织环境复杂多变,C^2 组织在实际任务执行过程中,其任务执行很可能受参数扰动、任务执行偏差等不确定性因素的影响,进而导致组织任务计划失效。为解决这一问题,可以在预先制定平台实体调度方案时,对组织环境的不确定性因素加以考虑以提高方案的鲁棒性能。在相关研究中,文献[144]采用冗余策略,通过在任务计划中增加时间缓冲区和资源缓冲区来减少不确定性因素的干扰。文献[145]在生成 C^2 组织协同搜索任务计划时,先将不确定性环境参量转化为探测概率,再以此为依据合理地为平台规划任务。考虑到高对抗条件下的组织环境难以准确预测,鲁棒性再强的平台实体调度方案也存在失效的可能,因此,需要对平台实体进行动态调度。在相关研究中,文献[146]提出了复杂动态环境中的任务计划演进框架,并结合环境信息和平台能力等要素计算任务成功概率,文献[147]进一步研究了信息不完全条件下的平台实体调度方法。

尽管关于 C^2 组织平台实体调度方面的研究已取得了一些成果,但在动态不确定组织环境下，C^2 组织如何运用其有限的平台实体完成多样化的组织任务这一问题仍没有得到完全解决，表现在对组织环境不确定性因素的考虑不够全面、量化不确定性因素的方式不够客观实用，以及平台实体动态调度算法的时间效率不够高等方面。因此，有必要开展相应研究，从而有效满足平台实体调度的鲁棒性和适应性要求。

5.1.2 调度方案性能测度

对军事领域组织而言，又好又快地完成其组织任务是实现组织目标的关键。因此，可以从组织完成任务需要的时长以及任务完成的质量两方面，对 C^2 组织平台实体调度方案 $\boldsymbol{X}^{\mathrm{T-P}}$ 的性能测度进行考虑。

对 $\forall \mathrm{T}_i \in S_{\mathrm{T}}$，若其开始时刻为 st_i，则其结束时刻为 $\mathrm{et}_i = \mathrm{st}_i + \mathrm{tt}_i$。当 C^2 组织从 0 时刻开始按计划执行各项任务时，其完成所有任务需要的时长，即组织任务执行周期为

$$\mathrm{TM} = \max(\mathrm{et}_1, \mathrm{et}_2, \cdots, \mathrm{et}_N) \tag{5.1}$$

组织任务执行周期 TM 越小，C^2 组织完成所有任务需要的时长越小。

对 $\forall \mathrm{T}_i \in S_{\mathrm{T}}$，分配执行该任务的平台实体集合为 $S_{\mathrm{P}}^{\mathrm{T}_i} = \{\mathrm{P}_j \mid x_{ij}^{\mathrm{T-P}} = 1, 1 \leqslant j \leqslant V\}$，定义任务 T_i 的完成质量为

$$\mathrm{QT}_i = \left(\prod_{l \in \gamma(i)} z_{il} \right)^{1/|\gamma(i)|} \tag{5.2}$$

式中：$\gamma(i)$ 为执行 T_i 所需资源能力类型，即 $\gamma(i) = \{l \mid \mathrm{dt}_{il} > 0, 1 \leqslant l \leqslant L\}$，$|\gamma(i)|$ 为 $\gamma(i)$ 中元素数量，$z_{il} = \min\left(\sum_{\mathrm{P}_j \in S_{\mathrm{P}}^{\mathrm{T}_i}} \mathrm{op}_{jl}/\mathrm{dt}_{il}, 1 \right)$ 为 T_i 的第 l 项资源能力需求被满足程度。QT_i 越大，任务 T_i 的完成质量越好。

定义 C^2 组织完成所有任务的平均质量为

$$\mathrm{QM} = \left(\prod_{i=1}^{N} \mathrm{QT}_i \right)^{1/N} \tag{5.3}$$

QM 越大，C^2 组织完成所有任务的质量越好。

用组织任务执行周期 TM 和任务平均完成质量 QM 来衡量平台实体调度方案 $\boldsymbol{X}^{\mathrm{T-P}}$ 的优劣，即 TM 越小，QM 越大，则 $\boldsymbol{X}^{\mathrm{T-P}}$ 越优。

5.1.3 具体不确定性分析

组织环境高度的不确定性导致在组织运行过程中随时会产生预期外事件，这些事件主要包括以下三类。

（1）新任务出现。组织运行过程中，一些新任务临机出现，C^2 组织需要为这些新任务分配平台实体以适应新任务需求。

（2）平台实体失效。组织运行过程中，平台实体可能出现故障或者被敌方组织破坏，导致需要该平台参与执行任务的完成质量受到影响。

（3）任务和平台参数变化。组织运行过程中，某些内外部因素会对任务和平台参数造成影响，如天气情况恶化、临时性地形阻碍将造成任务持续时间增加、平台的资源能力下降，进而导致组织任务执行周期和任务完成质量偏离预期。

上述三类事件的发生都可能使得原平台实体调度方案失效，因此，在生成初始平台实

体调度方案X^{T-P}时,需要提前考虑如何应对这些事件。

为应对第一类事件,C^2 组织可以事先预留一部分平台实体,这样当新任务出现时,组织可以直接利用预留的平台实体执行这些新任务。为应对第二类事件,C^2 组织可以事先为各任务分配足够多的平台实体,这样即使某些平台实体失效,任务完成质量也不会受到影响,原调度方案仍然可行有效。然而,这种基于冗余备份思想的应对措施要求组织拥有较为充足的平台实体,而这并不总能得到满足,因此,当第一类事件和第二类事件发生时,组织需要采取平台实体动态调度的方式进行应对。为应对第三类事件,在生成调度方案X^{T-P}时,可以事先考虑任务、平台参数的不确定性,在这种情况下,即使任务执行过程中任务、平台参数发生一定程度的变化,原调度方案仍可继续执行。当任务和平台参数的变化幅度超出预先估计时,可以把第三类事件转化为前两类事件来处理,例如任务 T_1 的参数发生剧烈变化后,可以将该任务重新记为 T_1',然后看作组织中的原任务 T_1 被取消,并且给组织临时增加了新任务 T_1';平台 P_1 的参数发生剧烈变化后,可以将该平台重新记为 P_1',然后看作组织中的原平台 P_1 失效,而 P_1'是组织中的一个预留平台。

综上所述,在生成平台实体调度方案X^{T-P}时,需要考虑任务、平台参数的不确定性以提高所生成调度方案的鲁棒性能;而在任务执行过程中,平台实体调度方案X^{T-P}需要动态演进以应对新任务出现、平台实体失效等非预期事件,从而保证组织任务的顺利执行。

5.2 平台实体调度方案生成

在生成 C^2 组织的平台实体调度方案时,需要对任务和平台参数的不确定性加以考虑,从而提高所生成调度方案的鲁棒性能。因此,将区间不确定优化思想[148-149]引入 C^2 组织平台实体调度方案的生成过程,建立含区间参数的不确定性调度方案生成模型,提出可直接求解模型的区间型 NSGA-Ⅱ(INSGA-Ⅱ)算法,并通过具体案例验证方法的可行性和有效性。

5.2.1 含区间参数的生成模型

C^2 组织需要又好又快地完成其组织任务,达成其组织目标,故定义平台实体调度方案X^{T-P}的目标函数为

$$\min\ \text{TM} \tag{5.4}$$

$$\max\ \text{QM} \tag{5.5}$$

考虑到有 $0\leqslant \text{QM}\leqslant 1$ 成立,因此,式(5.4)和式(5.5)可以改写为

$$\min f_{\text{sch}} = (\text{TM}, 1-\text{QM}) \tag{5.6}$$

在约束条件方面,对$\forall \text{T}_i \in S_\text{T}$,记其开始执行时刻为 st_i,结束执行时刻为 et_i,前导任务构成集合为 $S_\text{T}^{\text{T}_i} = \{\text{T}_{i'} \mid x_{i'i}^{\text{T-T}} = 1,\ i \neq i', 1\leqslant i, i' \leqslant N\}$,执行 T_i 平台实体构成的集合为 $S_\text{P}^{\text{T}_i} = \{\text{P}_j \mid x_{ij}^{\text{T-P}} = 1, 1\leqslant j \leqslant V\}$。在任务执行过程中,任务 T_i 必须同时满足以下三个条件才能开始被执行:①T_i 的所有前导任务都已完成;②分配执行 T_i 的所有平台实体都到达了 T_i 所在位置;③执行 T_i 所需的各项资源能力要求都得到了一定程度的满足。对$\forall \text{P}_j \in S_\text{P}^{\text{T}_i}$,若其在执行 T_i 之前没有执行其他任务,则其到达 T_i 所在位置时刻为 $\text{time}_{ji} =$

$\sqrt{(\mathrm{xp}_j-\mathrm{xt}_i)^2+(\mathrm{yp}_j-\mathrm{yt}_i)^2}/\mathrm{vp}_j$，若其在执行 T_i 之前执行的最后一个任务为 $\mathrm{T}_{i'}$，则其到达 T_i 所在位置时刻为 $\mathrm{time}_{ji}=\sqrt{(\mathrm{xt}_{i'}-\mathrm{xt}_i)^2+(\mathrm{yt}_{i'}-\mathrm{yt}_i)^2}/\mathrm{vp}_j+\mathrm{et}_{i'}$。由条件①和②知，$\mathrm{T}_i$ 的开始执行时刻满足 $\mathrm{st}_i \geqslant \max(\max_{\mathrm{T}_{i'}\in S_{\mathrm{T}}^{\mathrm{T}_i}}(\mathrm{et}_{i'}),\max_{\mathrm{P}_j\in S_{\mathrm{P}}^{\mathrm{T}_i}}(\mathrm{time}_{ji}))$；由条件③可知，$\mathrm{T}_i$ 的完成质量 $\mathrm{QT}_i>0$。

需要指出的是，一个平台实体在同一时刻只能执行一个任务，当其被分配执行多个任务时，需要考虑任务的执行顺序问题，如果任务的执行顺序选择不当，则有可能导致任务执行过程中"死锁"现象的发生。

例 5.1 如图 5.1 所示，若平台 P_1 和 P_2 均被分配执行任务 T_1 和 T_2，但平台 P_1 选择先执行 T_1 后执行 T_2；而平台 P_2 恰恰相反，选择先执行 T_2 后执行 T_1。由于一个任务开始被执行必须满足分配执行该任务的所有平台实体均到达该任务所在位置这一条件，因此，平台 P_1 将在 T_1 的位置处等待 P_2 到来，而 P_2 将在 T_2 的位置处等待 P_1 到来，于是产生了"死锁"现象，任务 T_1 和 T_2 均无法完成。

例 5.2 如图 5.2 所示，若 T_1 是 T_2 的先导任务，平台 P_2 被分配执行这两个任务且选择先执行 T_2 后执行 T_1。由于在执行任务 T_2 时需要其先导任务 T_1 被完成，故平台 P_2 将在 T_2 位置处等待，而任务 T_1 完成需要平台 P_2 参与执行，平台 P_2 若要移动到 T_1 处，根据其选择的任务执行顺序，就必须先执行完任务 T_2。因此，"死锁"现象发生，任务 T_1 和 T_2 均无法完成。

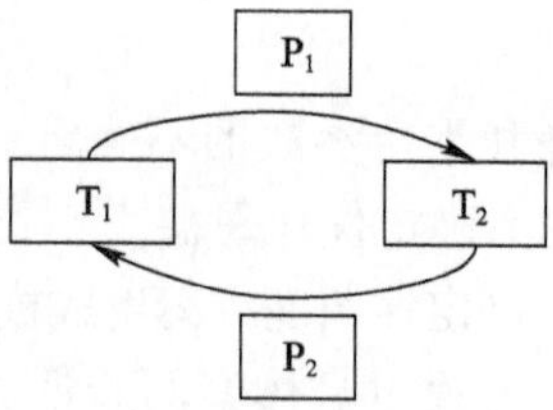

图 5.1 "死锁"现象示例 1

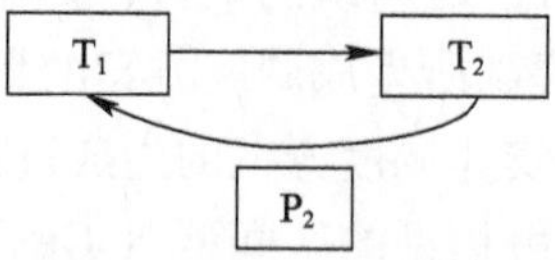

图 5.2 "死锁"现象示例 2

可以看出，"死锁"现象来源于各平台实体任务执行顺序之间的不一致性，以及平台实体任务执行顺序和任务时序关系之间的不一致性。为避免"死锁"现象发生，保证 C^2 组织顺利完成其各项组织任务，必须消除这些不一致性。解决方式是将任务时序关系 $\boldsymbol{X}^{\mathrm{T-T}}$ 作为输入，采用加权长度法确定各任务的优先级，即当一个平台被分配执行多个任务时，规定其必须按照各任务优先级大小来决定任务执行顺序。

综上所述，平台实体调度方案的生成模型为

$$
\begin{aligned}
&\min f_{\mathrm{sch}}=(\mathrm{TM},1-\mathrm{QM})\\
&\text{s. t.}\begin{cases}
x_{ij}^{\mathrm{T-P}}\in\{0,1\} & 1\leqslant i\leqslant N,1\leqslant j\leqslant V\\
\mathrm{st}_i\geqslant\max(\max\limits_{\mathrm{T}_{i'}\in S_{\mathrm{T}}^{\mathrm{T}_i}}(\mathrm{et}_{i'}),\max\limits_{\mathrm{P}_j\in S_{\mathrm{P}}^{\mathrm{T}_i}}(\mathrm{time}_{ji})) & 1\leqslant i'\leqslant N,i\neq i',1\leqslant j\leqslant V\\
QT_i>0 & 1\leqslant i\leqslant N
\end{cases}
\end{aligned}
\tag{5.7}
$$

平台实体调度方案的生成必须考虑任务和平台参数的不确定性，具体而言，包括任务持续时间 $\mathrm{tt}_i(1\leqslant i\leqslant N)$ 的不确定性、任务资源能力需求向量中各分量 $\mathrm{dt}_{il}(1\leqslant i\leqslant N,1\leqslant l\leqslant L)$ 的不确定性、平台移动速度 $\mathrm{vp}_j(1\leqslant j\leqslant V)$ 的不确定性和资源能力向量中各分量

$op_{jl}(1\leqslant j\leqslant V,1\leqslant l\leqslant L)$的不确定性。通常做法是将这些参数视为随机变量,通过预先估计其分布律来进行处理。然而在复杂多变的组织环境中,这些参数的分布律难以准确统计,相比而言,估计它们的范围却相对简单,故主要采用区间数来表征这些参数的不确定性。因此,式(5.7)中模型是一个含区间参数的不确定性多目标优化模型。求解此类模型主要有两类方法:一是将其转化为确定性模型进行求解,二是通过定义区间数序关系直接求解,这里采用第二种求解方式。

5.2.2 基于区间型 NSGA－Ⅱ的模型求解

NSGA－Ⅱ算法能较好地解决确定性多目标优化问题,其得到广泛使用。图 5.3 所示为 NSGA－Ⅱ算法基本框架。

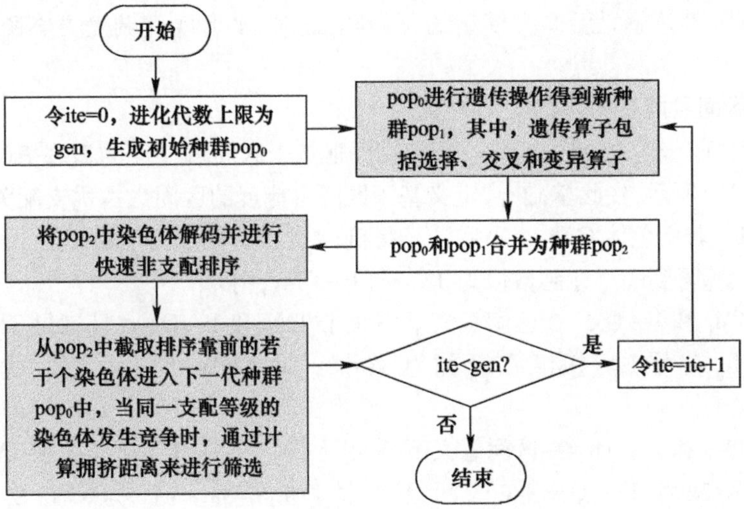

图 5.3 NSGA－Ⅱ算法基本框架

在此基础上,同样采用 INSGA－Ⅱ算法求解式(5.7)中的不确定性多目标优化模型,与 NSGA－Ⅱ相比,对图 5.3 中阴影部分进行了改进。INSGA－Ⅱ算法主要内容包括:提出满足模型约束的染色体解码方式,保证算法的可达空间与模型的可行域相对应;定义基于区间可能度的区间数占优支配关系,用于模型目标函数值的比较排序;采用区间距离公式计算解的拥挤距离,并通过循环拥挤距离排序淘汰多余解;设计启发式交叉算子引导种群进化,提高算法的收敛速度。

从上述 4 个方面描述模型的求解算法。

1. 染色体编、解码

染色体采用二进制编码方式,由 N 行 V 列的 0－1 矩阵 $\mathbf{CX}=(cx_{ij})_{N\times V}$表示,矩阵 **CX** 的每一行为染色体的一个基因。由于模型存在约束,若将平台实体调度方案$\boldsymbol{X}^{\mathrm{T-P}}$直接设置为 **CX**,其不一定是可行解,需要对染色体进行解码,具体步骤如下。

步骤 1 初始化 $i=0$。

步骤 2 令 $i=i+1$,若 $i<N+1$,则设置 $l=0$ 并执行步骤 3;否则,解码过程结束。

步骤 3 令 $l=l+1$,若 $l<L+1$,执行步骤 4;否则,设置 $j=0$,并执行步骤 5。

步骤 4　若 $\mathrm{dt}_{il}>0$，且对 $\forall j$，有 $\mathrm{cx}_{ij}=1$ 和 $\sum_{j=1}^{V}\mathrm{op}_{jl}<\mathrm{dt}_{il}$ 成立，说明令平台实体调度方案 $\boldsymbol{X}^{\mathrm{T-P}}=\mathbf{CX}$ 时，约束 $\mathrm{QT}_i>0$ 将不被满足。此时，需在组织平台集 S_{P} 中找出具有第 l 项资源能力且序号值最小的平台 $\mathrm{P}_{j'}$，并令 $\mathrm{cx}_{ij'}=1$，然后返回步骤 3；否则，直接返回步骤 3。

步骤 5　令 $j=j+1$，若 $j<V+1$，则执行步骤 6；否则，返回步骤 2。

步骤 6　若 $\mathrm{cx}_{ij}=1$，则执行步骤 7；否则，返回步骤 5。

步骤 7　令 $\boldsymbol{X}^{\mathrm{T-P}}=\mathbf{CX}$，并根据 $\boldsymbol{X}^{\mathrm{T-P}}$ 计算 $\mathrm{TEMP}_1=\mathrm{QT}_i$，然后令 $x_{ij}^{\mathrm{T-P}}=0$，再次根据 $\boldsymbol{X}^{\mathrm{T-P}}$ 计算 $\mathrm{TEMP}_2=\mathrm{QT}_i$，若 $\mathrm{TEMP}_1=\mathrm{TEMP}_2$，说明将任务 T_i 分配给平台 P_j 执行并不能提高 T_i 的完成质量，相反还可能会延后 T_i 的开始执行时刻，因此，令 $\mathrm{cx}_{ij}=0$ 并返回步骤 5；否则，直接返回步骤 5。

染色体 **CX** 经过解码后即为模型的可行解，此时，平台实体调度方案 $\boldsymbol{X}^{\mathrm{T-P}}$ 可以设置为 **CX**。

2. 基于区间可能度的占优支配关系

若有区间数 $U=[u^L,u^R]$ 和 $W=[w^L,w^R]$，则基于区间可能度的概率 $P(U\leqslant W)$ 计算方法如式(4.21)所示，在此基础上，定义基于区间可能度的区间数占优支配关系。

定义 5.1　若染色体 $\mathbf{CX}_1$ 解码后计算得到的目标函数值为 TM_1 和 $1-\mathrm{QM}_1$，染色体 $\mathbf{CX}_2$ 解码后计算得到的目标函数值为 TM_2 和 $1-\mathrm{QM}_2$，则

(1) 当 TM_1 和 $1-\mathrm{QM}_1$ 在区间意义下不大于 TM_2 和 $1-\mathrm{QM}_2$，且满足 TM_1 在区间意义下小于 TM_2 或者 $1-\mathrm{QM}_1$ 在区间意义小于 $1-\mathrm{QM}_2$ 时，称 $\mathbf{CX}_1$ 优于 $\mathbf{CX}_2$，记作 $\mathbf{CX}_1\succ\mathbf{CX}_2$；

(2) 当 TM_1 和 $1-\mathrm{QM}_1$ 在区间意义下不小于 TM_2 和 $1-\mathrm{QM}_2$，且满足 TM_1 在区间意义下大于 TM_2 或者 $1-\mathrm{QM}_1$ 在区间意义大于 $1-\mathrm{QM}_2$ 时，称 $\mathbf{CX}_1$ 劣于 $\mathbf{CX}_2$，记作 $\mathbf{CX}_1\prec\mathbf{CX}_2$；

(3) 当 $\mathbf{CX}_1$ 既不优于 $\mathbf{CX}_2$ 也不劣于 $\mathbf{CX}_2$ 时，称 $\mathbf{CX}_1$ 无差别于 $\mathbf{CX}_2$，记作 $\mathbf{CX}_1\sim\mathbf{CX}_2$。

定义 5.2　种群 S_{CX} 是由一定数量染色体构成的集合，若 $\mathbf{CX}_\kappa\in S_{\mathrm{CX}}$，当 $\kappa\neq\kappa'$ 时，有式(5.8)成立，则称 $\mathbf{CX}_\kappa$ 为种群 S_{CX} 中的 Pareto 解：

$$\nexists\,\mathbf{CX}_\kappa\in S_{\mathrm{CX}}:\mathbf{CX}_{\kappa'}\succ\mathbf{CX}_\kappa \tag{5.8}$$

3. 循环拥挤距离排序

由于种群规模有限，当处于某一支配等级的染色体无法全部进入下一代种群时，需要计算这些染色体的拥挤距离并淘汰一些密集的解。考虑到目标函数 TM 和 1 - QM 都是区间数，在计算染色体的拥挤距离时需用到区间距离计算公式，这里采用的区间距离计算公式为

$$d(U,W)=\sqrt{(u^L+u^R-w^L-w^R)^2/4+((u^R-u^L)^2+(w^R-w^L)^2)/12-|U\cap W|^2/6} \tag{5.9}$$

式中：$|U\cap W|$ 为区间 $U\cap W$ 的长度，当 $U\cap W=\varnothing$ 时，$|U\cap W|=0$。由于目标函数 TM 和 1 - QM 的量纲不同，故在计算拥挤距离前需对其进行归一化处理。

与 NSGA - Ⅱ算法一次性计算染色体的拥挤距离不同，这里采用循环拥挤距离排序

来选择进入下一代种群的染色体,即首先计算各备选染色体的拥挤距离,然后将最稀疏(拥挤距离最大)的染色体选入下一代种群中,并将其从备选染色体中删除,重复进行上述步骤直至下一代种群的规模达到上限。采用循环拥挤距离排序虽然在一定程度提高了算法的时间复杂度,但是能更好地保证种群中染色体的多样性,避免算法过早收敛陷入局部最优。

4. 遗传算子

种群进化时采用的遗传算子主要有选择算子、变异算子和交叉算子,选择算子用于从上一代种群中挑选染色体执行交叉和变异操作,选择算子采用二进制锦标赛选择策略。变异算子通过基因突变来产生新染色体,主要采用均匀变异策略。交叉算子通过重组一对染色体的基因来产生新染色体,交叉算子分为随机交叉算子和启发式交叉算子两种,这里采用均匀交叉策略。

步骤1 选定参与交叉的染色体 $\mathbf{CX}_1$ 和 $\mathbf{CX}_2$,初始化新染色体 $\mathbf{CX}_3$,其中,矩阵 $\mathbf{CX}_3$ 的所有元素均为1,设置 $i=1$。

步骤2 若 $i<N+1$,则执行步骤3;否则,结束并将 $\mathbf{CX}_3$ 作为新染色体输出。

步骤3 将 $\mathbf{CX}_3$ 的第 i 个基因分别用 $\mathbf{CX}_1$ 和 $\mathbf{CX}_2$ 的第 i 个基因替代,形成的新染色体分别记为 $\mathbf{CX}_3^1$ 和 $\mathbf{CX}_3^2$。若 $\mathbf{CX}_3^1 \succ \mathbf{CX}_3^2$,则令 $\mathbf{CX}_3=\mathbf{CX}_3^1$;若 $\mathbf{CX}_3^1 \prec \mathbf{CX}_3^2$,则令 $\mathbf{CX}_3=\mathbf{CX}_3^2$;若 $\mathbf{CX}_3^1 \sim \mathbf{CX}_3^2$,则从 $\mathbf{CX}_3^1$ 和 $\mathbf{CX}_3^2$ 中随机选择一个更新 $\mathbf{CX}_3$。令 $i=i+1$,返回步骤2。

随机交叉算子本质上是在解空间中进行随机搜索,容易导致算法的收敛速度过慢,而引入启发式交叉算子可以不断得到一些较好的解,从而引导搜索在更优化的方向上进行,进而提高算法的收敛速度。组合使用这两种交叉算子的方式如下:设置启发式算子触发率 ε $(0\leqslant\varepsilon\leqslant1)$,当需要使用交叉算子时,产生区间[0,1]内的随机数 rand,若 rand$\leqslant\varepsilon$,则采用启发式交叉算子,否则,采用随机交叉算子。

区间型非支配排序算法的具体步骤如下。

步骤1 设置进化代数上限 gen,种群规模 pop,交叉概率 P_c,变异概率 P_m,启发式算子触发率 ε。设置 ite=0,初始化初代种群pop_0。

步骤2 种群pop_0 采用遗传算子进化,得到的新种群记为pop_1。

步骤3 将pop_0 和pop_1 合并为pop_2,采用非支配排序和循环拥挤距离排序从pop_2 中选出染色体进入下一代种群中,为方便,仍记为pop_0。

步骤4 令 ite = ite + 1。

步骤5 若 ite < gen,则执行步骤2;否则执行步骤6。

步骤6 将种群pop_0 中的所有 Pareto 解输出,算法结束。

由于算法可将每一代种群中的"精英"保留到下一代种群中,且模型可行域中任意两个解经过交叉和变异均可达,因此,算法具有全局收敛性。

5.2.3 具体案例分析

对 C^2 组织的平台实体调度进行仿真实验,组织中的平台数量 $V=20$,需要执行的任务数量 $N=18$。图5.4所示为任务间的时序关系;表5.1所列为任务属性;表5.2所列为平台属性。

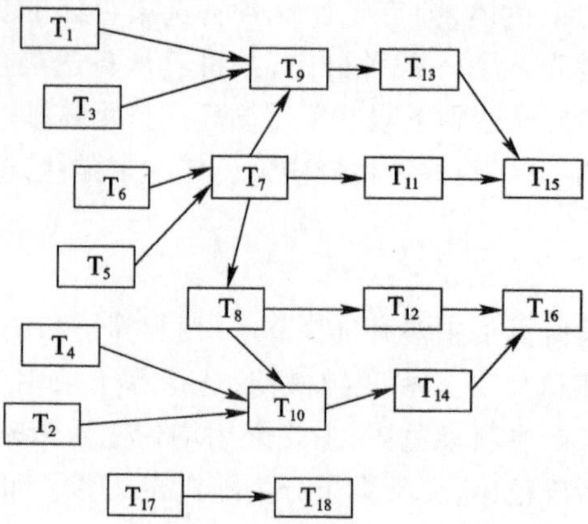

图 5.4 任务时序关系图

表 5.1 任务属性表

任务编号	资源能力需求向量								持续时间	位置	
	dt_{i1}	dt_{i2}	dt_{i3}	dt_{i4}	dt_{i5}	dt_{i6}	dt_{i7}	dt_{i8}	tt_i	xt_i	yt_i
T_1	[5,6]	[3,3.6]	[10,12]	0	0	[8,9.6]	0	[6,7.2]	[30,36]	70	15
T_2	[5,6]	[3,3.6]	[10,12]	0	0	[8,9.6]	0	[6,7.2]	[30,36]	64	75
T_3	0	[3,3.6]	0	0	0	0	0	0	[10,12]	15	40
T_4	0	[3,3.6]	0	0	0	0	0	0	[10,12]	30	95
T_5	0	[3,3.6]	0	0	0	0	[10,12]	0	[10,12]	28	73
T_6	0	0	0	[10,12]	[14,16.8]	[12,14.4]	0	0	[10,12]	24	60
T_7	0	0	0	[10,12]	[14,16.8]	[12,14.4]	0	0	[10,12]	28	73
T_8	0	0	0	[10,12]	[14,16.8]	[12,14.4]	0	0	[10,12]	28	83
T_9	[5,6]	0	0	0	0	[5,6]	0	0	[10,12]	28	73
T_{10}	[5,6]	0	0	0	0	[5,6]	0	0	[10,12]	28	83
T_{11}	0	0	0	0	0	[10,12]	[5,6]	0	[10,12]	25	45
T_{12}	0	0	0	0	0	[10,12]	[5,6]	0	[10,12]	5	95
T_{13}	0	0	0	0	0	[8,9.6]	0	[6,7.2]	[20,24]	25	45
T_{14}	0	0	0	0	0	[8,9.6]	0	[6,7.2]	[20,24]	5	95
T_{15}	0	0	0	[20,24]	[10,12]	[4,4.8]	0	0	[15,18]	25	45
T_{16}	0	0	0	[20,24]	[10,12]	[4,4.8]	0	0	[15,18]	5	95
T_{17}	0	0	0	0	0	[8,9.6]	0	[4,4.8]	[10,12]	5	60
T_{18}	0	0	0	[8,9.6]	[6,7.2]	0	[4,4.8]	[10,12]	[20,24]	5	60

表 5.2 平台属性表

平台编号	资源能力向量								速度	初始位置	
	op_{j1}	op_{j2}	op_{j3}	op_{j4}	op_{j5}	op_{j6}	op_{j7}	op_{j8}	vp_j	xp_j	yp_j
P_1	[8,10]	[8,10]	[0.8,1]	0	[7.2,9]	[4,5]	0	0	[1.6,2]	85	40
P_2	[0.8,1]	[3.2,4]	[8,10]	0	[3.2,4]	[2.4,3]	0	0	[1.6,2]	85	40

续表

平台编号	资源能力向量								速度	初始位置	
	op_{j1}	op_{j2}	op_{j3}	op_{j4}	op_{j5}	op_{j6}	op_{j7}	op_{j8}	vp_j	xp_j	yp_j
P_3	[8,10]	[8,10]	[0.8,1]	0	[7.2,9]	[1.6,2]	0	0	[1.6,2]	85	40
P_4	0	0	0	[1.6,2]	0	0	[4,5]	0	[3.2,4]	85	40
P_5	[0.8,1]	0	0	[8,10]	[1.6,2]	[1.6,2]	[0.8,1]	0	[1.08,1.35]	85	40
P_6	[4,5]	0	0	0	0	0	0	0	[3.2,4]	85	40
P_7	[2.4,3]	[3.2,4]	0	0	[4.8,6]	[8,10]	[0.8,1]	0	[3.2,4]	85	40
P_8	[0.8,1]	[2.4,3]	0	0	[8,10]	[6.4,8]	[0.8,1]	0	[3.2,4]	85	40
P_9	[0.8,1]	[2.4,3]	0	0	[8,10]	[6.4,8]	[0.8,1]	0	[3.2,4]	85	40
P_{10}	[0.8,1]	[2.4,3]	0	0	[8,10]	[6.4,8]	[0.8,1]	0	[3.2,4]	85	40
P_{11}	[4.8,6]	[0.8,1]	0	0	[0.8,1]	[0.8,1]	0	0	[3.6,4.5]	85	40
P_{12}	[4.8,6]	[0.8,1]	0	0	[0.8,1]	[0.8,1]	0	0	[3.6,4.5]	85	40
P_{13}	[4.8,6]	[0.8,1]	0	0	[0.8,1]	[0.8,1]	0	0	[3.6,4.5]	85	40
P_{14}	0	0	0	0	0	0	[8,10]	0	[1.6,2]	85	40
P_{15}	0	0	0	0	0	0	0	[4.8,6]	[4,5]	85	40
P_{16}	0	0	0	0	0	0	0	[4.8,6]	[5.6,7]	85	40
P_{17}	0	0	0	[4.8,6]	[4.8,6]	0	[0.8,1]	[8,10]	[2,2.5]	85	40
P_{18}	[0.8,1]	0	0	[8,10]	[1.6,2]	[1.6,2]	[0.8,1]	0	[1.08,1.35]	85	40
P_{19}	[0.8,1]	0	0	[8,10]	[1.6,2]	[1.6,2]	[0.8,1]	0	[1.08,1.35]	85	40
P_{20}	[0.8,1]	0	0	[8,10]	[1.6,2]	[1.6,2]	[0.8,1]	0	[1.08,1.35]	85	40

仿真实验1 为了验证算法的可行性,利用其求解算例进行说明。设置算法进化代数上限 gen = 200,种群规模 pop = 100,交叉概率 $P_c = 0.5$,变异概率 $P_m = 0.05$,启发式算子触发率 $\varepsilon = 0.05$。图5.5所示为 Pareto 最优解。其中,每个矩形代表一个 Pareto 最优解。

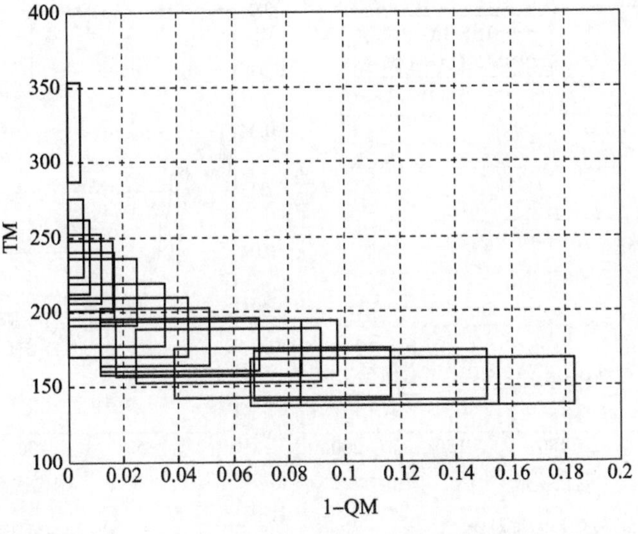

图5.5 Pareto 最优解

由图 5.5 可知，算法得到了一组分布相对均匀的 Pareto 解，即算法是可行的，能够求解这类含区间参数的不确定性多目标优化模型。表 5.3 所列为典型解对应的平台实体调度方案。

表 5.3　典型的平台实体调度方案

任务	执行任务的平台	任务	执行任务的平台
T_1	P_2,P_7,P_{15}	T_{11}	P_8,P_9,P_{14}
T_2	P_2,P_7,P_{11},P_{16}	T_{12}	P_8,P_9,P_{14}
T_3	P_3	T_{13}	P_8,P_{13},P_{15}
T_4	P_1	T_{14}	P_1,P_{17}
T_5	P_3,P_4,P_{14}	T_{15}	P_5,P_{10},P_{18},P_{19}
T_6	P_9,P_{10},P_{17}	T_{16}	P_5,P_{10},P_{18},P_{19}
T_7	P_5,P_9,P_{17},P_{18}	T_{17}	P_2,P_7,P_{16}
T_8	P_8,P_{10},P_{19},P_{20}	T_{18}	$P_4,P_{13},P_{15},P_{17},P_{20}$
T_9	P_8,P_{12},P_{13}	TM = [153.11,188.39]	
T_{10}	P_3,P_9	QM = [0.91,0.98]	

仿真实验 2　为验证算法的优越性，将传统 NSGA－Ⅱ算法进行区间扩展，并与 INSGA－Ⅱ算法进行比较。衡量多目标进化算法性能的指标主要包括收敛性指标、均匀性指标和覆盖性指标，其中，收敛性指标、均匀性指标越小越好，覆盖性指标越大越好。为消除不同优化目标量纲的影响，需将目标函数值进行归一化处理后再计算算法性能评价指标。分别运行 30 次 INSGA－Ⅱ算法和 NSGA－Ⅱ算法，取平均值作为最终结果。为了保证比较的公平性，NSGA－Ⅱ算法的参数设置与 INSGA－Ⅱ算法保持一致。图 5.6 所示为算法对比结果。

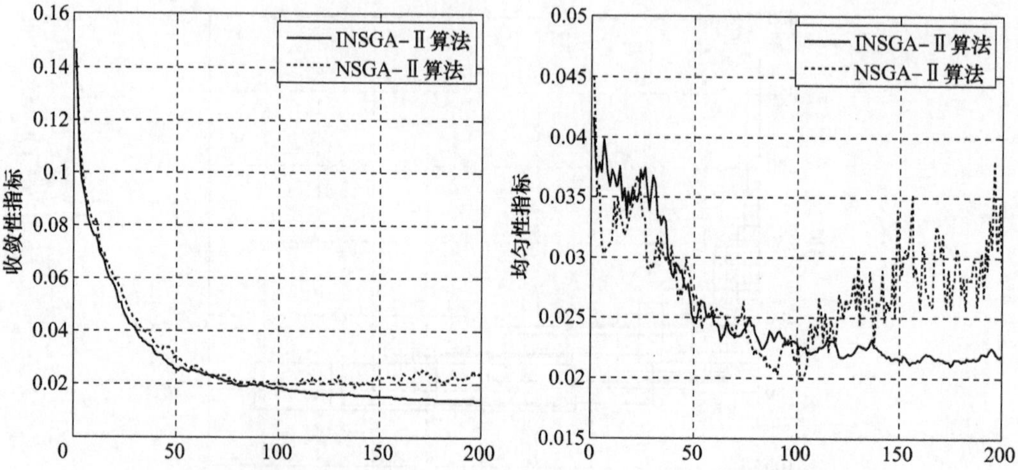

(a) 收敛性指标对比　　(b) 均匀性指标对比

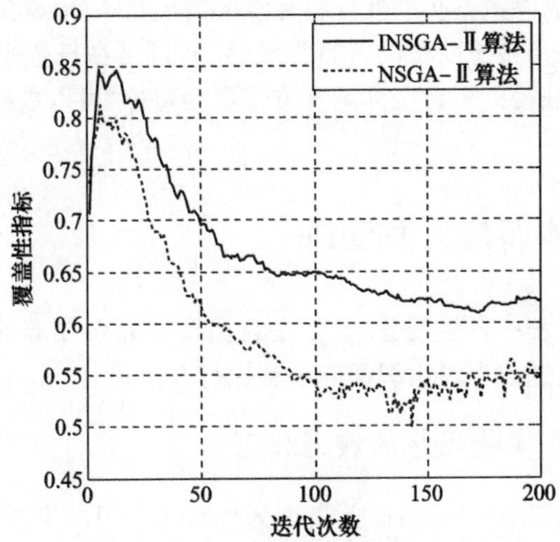

(c) 覆盖性指标对比

图 5.6　算法对比结果

对比 INSGA - Ⅱ算法和 NSGA - Ⅱ算法可知,前者得到的 Pareto 解集在收敛性、均匀性和覆盖性方面均优于后者。当进化结束时,相对于 NSGA - Ⅱ算法,INSGA - Ⅱ算法的收敛性指标、均匀性指标和覆盖性指标分别优 41.05%、21.36% 和 11.72%。在图 5.6(a)中,NSGA - Ⅱ算法进化到 100 代之后出现“早熟”,而 INSGA - Ⅱ算法仍然能继续朝全局最优的方向进化。在图 5.6(b)和 5.6(c)中,INSGA - Ⅱ算法对应曲线相对 NSGA - Ⅱ算法对应曲线更平滑,说明 INSGA - Ⅱ算法稳定性更优。

仿真实验 3　为验证不确定性条件下 INSGA - Ⅱ算法获得解的鲁棒性能,对平台和任务参数进行扰动,观察目标函数偏离其最佳值的大小,并与确定性条件下获得的解进行对比。由于算法获得的是包含多个解的 Pareto 解集,故在比较时取解集中所有解的均值。图 5.7 所示为不同条件下解的鲁棒性能比较。

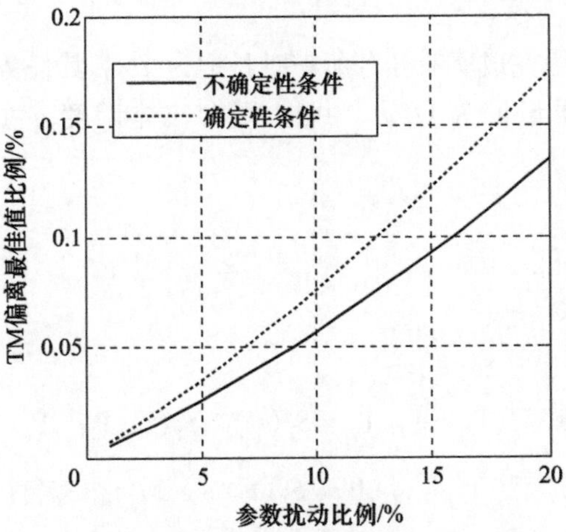

(a) 任务完成时长方面的比较

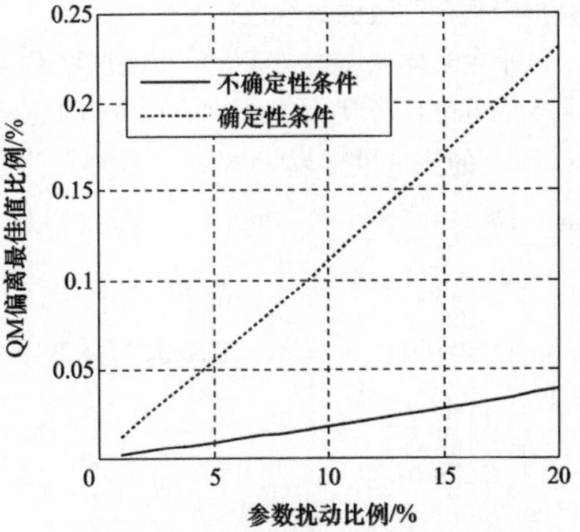

(b) 任务平均完成质量方面的比较

图 5.7　不同条件下解的鲁棒性能比较

从图 5.7 可以看到,参数的扰动变化将导致解的质量下降,确定性条件下获得的解对参数的扰动比不确定性条件下获得的解更为敏感,特别是在任务平均完成质量方面。由此可知,根据构建模型获得的平台实体调度方案更为鲁棒,可以更好地应对不确定性组织环境。

5.3 平台实体调度方案演进

当组织任务执行过程中发生任务新增、平台损毁等非预期事件时,C^2 组织的平台实体调度方案需要动态演进以保障组织任务顺利执行。

5.3.1 基于最小变更思想的演进模型

若在时刻 t,C^2 组织需要完成的任务集记为 $S_T(t)=\{T_{\delta_1},T_{\delta_2},\cdots,T_{\delta_{N(t)}}\}$,其中,$N(t)$ 为$S_T(t)$中元素数量。组织拥有的平台集记为 $S_P(t)=\{P_{\zeta_1},P_{\zeta_2},\cdots,P_{\zeta_{V(t)}}\}$,其中,$V(t)$ 为 $S_P(t)$ 中元素数量。平台实体调度方案记为 $\boldsymbol{X}(t)^{T-P}=(x(t)_{ij}^{T-P})_{N(t)\times V(t)}$,其中,若 P_{ζ_j} 被分配执行 T_{δ_i},则 $x(t)_{ij}^{T-P}=1$,否则,$x(t)_{ij}^{T-P}=0$。

若在时刻 t',C^2 组织遭遇了任务新增、平台损毁等非预期事件,组织的任务集变化为 $S_T(t')=\{T_{\delta'_1},T_{\delta'_2},\cdots,T_{\delta'_{N(t')}}\}$,其中,$N(t')$ 为 $S_T(t')$ 中元素数量,平台集变化为 $S_P(t')=\{P_{\zeta'_1},P_{\zeta'_2},\cdots,P_{\zeta'_{V(t')}}\}$,其中,$V(t')$ 为 $S_P(t')$ 中元素数量。此时组织的平台实体调度方案 $\boldsymbol{X}(t)^{T-P}$需要动态演进,演进后的调度方案记为 $\boldsymbol{X}(t')^{T-P}=(x(t')_{ij}^{T-P})_{N(t')\times V(t')}$,其中,若 $P_{\zeta'_j}$被分配执行 $T_{\delta'_i}$,则 $x(t')_{ij}^{T-P}=1$,否则,$x(t')_{ij}^{T-P}=0$。

为了保持组织的稳定性,调度方案 $\boldsymbol{X}(t)^{T-P}$演进时通常遵循最小变更原则,即只为以下两类任务重新分配平台:一类是新增加的任务,这类任务构成的集合为 $S_T^{new}=S_T(t')-S_T(t')\cap S_T(t)$;另一类是因平台损毁而导致完成质量将受影响的任务,这类任务构成的集合为 $S_T^{impact}=\{T_{\delta_i}\mid P_{\zeta_j}\in S_P^{break},x(t)_{ij}^{T-P}=1\}\cap S_T(t')$,其中,$S_P^{break}=S_P(t)-S_P(t)\cap S_P(t')$ 是损毁平台构成的集合。

平台实体调度方案 $\boldsymbol{X}(t)^{T-P}$演进后,C^2 组织完成所有任务所需时长记为 TM′,其任务集 $S_T(t')$ 中任务 $T_{\delta'_i}(1\leqslant i\leqslant N(t'))$ 的完成质量记为 $QT_{\delta'_i}$。由此,平台实体调度方案 $\boldsymbol{X}(t)^{T-P}$的演进模型为

$$
\begin{aligned}
&\min\ TM' \\
&\text{s.t.}\begin{cases}
x(t')_{ij}^{T-P}\in\{0,1\} & T_{\delta'_i}\in S_T(t'),P_{\zeta'_j}\in S_P(t') \\
QT_{\delta'_i}\geqslant QT_{\delta'_i}^{thr} & T_{\delta'_i}\in S_T^{new}\cup S_T^{impact} \\
x(t')_{ij}^{T-P}=x(t)_{i'j'}^{T-P} & T_{\delta'_i}\in S_T(t')-S_T^{new}-S_T^{impact},T_{\delta'_i}=T_{\delta_{i'}},P_{\zeta'_j}\in S_P(t')\cap S_P(t),P_{\zeta'_j}=P_{\zeta_{j'}} \\
x(t')_{ij}^{T-P}=0 & T_{\delta'_i}\in S_T(t')-S_T^{new}-S_T^{impact},T_{\delta'_i}=T_{\delta_{i'}},P_{\zeta'_j}\in S_P(t')-S_P(t')\cap S_P(t)
\end{cases}
\end{aligned}
\tag{5.10}
$$

式中:$x(t')_{ij}^{T-P}$是模型中的决策变量。第二个约束表示新任务和受影响任务的完成质量

不能低于一定水平，第三个和第四个约束表示未受影响任务执行计划不变。

需要说明的是，由于任务持续时间、任务资源能力需求向量中各分量的大小、平台移动速度和平台能力向量中各分量的大小都是区间数，故该模型也是一个含区间参数的不确定性优化模型。根据定义 5.1，模型中最小化任务执行周期 TM′应理解为在区间意义下最小化 TM′，约束 $QT_{\delta_i'} \geqslant QT_{\delta_i'}^{thr}$ 应理解为 $QT_{\delta_i'}^{thr}$ 在区间意义下不大于 $QT_{\delta_i'}$。为了避免"死锁"现象发生，保证演进后的平台实体调度方案可行有效，同样采用加权长度法确定各任务的优先级，当平台需执行多个任务时，将按照任务优先级大小依次执行各个任务。

5.3.2 基于混合贪心的模型求解

式(5.10)中的模型实质为一组合优化问题，采用智能搜索算法如遗传算法和模拟退火算法均可求解，但是这类算法的时间效率并不稳定。换而言之，其在有限的求解时间内并不一定能得到较好的解。考虑到平台实体动态调度是一个实时性要求较强的问题，因此，主要采用贪心算法进行求解。

1. 基本概念

首先，描述任务执行模式、最小执行模式、冗余平台和资源最小解的概念。

定义 5.3 分配执行任务 T_i 的平台实体构成的集合记为 $S_P^{T_i}$，任务 T_i 的完成质量记为 QT_i，当任务 T_i 的最低完成质量规定为 QT_i^{thr} 时，若有 $QT_i \geqslant QT_i^{thr}$，则称 $S_P^{T_i}$ 为 T_i 的一种执行模式；若去掉集合 $S_P^{T_i}$ 中的任一平台都将导致 $QT_i < QT_i^{thr}$，则称 $S_P^{T_i}$ 为 T_i 的一种最小执行模式；若去掉集合 $S_P^{T_i}$ 中的某一平台后仍有 $QT_i \geqslant QT_i^{thr}$，则称该平台为该模式下的一个冗余平台。

定义 5.4 若平台实体调度方案 $\boldsymbol{X}_1^{T-P}$ 是模型的一个解，由该解可知执行任务 T_i($T_i \in S_T(t')$) 的平台实体构成的集合 $S_P^{T_i}$，若对 $\forall T_i \in S_T^{new} \cup S_T^{impact}$，$S_P^{T_i}$ 是 T_i 的最小执行模式，则称调度方案 $\boldsymbol{X}_1^{T-P}$ 是模型的一个资源最小解。

命题 5.1 若平台实体调度方案 $\boldsymbol{X}_1^{T-P}$ 是模型的一个解，但不是资源最小解，则模型存在不劣于 $\boldsymbol{X}_1^{T-P}$ 的资源最小解。

证明 由 $\boldsymbol{X}_1^{T-P}$ 可知集合 $S_T^{new} \cup S_T^{impact}$ 中哪些任务的执行模式不是最小执行模式，通过采用删除冗余平台的方式可以将这些任务的执行模式变为最小执行模式，此时矩阵 $\boldsymbol{X}_1^{T-P}$ 变为矩阵 $\boldsymbol{X}_2^{T-P}$，根据定义，$\boldsymbol{X}_2^{T-P}$ 是模型的一个资源最小解。当 C^2 组织采用方案 $\boldsymbol{X}_1^{T-P}$ 执行各个任务时，对 $\forall T_i \in S_T(t')$，其开始时间记为 $st_i[\![\boldsymbol{X}_1^{T-P}]\!]$，分配执行 T_i 的平台集合记为 $S_P^{T_i}[\![\boldsymbol{X}_1^{T-P}]\!]$。当 C^2 组织采用方案 $\boldsymbol{X}_2^{T-P}$ 执行各个任务时，对 $\forall T_i \in S_T(t')$，其开始时间记为 $st_i[\![\boldsymbol{X}_2^{T-P}]\!]$，分配执行 T_i 的平台集合记为 $S_P^{T_i}[\![\boldsymbol{X}_2^{T-P}]\!]$。由于解 $\boldsymbol{X}_2^{T-P}$ 是在解 $\boldsymbol{X}_1^{T-P}$ 的基础上通过删除冗余平台得到，故对 $\forall T_i \in S_T(t')$，有 $S_P^{T_i}[\![\boldsymbol{X}_2^{T-P}]\!] \subseteq S_P^{T_i}[\![\boldsymbol{X}_1^{T-P}]\!]$。平台执行任务时需移动到任务所在位置，由于 $S_P^{T_i}[\![\boldsymbol{X}_2^{T-P}]\!] \subseteq S_P^{T_i}[\![\boldsymbol{X}_1^{T-P}]\!]$，故 $st_i[\![\boldsymbol{X}_2^{T-P}]\!] \leqslant st_i[\![\boldsymbol{X}_1^{T-P}]\!]$。根据 T_i 的任意性，C^2 组织采用方案 $\boldsymbol{X}_2^{T-P}$ 时的任务执行周期不会高于采用方案 $\boldsymbol{X}_1^{T-P}$ 时的任务执行周期，即解 $\boldsymbol{X}_2^{T-P}$ 不劣于解 $\boldsymbol{X}_1^{T-P}$。综上所述，模型存在不劣于 $\boldsymbol{X}_1^{T-P}$ 的资源最小解 $\boldsymbol{X}_2^{T-P}$。

命题 5.2 至少存在一个资源最小解是模型的最优解。

证明 由于模型是组合优化问题，故其存在最优解。若方案 $\boldsymbol{X}_1^{T-P}$ 是模型的最优解，但不是资源最小解，则由命题 5.1 知，模型存在不劣于$\boldsymbol{X}_1^{\mathrm{T-P}}$的资源最小解$\boldsymbol{X}_2^{\mathrm{T-P}}$。由于$\boldsymbol{X}_1^{\mathrm{T-P}}$是最优解，故$\boldsymbol{X}_1^{\mathrm{T-P}}$也不劣于$\boldsymbol{X}_2^{\mathrm{T-P}}$，因此，$\boldsymbol{X}_2^{\mathrm{T-P}}$是和$\boldsymbol{X}_1^{\mathrm{T-P}}$等价的最优解。综上所述，至少存在一个资源最小解是模型的最优解。

2. 贪心策略

C^2组织遭遇任务新增、平台失效等非预期事件后其平台集为$S_{\mathrm{P}}(t')$，任务集为$S_{\mathrm{T}}(t')$，新增加的任务构成的集合为$S_{\mathrm{T}}^{\mathrm{new}}$，因平台失效而完成质量将受影响的任务构成集合为$S_{\mathrm{T}}^{\mathrm{impact}}$，记$S_{\mathrm{T}}^{\mathrm{new}} \cup S_{\mathrm{T}}^{\mathrm{impact}} = \{\mathrm{T}_{\omega_1}, \mathrm{T}_{\omega_2}, \cdots, \mathrm{T}_{\omega_C}\}$，其中，$C$为$S_{\mathrm{T}}^{\mathrm{new}} \cup S_{\mathrm{T}}^{\mathrm{impact}}$中元素数量。对$\forall \mathrm{T}_{\omega_i} \in S_{\mathrm{T}}^{\mathrm{new}} \cup S_{\mathrm{T}}^{\mathrm{impact}}$，执行$\mathrm{T}_{\omega_i}$的平台实体构成的集合记为$S_{\mathrm{P}}^{\omega_i}$。

首先，构造式(5.10)中所描述模型的一个初始解，具体方式如下：对于每个需要重新调度平台实体的任务（即$S_{\mathrm{T}}^{\mathrm{new}} \cup S_{\mathrm{T}}^{\mathrm{impact}}$中的任务），分配组织当前拥有的所有平台实体执行这些任务，其他任务的执行模式保持不变。从所构造的初始解出发，通过贪心策略搜索优质的解，采用的贪心策略有三种，分别是基本贪心策略（Basic Greedy Strategy, BGS）、双重贪心策略（Dual Greedy Strategy, DGS）和一致贪心策略（Consistent Greedy Strategy, CGS）。

(1) BGS 策略

BGS 策略的主要思想为：以初始解为起点，然后每一步选择一个需要重新调度平台实体的任务并删除该任务对应执行模式中的一个冗余平台，重复上述步骤直至得到一个资源最小解。在每一步选择任务并删除冗余平台时，总是使得到的解最优。采用 BGS 策略的贪心算法流程如下。

步骤 1　构造模型的初始解$\boldsymbol{X}_1^{\mathrm{T-P}}$，即对$\forall \mathrm{T}_{\omega_i} \in S_{\mathrm{T}}^{\mathrm{new}} \cup S_{\mathrm{T}}^{\mathrm{impact}}$，令$S_{\mathrm{P}}^{\omega_i} = S_{\mathrm{P}}(t')$；对$\forall \mathrm{T}_{\delta'_i} \in S_{\mathrm{T}}(t') - S_{\mathrm{T}}^{\mathrm{new}} \cup S_{\mathrm{T}}^{\mathrm{impact}}$，其执行模式与原来一致。令当前解$\boldsymbol{X}_{\mathrm{cur}}^{\mathrm{T-P}} = \boldsymbol{X}_1^{\mathrm{T-P}}$。

步骤 2　从$S_{\mathrm{P}}^{\omega_1}$、$S_{\mathrm{P}}^{\omega_2}$、…、$S_{\mathrm{P}}^{\omega_C}$中选择一个集合$S_{\mathrm{P}}^{\omega_i}$，然后再从$S_{\mathrm{P}}^{\omega_i}$中删除一个冗余平台，这样可以得到模型的一个新解。判断选择哪个集合，删除哪个冗余平台时，新解对应的模型优化目标 TM′最小，将该新解记为$\boldsymbol{X}_2^{\mathrm{T-P}}$。

步骤 3　令$\boldsymbol{X}_{\mathrm{cur}}^{\mathrm{T-P}} = \boldsymbol{X}_2^{\mathrm{T-P}}$，根据$\boldsymbol{X}_{\mathrm{cur}}^{\mathrm{T-P}}$更新集合$S_{\mathrm{P}}^{\omega_1}$、$S_{\mathrm{P}}^{\omega_2}$、…、$S_{\mathrm{P}}^{\omega_C}$。判断$\boldsymbol{X}_{\mathrm{cur}}^{\mathrm{T-P}}$是否是资源最小解，若是，将$\boldsymbol{X}_{\mathrm{cur}}^{\mathrm{T-P}}$作为最优解输出，否则返回执行步骤 2。

(2) DGS 策略

DGS 策略的主要思想为：以初始解为起点，然后每一步选择一个需要重新调度平台实体的任务并逐个删除该任务对应执行模式中的冗余平台直至该模式成为最小执行模式，重复上述步骤直至得到一个资源最小解。在每一步选择任务并删除所有冗余平台时，总是使得到的解最优。采用 DGS 策略的贪心算法流程如下。

步骤 1　构造模型的初始解$\boldsymbol{X}_1^{\mathrm{T-P}}$，即对$\forall \mathrm{T}_{\omega_i} \in S_{\mathrm{T}}^{\mathrm{new}} \cup S_{\mathrm{T}}^{\mathrm{impact}}$，令$S_{\mathrm{P}}^{\omega_i} = S_{\mathrm{P}}(t')$；对$\forall \mathrm{T}_{\delta'_i} \in S_{\mathrm{T}}(t') - S_{\mathrm{T}}^{\mathrm{new}} \cup S_{\mathrm{T}}^{\mathrm{impact}}$，其执行模式与原来一致。令当前解$\boldsymbol{X}_{\mathrm{cur}}^{\mathrm{T-P}} = \boldsymbol{X}_1^{\mathrm{T-P}}$，构造集合的集合$S_S = \{S_{\mathrm{P}}^{\omega_1}, S_{\mathrm{P}}^{\omega_2}, \cdots, S_{\mathrm{P}}^{\omega_C}\}$。

步骤 2　对集合S_S中的每个元素$S_{\mathrm{P}}^{\omega_i}$，执行以下步骤。

步骤 2.1　令$\boldsymbol{X}_{\mathrm{cur}}^{\mathrm{T-P}}[\![\omega_i]\!] = \boldsymbol{X}_{\mathrm{cur}}^{\mathrm{T-P}}$，根据$\boldsymbol{X}_{\mathrm{cur}}^{\mathrm{T-P}}[\![\omega_i]\!]$更新集合$\{S_{\mathrm{P}}^{\omega_1}, S_{\mathrm{P}}^{\omega_2}, \cdots, S_{\mathrm{P}}^{\omega_C}\}$。

步骤 2.2　从$S_{\mathrm{P}}^{\omega_i}$中删除一个冗余平台后可以得到新解。判断从$S_{\mathrm{P}}^{\omega_i}$中删除哪个冗余平台时，新解对应的模型优化目标 TM′最小，将该新解记为$\boldsymbol{X}_2^{\mathrm{T-P}}[\![\omega_i]\!]$。

步骤 2.3 令$\boldsymbol{X}_{\text{cur}}^{\text{T-P}}[\![\omega_i]\!] = \boldsymbol{X}_2^{\text{T-P}}[\![\omega_i]\!]$，根据$\boldsymbol{X}_{\text{cur}}^{\text{T-P}}[\![\omega_i]\!]$更新 $S_{\text{P}}^{\omega_i}$。判断 $S_{\text{P}}^{\omega_i}$ 是否为 T_i 的最小执行模式，若是，保存$\boldsymbol{X}_{\text{cur}}^{\text{T-P}}[\![\omega_i]\!]$并结束子步骤，否则，返回执行步骤 2.2。

步骤 3 判断集合$\{\boldsymbol{X}_{\text{cur}}^{\text{T-P}}[\![\omega_i]\!] \mid S_{\text{P}}^{\omega_i} \in S_S\}$中哪个解最优，若解$\boldsymbol{X}_{\text{cur}}^{\text{T-P}}[\![\omega_i]\!]$最优，则令$\boldsymbol{X}_{\text{cur}}^{\text{T-P}} = \boldsymbol{X}_{\text{cur}}^{\text{T-P}}[\![\omega_i]\!]$，更新集合 $S_S = S_S - \{S_{\text{P}}^{\omega_i}\}$。判断 S_S 是否为空，若是，将$\boldsymbol{X}_{\text{cur}}^{\text{T-P}}$作为最优解输出，否则返回执行步骤 2。

(3) CGS 策略

CGS 策略的主要思想为：首先，根据任务优先级将需要重新调度平台实体的任务排序；然后，按任务优先级逐个执行这些任务，在执行每个任务时，逐个删除该任务对应执行模式中的冗余平台直至该模式为最小执行模式。在逐个删除冗余平台时，总是使得到的解最优。采用 CGS 策略的贪心算法流程如下。

步骤 1 构造模型的初始解$\boldsymbol{X}_1^{\text{T-P}}$，即对 $\forall \text{T}_{\omega_i} \in S_{\text{T}}^{\text{new}} \cup S_{\text{T}}^{\text{impact}}$，令 $S_{\text{P}}^{\omega_i} = S_{\text{P}}(t')$；对 $\forall \text{T}_{\delta'_i} \in S_{\text{T}}(t') - S_{\text{T}}^{\text{new}} \cup S_{\text{T}}^{\text{impact}}$，其执行模式与原执行模式保持一致。将 $S_{\text{T}}^{\text{new}} \cup S_{\text{T}}^{\text{impact}} = \{\text{T}_{\omega_1}, \text{T}_{\omega_2}, \cdots, \text{T}_{\omega_C}\}$中的任务按优先级大小降序排列，排列后的任务顺序记为 $\text{T}_{\boldsymbol{\varpi}_1}$、$\text{T}_{\boldsymbol{\varpi}_2}$、…、$\text{T}_{\boldsymbol{\varpi}_C}$。令当前解$\boldsymbol{X}_{\text{cur}}^{\text{T-P}} = \boldsymbol{X}_1^{\text{T-P}}$，计数器 count = 1。

步骤 2 若任务 $\text{T}_{\boldsymbol{\varpi}_{i'}}$ 与集合 $S_{\text{T}}^{\text{new}} \cup S_{\text{T}}^{\text{impact}}$ 中的任务 T_{ω_i}是同一任务，则从 $S_{\text{P}}^{\omega_i}$ 中删除一个冗余平台后可以得到新解。判断从 $S_{\text{P}}^{\omega_i}$ 中删除哪个冗余平台时，新解对应的模型优化目标 TM′最小，将该新解记为$\boldsymbol{X}_2^{\text{T-P}}$。

步骤 3 令$\boldsymbol{X}_{\text{cur}}^{\text{T-P}} = \boldsymbol{X}_2^{\text{T-P}}$，根据$\boldsymbol{X}_{\text{cur}}^{\text{T-P}}$更新集合 $S_{\text{P}}^{\omega_i}$。判断 $S_{\text{P}}^{\omega_i}$ 是否为 T_{ω_i}的最小执行模式，若是，执行步骤 4，否则返回执行步骤 2。

步骤 4 更新 count = count + 1，判断 count > C 是否成立，若是，将$\boldsymbol{X}_{\text{cur}}^{\text{T-P}}$作为最优解输出，否则返回执行步骤 2。其中，$C$ 为集合 $S_{\text{T}}^{\text{new}} \cup S_{\text{T}}^{\text{impact}}$ 中元素数量。

3. 混合贪心算法

无论采取哪种贪心策略，贪心算法最终输出都是资源最小解。根据命题 5.2，存在资源最小解为模型最优解，因此，这些贪心策略都是合理的。考虑到不同贪心策略利用信息的不一致性，面对不同情形，不同贪心策略将各有优劣。为求解更佳结果，采用混合贪心算法（Integrated Greedy Algorithm，IGA）求解模型，即分别采用这三种贪心策略各求得一个资源最小解，并从中选择最优解作为求解结果。

根据不同贪心策略的具体流程，可得基于 BGS 的贪心算法时间复杂度为 $O(C^2E^2/2)$，基于 DGS 的贪心算法时间复杂度为 $O(C^2E^2/4)$，基于 CGS 的贪心算法时间复杂度为 $O(CE^2/2)$。其中，E 为集合 $S_{\text{P}}(t')$中元素的数量。由此可知，贪心算法采用 CGS 的时间复杂度最低，采用 BGS 的时间复杂度与采用 DGS 的时间复杂度线性相关，混合贪心算法的时间复杂度为 $O(C^2E^2/2 + C^2E^2/4 + CE^2/2) = O(3C^2E^2/4)$。

5.3.3 具体案例分析

对 C^2 组织的平台实体动态调度进行仿真实验，若在某时刻 t，进行平台实体调度方案演进。

图 5.8 所示为任务的时序关系；表 5.4 所列为具体任务信息；表 5.5 所列为组织拥有的平台实体；表 5.6 所列为组织的平台实体调度方案。

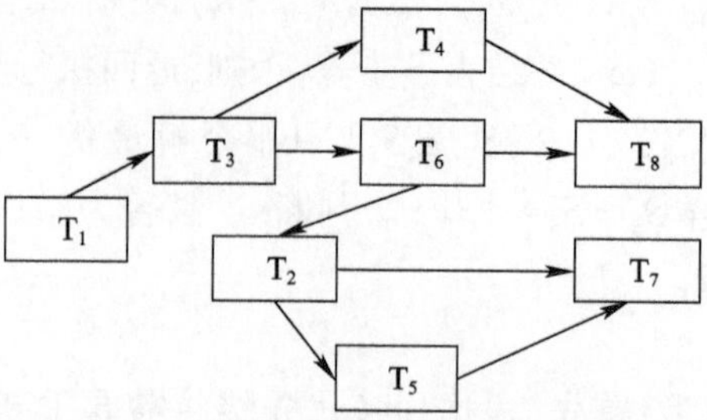

图 5.8 t 时刻的任务时序关系图

表 5.4 任务信息表

任务编号	能力需求向量								持续时间	任务位置	
	dt_{i1}	dt_{i2}	dt_{i3}	dt_{i4}	dt_{i5}	dt_{i6}	dt_{i7}	dt_{i8}	tt_i	xt_i	yt_i
T_1	0	[6,8]	[1,2]	[7,9]	[15,16]	[12,14]	0	0	[7,9]	22	55
T_2	0	0	0	[9,10]	[11,13]	[8,10]	[1,3]	0	[7,9]	23	82
T_3	0	[1,2]	[1,2]	[9,11]	[14,15]	[11,13]	0	0	[8,10]	28	92
T_4	0	[4,6]	0	0	0	[3,5]	0	[2,3]	[6,7]	29	83
T_5	[1,2]	[5,6]	0	[2,3]	[1,2]	[9,11]	[2,3]	0	[8,10]	27	39
T_6	0	[1,2]	0	0	[1,2]	[9,11]	[2,3]	0	[6,7]	9	89
T_7	0	0	0	[14,16]	[10,11]	[3,4]	[2,3]	0	[8,9]	26	42
T_8	[2,3]	[1,2]	0	[14,16]	[7,8]	[2,4]	0	0	[12,14]	9	92

表 5.5 平台实体信息表

平台编号	能力向量								移动速度	初始位置	
	op_{i1}	op_{i2}	op_{i3}	op_{i4}	op_{i5}	op_{i6}	op_{i7}	op_{i8}	vp_i	xp_i	yp_i
P_1	0	[9,11]	[1,2]	0	[8,10]	[4,5]	0	0	[2,3]	24	56
P_2	[2,3]	[3,4]	[3,4]	0	[3,4]	[3,4]	0	[3,5]	[2,4]	19	46
P_3	0	[9,11]	[2,3]	0	[8,9]	[4,6]	0	[2,3]	[2,3]	20	50
P_4	0	0	[2,3]	[8,10]	0	0	[4,5]	[2,3]	[3,5]	18	52
P_5	[1,2]	0	0	[9,11]	0	[2,3]	[2,3]	0	[1,2]	23	52
P_6	[3,4]	[3,4]	0	0	[5,6]	[9,11]	[2,3]	0	[3,4]	28	56
P_7	[1,2]	[2,3]	0	0	[9,10]	[7,8]	[2,4]	0	[2,4]	23	54
P_8	[2,3]	[2,4]	0	[9,10]	[9,11]	[7,9]	0	0	[3,4]	25	57
P_9	0	[3,4]	0	0	[8,10]	[7,8]	[3,4]	[1,2]	[3,4]	16	49
P_{10}	0	0	[3,4]	[9,11]	0	[2,4]	0	[2,3]	[1,3]	19	57
P_{11}	[1,2]	0	[2,3]	[8,11]	0	[2,3]	[1,2]	0	[1,2]	19	56
P_{12}	[2,3]	0	0	[9,11]	[5,6]	0	[1,2]	[2,3]	[1,2]	18	53

表 5.6 平台实体调度方案

平台编号	执行的任务	平台编号	执行的任务
P_1	T_1,T_2,T_3	P_2	T_4
P_3	T_4	P_4	T_5
P_5	T_7,T_8	P_6	T_5,T_6
P_7	T_1,T_2,T_3	P_8	T_5,T_6
P_9	T_7,T_8	P_{10}	T_1,T_3
P_{11}	T_2,T_3	P_{12}	T_7,T_8

若在 t 时刻，C^2 组织遭遇任务新增、平台失效等非预期事件，假定组织新增的任务数量和失效的平台数量为区间[1,3]内的随机整数。对于新增加的任务，其资源能力需求向量中不为 0 的分量数量为[3,5]内的随机整数，大小为区间[1,5]内的随机区间；新增任务的持续时间为[5,10]内的随机区间，横坐标和纵坐标位置分别是区间[0,30]和区间[40,100]内的随机数，新增任务可能出现在图 5.8 所示的任务时序关系中的任意位置。

仿真实验 1 在时刻 t，C^2 组织进行平台实体动态调度，分别采用基于 BGS 的贪心算法、基于 DGS 的贪心算法和基于 CGS 的贪心算法求解模型，设置各任务的完成质量不低于 0.8，随机进行 10 组实验。图 5.9 所示为不同贪心策略比较。

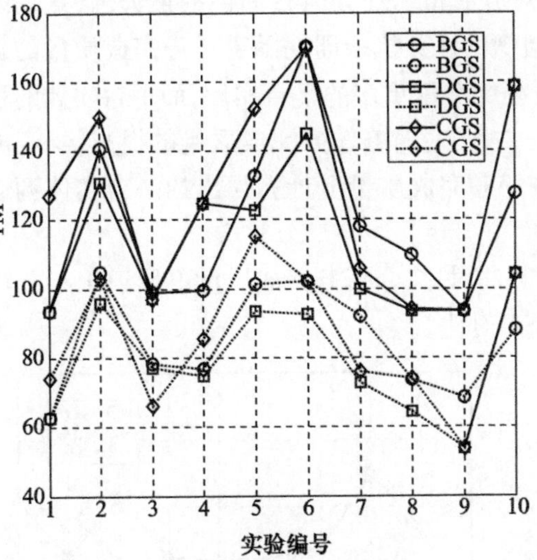

(a) 任务执行周期对比

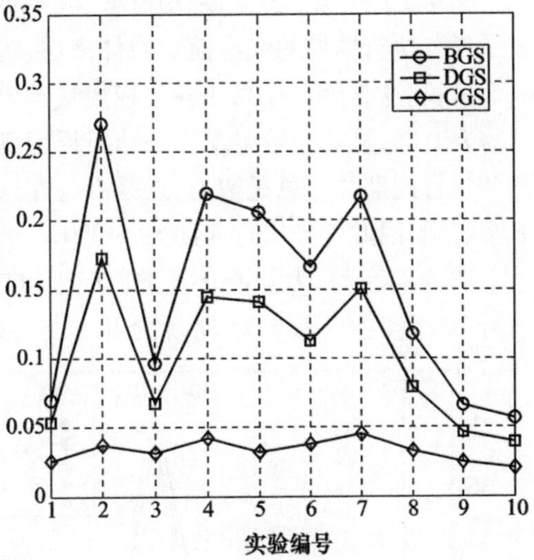

(b) 算法耗时对比

图 5.9 不同贪心策略比较

在图 5.9(a)中，实线表示基于不同贪心策略的算法得到的解对应的组织任务执行周期的最大值，虚线表示任务执行周期的最小值。从图 5.9(a)中可以看到，第 3 组实验采用 CGS 得到的解最佳，第 5 组实验采用 DGS 得到的解最佳，第 10 组实验采用 BGS 得到的解最佳，这说明面对不同情形，不同贪心策略各有优劣。从图 5.9(b)中可以看到，算法采用 CGS 的耗时最低，采用 BGS 的耗时与采用 DGS 策略的耗时二者之间具有明显的线性关系。这些实验结果与 5.3.2 节中的理论分析一致。

仿真实验 2 在时刻 tC^2 组织进行平台实体动态调度时，采用 IGA 求解模型，各任务完成质量的最低值设置在区间[0.5,1]内,随机进行3组实验。图5.10所示为IGA求解结果。

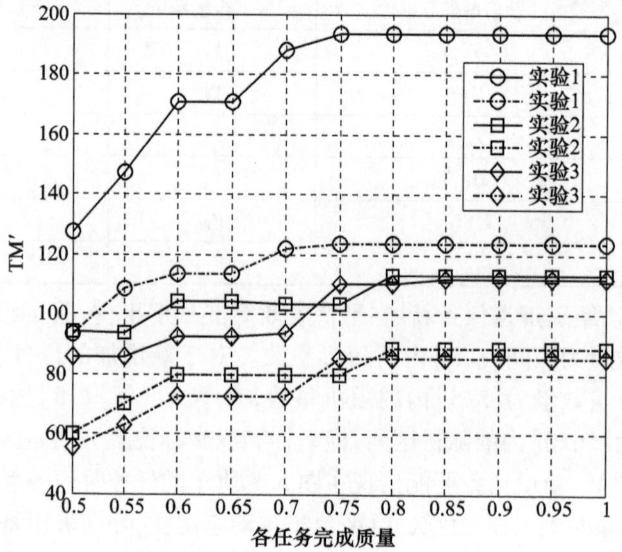

图5.10 采用IGA求解结果

图5.10中,实线表示采用IGA得到的解对应的组织任务执行周期的最大值,点划线表示任务执行周期的最小值。总体来看,C^2组织的任务执行周期随着任务完成质量的提高而延长,这是因为提高任务完成质量需要为任务分配更多的平台实体,而平台实体的移动需要时间,从而导致组织任务执行周期延长。此外,随着任务完成质量的提高,组织的任务执行周期并不总是增加,这是因为在这些任务完成质量上计算得出的平台实体调度方案相同,因此任务执行周期并不变化。

仿真实验3 为验证IGA的优越性,进行算法对比,令任务完成质量不低于0.8,随机进行10组实验。图5.11所示为IGA与GA、SA对比。

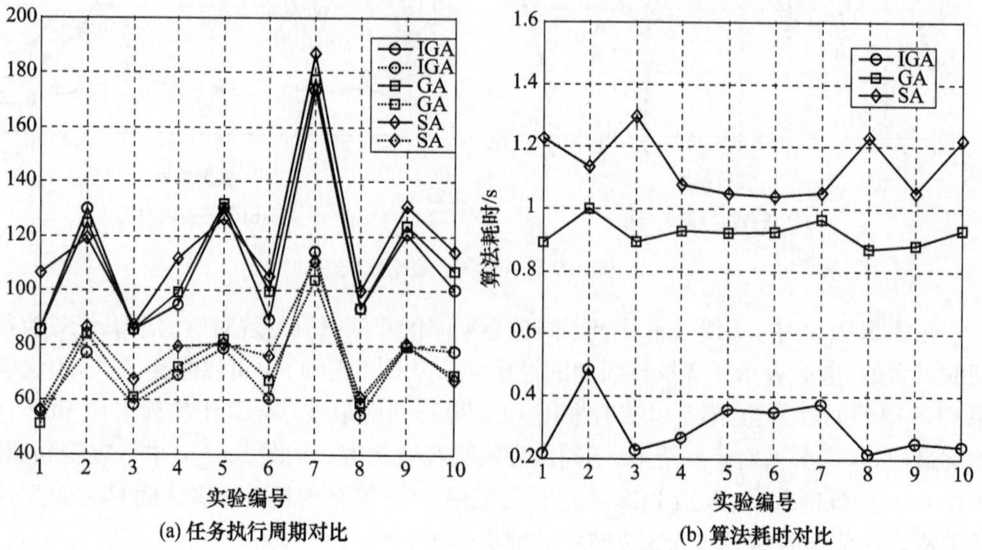

图5.11 IGA与GA、SA对比

在图 5.11(a)中,实线表示采用不同算法求得的解对应的组织任务执行周期的最大值,虚线表示任务执行周期的最小值。由图 5.11 可知,IGA 在更短的耗时内能得到接近甚至不劣于 GA、SA 的解。虽然在足够的求解时间下,GA、SA 算法最终能收敛于全局最优解,但面对平台实体调度方案演进这类实时性要求较高的问题时,IGA 更为实用和优越。

第6章　C^2 组织的决策实体配置方法

C^2 组织决策实体配置方案描述了战术决策实体和平台实体之间的控制与被控制关系，是直接反映组织内部 C^2 任务分工的关系。决策实体配置的本质是根据平台－决策能力需求和决策实体－决策能力供给，在优化特定目标函数和遵循特定约束条件（主要是决策能力约束条件）基础上，通过决策能力实现决策实体到平台的链接。

决策实体配置和 C^2 权限分配分别对应于 C^2 层次结构和权限结构，共同构成了 C^2 组织中 C^2 关系的总体。战术决策实体是组织中平台实体的直接控制者和组织任务的监督执行者，合理的决策实体配置方案，能够保证战术决策实体工作负载适宜、均衡，进而能够以高效 C^2 活动确保组织正常运行。

组织权变理论认为[150]，不存在普遍适用的组织结构，只有在具体组织环境和状态下，适合于具体条件的最佳组织。因此，决策实体配置方案需要根据组织环境和状态的变化动态演进，从而维持战术决策实体 C^2 效能。

6.1　决策实体配置分析

6.1.1　相关研究情况分析

在早期的 C^2 组织研究工作中，Levchuk 等将决策单元配置方案的生成分为平台实体聚类和组织层次结构确立两个阶段，在平台实体聚类阶段考虑不同平台实体的归属以及决策单元间协作关系的形成，在组织层次结构确立阶段完成决策单元间上下级 C^2 关系的构建。与前述方法类似，阳东升等[151-152]将组织决策实体配置方案的构造分为组织协作网建立和组织决策树生成两个阶段，在这两个阶段中完成的工作分别是决策实体间协作关系的设计和层次关系的设计。文献[153]和文献[154]分析了层次聚类方法在解决组织协作网建立问题时存在的不足，并对该方法中的聚类合并规则进行了改进，取得了良好的效果。文献[155]基于群智能算法，提出优于 Gomory－Hu 算法[156]的组织决策树生成方法；文献[157]则从并链成树的视角给出了一种设计决策实体层次关系的新方法。为应对组织任务执行过程中的环境变化，组织决策实体配置方案需要适应性地调整演进以维持组织的整体对抗优势。在相关研究中，Levchuk 等人[58]通过预测组织环境可能的改变事先构造出若干可行方案，然后根据各方案与组织环境的一致性测度以及演进代价来决定组织结构的变迁路径。参考文献[158]探讨了动态环境参数的设计问题，在此基础上以最小化组织的重构代价与性能代价为目标建立了结构演进的优化模型。参考文献[159]基于分层演进思想，研究了组织决策层结构的演进问题并通过模拟退火算法进行了求解；参考文献[160]和参考文献[161]则尝试采用 Petri 网分析组织决策结构的适应性演进过程。

信息化条件下的 C^2 组织环境错综复杂、战机稍纵即逝，由于传统的多层级式 C^2 结构存在反应速度慢、可扩展性差等缺点，其越来越难以适应现代敏捷化的组织运行需求，而以高效、灵活为特点的扁平化组织模式受到广泛青睐[162]。然而，目前在决策实体配置方面取得的大部分成果仍是以传统的多层级式 C^2 结构为研究对象，并不适应当前扁平边缘 C^2 结构的发展趋势，且这些研究还存在问题考虑不够全面、决策实体状态信息认知不够完整、动态配置方法时效性较差等不足，亟待针对这些问题加以改进研究。

6.1.2 配置方案性能测度

决策实体配置方案 $\boldsymbol{X}^{\mathrm{TDM-P}}=(x_{kj}^{\mathrm{TDM-P}})_{D\times V}$ 描述了战术决策实体对平台实体的 C^2 关系，生成该方案的关键在于如何科学合理地确定组织中战术决策实体的数量以及各战术决策实体所属的平台实体。C^2 组织的战术决策实体在组织任务执行进程中需要相互配合，战术决策实体数量过多会使组织内的沟通交流频繁，给各战术决策实体带来较大的负载，而数量过少将使得各战术决策实体分担的工作多，同样会带来较大负载。当战术决策实体的数量一定时，需要将平台实体进行分组，每组平台实体交由一个战术决策实体控制，较优的分组方式可以避免战术决策实体间不必要的协调，从而在一定程度上降低战术决策实体的工作负载。因此，C^2 组织中战术决策实体负载水平的高低是衡量配置方案 $\boldsymbol{X}^{\mathrm{TDM-P}}$ 是否高效的一个重要指标，组织中战术决策实体平均负载水平越低，配置方案 $\boldsymbol{X}^{\mathrm{TDM-P}}$ 越佳；且考虑到组织中各战术决策实体的负载水平越均衡，组织表现出的整体效能越佳。

战术决策实体的负载通常分为局部负载和全局负载两类，局部负载又称为任务负载，是战术决策实体在执行其组织任务的过程中控制平台实体，同时与其他战术决策实体进行局部协作而承担的工作负载。对 $\forall\,\mathrm{TDM}_k\in S_{\mathrm{TDM}}$，其需执行任务构成的集合为 $S_{\mathrm{T}}^{\mathrm{TDM}_k}=\{\mathrm{T}_i\,|\,x_{ki}^{\mathrm{TDM-T}}=1,1\leqslant i\leqslant N\}$。当 TDM_k 执行任务 $\mathrm{T}_i\in S_{\mathrm{T}}^{\mathrm{TDM}_k}$ 时，其控制的平台构成集合为 $S_{\mathrm{P}}^{\mathrm{TDM}_k}[\![\mathrm{T}_i]\!]=\{\mathrm{P}_j\,|\,x_{kj}^{\mathrm{TDM-P}}=1,x_{ij}^{\mathrm{T-P}}=1,1\leqslant j\leqslant V\}$。因此，在对任务 T_i 的执行上，与 TDM_k 进行局部协作的战术决策实体构成的集合为 $S_{\mathrm{TDM}}^{\mathrm{TDM}_k}[\![\mathrm{T}_i]\!]=\{\mathrm{TDM}_{k'}\,|\,x_{k'i}^{\mathrm{TDM-T}}=1,k\neq k',1\leqslant k\leqslant D\}$，故定义 TDM_k 执行任务 T_i 时的负载为

$$\mathrm{WL}_{\mathrm{TDM}_k}^{\mathrm{T}_i}=w_{\mathrm{C}^2}\cdot\left|S_{\mathrm{P}}^{\mathrm{TDM}_k}[\![\mathrm{T}_i]\!]\right|+w_{\mathrm{LC}}\cdot\left|S_{\mathrm{TDM}}^{\mathrm{TDM}_k}[\![\mathrm{T}_i]\!]\right| \tag{6.1}$$

式中：w_{C^2} 是 C^2 负载系数；w_{LC} 是局部协作负载系数；$|S_{\mathrm{P}}^{\mathrm{TDM}_k}[\![\mathrm{T}_i]\!]|$ 是集合 $S_{\mathrm{P}}^{\mathrm{TDM}_k}[\![\mathrm{T}_i]\!]$ 中元素数量，$|S_{\mathrm{TDM}}^{\mathrm{TDM}_k}[\![\mathrm{T}_i]\!]|$ 是集合 $S_{\mathrm{TDM}}^{\mathrm{TDM}_k}[\![\mathrm{T}_i]\!]$ 中元素数量。由此可知，战术决策实体 TDM_k 总的任务负载为

$$\mathrm{WL}_{\mathrm{TDM}_k}^{\mathrm{T}}=\sum_{\mathrm{T}_i\in S_{\mathrm{T}}^{\mathrm{TDM}_k}}\mathrm{WL}_{\mathrm{TDM}_k}^{\mathrm{T}_i} \tag{6.2}$$

战术决策实体的全局负载是战术决策实体在进行全局性质的协作时承担的工作负载，如共享信息、协商处理非预期事件等。对 $\forall\,\mathrm{TDM}_k\in S_{\mathrm{TDM}}$，其全局负载定义为

$$\mathrm{WL}_{\mathrm{TDM}_k}^{\mathrm{M}}=w_{\mathrm{GC}}\cdot(D-1) \tag{6.3}$$

式中：w_{GC} 是全局协作负载系数。

综上所述，对 $\forall\,\mathrm{TDM}_k\in S_{\mathrm{TDM}}$，其总负载为

$$\mathrm{WL}_{\mathrm{TDM}_k}=\mathrm{WL}_{\mathrm{TDM}_k}^{\mathrm{T}}+\mathrm{WL}_{\mathrm{TDM}_k}^{\mathrm{M}} \tag{6.4}$$

因此，集合 S_{TDM} 中战术决策实体的负载均值 $\mathrm{AVG}_{\mathrm{TDM}}$ 和负载方差 $\mathrm{VAR}_{\mathrm{TDM}}$ 分别为

$$\mathrm{AVG}_{\mathrm{TDM}} = \frac{1}{D}\sum_{k=1}^{D}\mathrm{WL}_{\mathrm{TDM}_k} \tag{6.5}$$

$$\mathrm{VAR}_{\mathrm{TDM}} = \frac{1}{D-1}\sum_{k=1}^{D}(\mathrm{WL}_{\mathrm{TDM}_k} - \mathrm{AVG}_{\mathrm{TDM}})^2 \tag{6.6}$$

由于 C^2 组织中战术决策实体的平均负载水平和负载均衡程度是衡量配置方案 $\boldsymbol{X}^{\mathrm{TDM-P}}$ 是否高效的重要指标，而测度 $\mathrm{AVG}_{\mathrm{TDM}}$ 反映了组织中战术决策实体的平均负载水平，测度 $\mathrm{VAR}_{\mathrm{TDM}}$ 反映了组织中战术决策实体负载的均衡程度。因此，本章主要采用 $\mathrm{AVG}_{\mathrm{TDM}}$ 和 $\mathrm{VAR}_{\mathrm{TDM}}$ 来衡量配置方案 $\boldsymbol{X}^{\mathrm{TDM-P}}$ 的性能，具体而言，$\mathrm{AVG}_{\mathrm{TDM}}$ 和 $\mathrm{VAR}_{\mathrm{TDM}}$ 的值越小，决策实体配置方案 $\boldsymbol{X}^{\mathrm{TDM-P}}$ 越高效。

6.1.3 具体不确定性分析

在充满不确定性的组织环境中，会对决策实体配置方案性能造成影响的事件主要有以下两类。

（1）任务计划变化。C^2 组织在实现其组织目标过程中，其任务计划可能因为任务增加、平台损毁等非预期事件而发生改变。由于组织的任务计划是确定决策实体配置方案的输入信息，故其变化将影响初始配置方案的性能。

（2）战术决策实体失效。在任务执行进程中组织的战术决策实体是敌方组织重点打击的目标，当有战术决策实体遭破坏而失效时，初始的决策实体配置方案将无法维持组织的继续运行。

为应对以上事件的发生，C^2 组织的决策实体配置方案需要动态演进，例如将失效战术决策实体所属的平台和任务交由组织中的其他战术决策实体接替指挥和完成，从而保证组织的完整性和任务执行的连续性。需要指出的是，当第一类事件发生也即任务计划的改变造成配置方案性能下降时，如果组织能够接受性能降低幅度，则其可以不调整演进配置方案以维持组织的稳定性；而当第二类事件发生即有战术决策实体失效时，组织必须调整演进其配置方案，因为失效的战术决策实体无法控制平台实体去执行任务。

6.2 决策实体配置方案生成

为生成高效的决策实体配置方案，首先，建立相应的优化模型；然后，设计模型的求解算法；最后，通过具体案例验证方法的有效性和优越性。

6.2.1 考虑工作负载均衡的生成模型

根据上述分析，C^2 组织中战术决策实体的负载均值 $\mathrm{AVG}_{\mathrm{TDM}}$ 和负载方差 $\mathrm{VAR}_{\mathrm{TDM}}$ 越低，配置方案 $\boldsymbol{X}^{\mathrm{TDM-P}} = (x_{kj}^{\mathrm{TDM-P}})_{D\times V}$ 的性能越好。因此，配置方案的生成目标是最小化组织中战术决策实体的负载均值 $\mathrm{AVG}_{\mathrm{TDM}}$ 和负载方差 $\mathrm{VAR}_{\mathrm{TDM}}$，即

$$\min f_{\mathrm{dep}} = (\mathrm{AVG}_{\mathrm{TDM}}, \mathrm{VAR}_{\mathrm{TDM}}) \tag{6.7}$$

配置方案 $\boldsymbol{X}^{\mathrm{TDM-P}}$ 的生成还必须满足三个约束条件，具体如下。

(1) 对于组织中战术决策实体的数量 D,其不能超过战役决策实体能够同时控制的战术决策实体数量上限 $D_{\max}$,即有 $2 \leqslant D \leqslant D_{\max}$。

(2) 组织中每个战术决策实体至少需要控制一个平台实体,即在方案 $\boldsymbol{X}^{\mathrm{TDM-P}}$ 中,有 $\sum_{j=1}^{V} x_{kj}^{\mathrm{TDM-P}} \geqslant 1 (1 \leqslant k \leqslant D)$。

(3) 组织中各平台实体只能同时受一个战术决策实体的控制,即在方案 $\boldsymbol{X}^{\mathrm{TDM-P}}$ 中,有 $\sum_{k=1}^{D} x_{kj}^{\mathrm{TDM-P}} = 1 (1 \leqslant j \leqslant V)$。

综上所述,决策实体配置方案的生成模型为

$$\min f_{\mathrm{dep}} = (\mathrm{AVG}_{\mathrm{TDM}}, \mathrm{VAR}_{\mathrm{TDM}})$$

$$\text{s. t.} \begin{cases} 2 \leqslant D \leqslant D_{\max} \\ \sum_{j=1}^{V} x_{kj}^{\mathrm{TDM-P}} \geqslant 1, & k = 1,2,\cdots,D \\ \sum_{k=1}^{D} x_{kj}^{\mathrm{TDM-P}} = 1, & j = 1,2,\cdots,V \end{cases} \tag{6.8}$$

6.2.2 基于多目标模糊离散粒子群的模型求解

粒子群算法在求解连续论域的优化问题上有着优异的表现,为使其在求解离散问题时仍能保持高效性,模糊离散粒子群算法被提出[163]。针对式(6.8)中的组合优化问题,提出一种多目标模糊离散粒子群优化(Multi-objective Fuzzy Discrete Particle Swarm Optimization,MFDPSO)算法进行求解。首先,给出 MFDPSO 算法中的关键操作;然后,描述 MFDPSO 算法具体流程。

1. 粒子编、解码

在 MFDPSO 算法中,每一个粒子由位置矩阵 $\mathbf{DX} = (\mathrm{dx}_{kj})_{D_{\max} \times V}$ 和速度矩阵 $\mathbf{DU} = (\mathrm{du}_{kj})_{D_{\max} \times V}$ 表示。其中,位置矩阵 $\mathbf{DX} = (\mathrm{dx}_{kj})_{D_{\max} \times V}$ 满足

$$\sum_{k=1}^{D_{\max}} \mathrm{dx}_{kj} = 1 \qquad j = 1,2,\cdots,V \tag{6.9}$$

$$\mathrm{dx}_{kj} \in [0,1] \tag{6.10}$$

速度矩阵 $\mathbf{DU} = (\mathrm{du}_{kj})_{D_{\max} \times V}$ 满足

$$\sum_{k=1}^{D_{\max}} \mathrm{du}_{kj} = 0 \qquad j = 1,2,\cdots,V \tag{6.11}$$

每一个粒子经过解码后,对应优化模型的一个解。粒子的解码步骤如下。

步骤 1 采用最大数法对其位置矩阵 $\mathbf{DX}$ 解模糊,解模糊后得到的矩阵记为 $\mathbf{DY} = (\mathrm{dy}_{kj})_{D_{\max} \times V}$,满足

$$\mathrm{dy}_{kj} = \begin{cases} 1, & \mathrm{dx}_{kj} = \max(\mathrm{dx}_{1j}, \mathrm{dx}_{2j}, \cdots, \mathrm{dx}_{D_{\max}j}) \\ 0, & \text{其他} \end{cases} \tag{6.12}$$

步骤 2　若矩阵 **DY** 某列的所有元素之和为 0，则将该列称为无效列。将矩阵 **DY** 中的所有无效列删除，形成矩阵 $\mathbf{DY}_1$。

步骤 3　若矩阵 $\mathbf{DY}_1$ 某行的所有元素之和大于 2，则将该行称为无效行。对于矩阵 $\mathbf{DY}_1$ 中的每个无效行，随机地选择该行中为 1 的一个元素，保持该元素的值不变并将该行中的其他所有元素值置 0。处理后形成的矩阵为 $\mathbf{DY}_2$。

步骤 4　若矩阵 $\mathbf{DY}_2$ 只有 1 列，则给 $\mathbf{DY}_2$ 添加一个所有元素都为 0 的新列，形成矩阵 $\mathbf{DY}_3$。然后随机选择 $\mathbf{DY}_3$ 的某一行，交换该行中两个元素的位置，形成矩阵 $\mathbf{DY}_4$。

步骤 5　优化模型的解为 $X^{\text{TDM-P}} = \mathbf{DY}_4$。

根据粒子解码后的解，可计算优化模型的目标函数 $f_{\text{dep}} = (\text{AVG}_{\text{TDM}}, \text{VAR}_{\text{TDM}})$，称 $f_{\text{dep}} = (\text{AVG}_{\text{TDM}}, \text{VAR}_{\text{TDM}})$ 为该粒子的适应度函数。粒子的位置变化时，其适应度函数也不断改变。若粒子在位置 $\mathbf{DX}_1$ 时的适应度函数为 f^1_{dep}，在位置 $\mathbf{DX}_2$ 时的适应度函数为 f^2_{dep}。当 f^1_{dep} 支配 f^2_{dep} 时，称位置 $\mathbf{DX}_1$ 优于 $\mathbf{DX}_2$；当 f^2_{dep} 支配 f^1_{dep} 时，称位置 $\mathbf{DX}_1$ 劣于 $\mathbf{DX}_2$；当 f^1_{dep} 与 f^2_{dep} 互不支配时，称 $\mathbf{DX}_1$ 既不优于也不劣于 $\mathbf{DX}_2$。

2. 档案维护

MFDPSO 算法为每个粒子维护一个个体档案，为整个粒子群维护一个群体档案。

粒子的个体档案保存该粒子在移动过程中较优的位置，粒子个体档案的容量为 1，即档案中最多只能保存一个位置。粒子个体档案的维护规则为：当向个体档案中添加某个新位置时，若该新位置优于个体档案中的位置，则用新位置替换个体档案中的位置；若新位置劣于个体档案中的位置，则不替换；若新位置既不优于也不劣于个体档案中的位置，则随机决定是否替换。

粒子群的群体档案保存整个粒子群在移动过程中较优的位置，群体档案的维护规则为：当向群体档案加入若干个新位置时，采用非支配排序方法更新群体档案中的位置。

3. 粒子更新

粒子移动时，按下式更新其速度矩阵和位置矩阵：

$$\begin{cases} \mathbf{DU}' = \nu \cdot \mathbf{DU} + c_1 \cdot \text{rand}_1 \cdot (\mathbf{DX}_{\text{L}} - \mathbf{DX}) + c_2 \cdot \text{rand}_2 \cdot (\mathbf{DX}_{\text{G}} - \mathbf{DX}) \\ \mathbf{DX}' = \mathbf{DX} + \mathbf{DU}' \end{cases} \tag{6.13}$$

式中：**DU** 和 **DX** 是更新前的速度矩阵和位置矩阵；$\mathbf{DU}'$ 和 $\mathbf{DX}'$ 是更新后的速度矩阵和位置矩阵；$\mathbf{DX}_{\text{L}}$ 是从该粒子个体档案中读出的位置；$\mathbf{DX}_{\text{G}}$ 是从粒子群群体档案中选出的位置，采用锦标赛机制选取；ν 是惯性系数，设置方式见文献[164]；c_1 和 c_2 是学习因子，通常设置为 $c_1 = c_2 = 2$；rand_1 和 rand_2 为区间[0,1]内的随机数。

式(6.13)中涉及实数与矩阵之间的乘法，以及矩阵之间的加减法，其运算规则如下。若有矩阵 $\mathbf{DX} = (\text{dx}_{kj})_{D_{\max} \times V}$、矩阵 $\mathbf{DX}' = (\text{dx}'_{kj})_{D_{\max} \times V}$ 和实数 λ，则

$$\mathbf{DX} \pm \mathbf{DX}' = (\text{dx}_{kj} \pm \text{dx}'_{kj})_{D_{\max} \times V} \tag{6.14}$$

$$\lambda \cdot \mathbf{DX} = (\lambda \cdot \text{dx}_{kj})_{D_{\max} \times V} \tag{6.15}$$

当粒子按式(6.13)更新其速度矩阵和位置矩阵时，若更新前速度矩阵 **DU** 满足式(6.11)中的约束，则更新后的速度矩阵 $\mathbf{DU}'$ 同样满足式(6.11)中的约束；若更新前位

置矩阵 **DX** 满足式(6.9)和式(6.10)中的约束,则更新后的位置矩阵 **DX′**满足式(6.9)中的约束,但不一定满足式(6.10)中的约束,此时需要对位置矩阵 **DX′**进行规范化操作以使其满足式(6.10)。具体步骤如下。

步骤 1　将 **DX′**中的所有小于 0 的元素置 0。

步骤 2　计算 **DX′**中每一行所有元素之和。

步骤 3　将 **DX′**中的每一个元素除以该元素所在行的所有元素之和。

4. 算法流程

图 6.1 所示为 MFDPSO 算法的具体流程。

粒子群初始化包括设置粒子群中粒子数量、初始化各粒子位置矩阵和速度矩阵、初始化粒子个体档案和粒子群群体档案、设置粒子群进化的代数上限,粒子群进化是按式(6.13)对粒子群中的每一个粒子进行更新。粒子群进化后,将各个粒子的当前位置加入它们各自的个体档案中,将所有粒子的位置加入粒子群的群体档案中,然后对个体档案和群体档案进行维护,结束条件一般采用粒子群进化的代数是否达到上限来判断。算法结束后,将群体档案中的 Pareto 最优解输出。

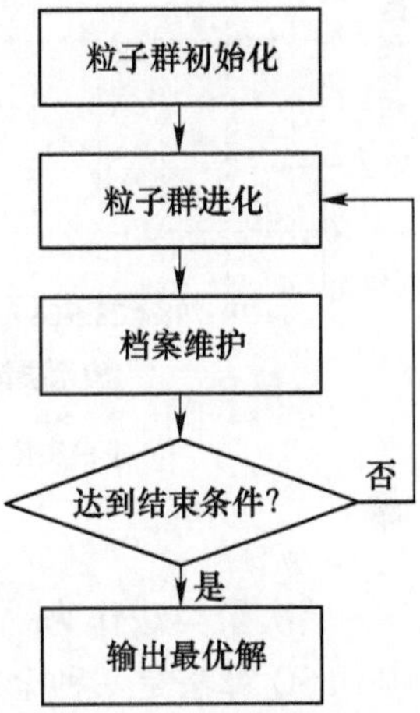

图 6.1　MFDPSO 算法流程

6.2.3　具体案例分析

对 C^2 组织的决策实体配置进行仿真实验,C^2 组织需要执行的任务数量 $N=18$,拥有的平台数量 $V=20$。表 6.1 所列为两种可行的平台实体调度方案,战役决策实体能控制的战术决策实体数量上限 $D_{max}=6$,负载系数 $w_{C^2}=1$、$w_{LC}=1$ 和 $w_{GC}=3$。

表 6.1　可行的平台实体调度方案

方案一				方案二			
任务	执行平台	任务	执行平台	任务	执行平台	任务	执行平台
T_1	P_2,P_6,P_7,P_{16}	T_2	P_1,P_2,P_{15},P_{19}	T_1	P_2,P_6,P_7	T_2	P_1,P_2,P_{15}
T_3	P_{11},P_{12},P_{13}	T_4	P_3	T_3	P_{11},P_{12},P_{13}	T_4	P_3
T_5	P_8,P_{14}	T_6	P_5,P_9,P_{18}	T_5	P_8,P_{14}	T_6	P_5,P_9,P_{18}
T_7	$P_{10},P_{11},P_{12},P_{13},P_{20}$	T_8	P_3,P_5,P_9,P_{18}	T_7	P_{10},P_{19},P_{20}	T_8	P_5,P_8,P_{18}
T_9	P_6,P_8	T_{10}	P_6,P_{10}	T_9	P_3,P_{11},P_{12},P_{13}	T_{10}	P_6,P_7
T_{11}	P_7,P_{10},P_{14}	T_{12}	P_4,P_7,P_{12}	T_{11}	P_7,P_{14}	T_{12}	P_4,P_{10},P_{19},P_{20}
T_{13}	P_8,P_{11},P_{16}	T_{14}	P_3,P_9,P_{16}	T_{13}	P_9,P_{16}	T_{14}	P_8,P_{16}
T_{15}	P_5,P_{13},P_{17},P_{20}	T_{16}	P_4,P_8,P_{18},P_{19}	T_{15}	P_3,P_5,P_{17},P_{18}	T_{16}	P_9,P_{19},P_{20}
T_{17}	P_{10},P_{15}	T_{18}	P_4,P_{17}	T_{17}	P_{10},P_{19},P_{20}	T_{18}	P_4,P_{17}

仿真实验 1　由于层次聚类法是解决 C^2 组织决策实体配置问题时采用的主流方法,因此,将 MFDPSO 算法与层次聚类法进行对比。其中,MFDPSO 算法的粒子群规模

为 50,进化代数为 100,外部档案容量为 100。图 6.2 所示为不同算法所得的 Pareto 最优解。

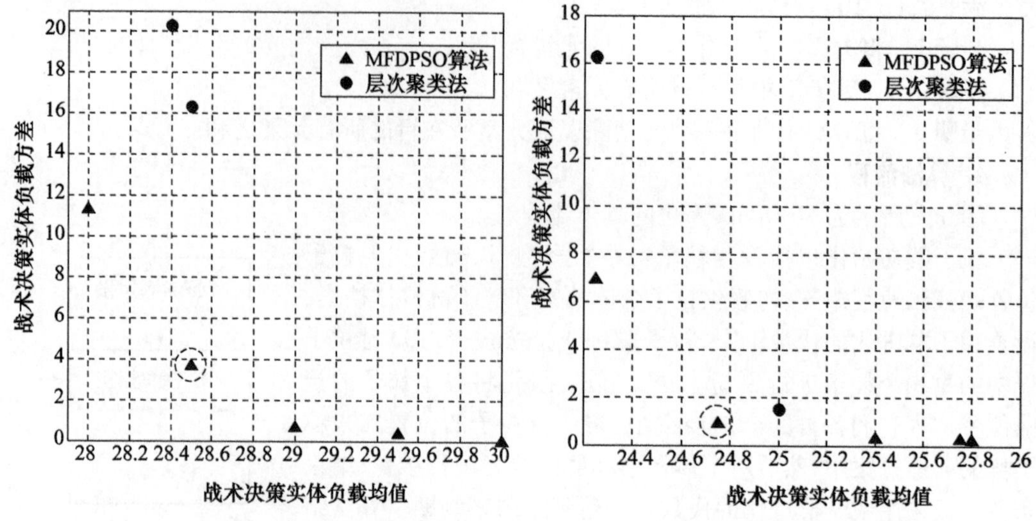

(a) 平台实体调度方案采用方案一　　(b) 平台实体调度方案采用方案二

图 6.2　不同算法所得的 Pareto 最优解

层次聚类法作为一种基于贪婪策略的近似算法,并不一定能求解得到最优解,而 MFDPSO 算法是一种全局搜索算法,理论上能获得比层次聚类法更好的解。从图 6.2 中可以看到,MFDPSO 算法获得解确实要优于层次聚类法获得解,这说明 MFDPSO 算法是有效的。表 6.2 所列为图 6.2 中的典型解(虚线圈内的解)。

表 6.2　典型决策实体配置方案

	战术决策实体	所属平台	战术决策实体	所属平台
平台实体调度方案一	TDM_1	$P_1, P_{10}, P_{11}, P_{14}, P_{15}$	TDM_2	$P_2, P_6, P_8, P_{16}, P_{19}$
	TDM_3	$P_7, P_{12}, P_{13}, P_{20}$	TDM_4	$P_3, P_4, P_5, P_9, P_{17}, P_{18}$
	TDM 负载均值:28.50		TDM 负载方差:3.67	
平台实体调度方案二	战术决策实体	所属平台	战术决策实体	所属平台
	TDM_1	$P_3, P_4, P_{11}, P_{12}, P_{13}, P_{17}$	TDM_2	$P_1, P_2, P_6, P_7, P_{14}, P_{15}$
	TDM_3	P_5, P_8, P_{16}, P_{18}	TDM_4	$P_9, P_{10}, P_{19}, P_{20}$
	TDM 负载均值:24.75		TDM 负载方差:0.92	

仿真实验 2　常用的多目标算法性能评价指标包括收敛性指标、覆盖性指标、均匀性指标和算法耗时[165],收敛性指标、均匀性指标和算法耗时越小越好,覆盖性指标越大越好。分别使用 NSGA－Ⅱ算法和 MFDPSO 算法求解算例,为保证公平性,NSGA－Ⅱ算法的参数设置与 MFDPSO 算法保持一致,各算法独立运行 50 次。图 6.3 所示为 MFDPSO 算法与 NSGA－Ⅱ算法对比。

由图 6.3 可知,虽然 MFDPSO 算法在解集均匀性上劣于 NSGA－Ⅱ算法,但是 MFDPSO 算法在解集收敛性和覆盖性上均优于 NSGA－Ⅱ算法,且算法耗时更低。因此,综合来看,MFDPSO 算法更为优越。

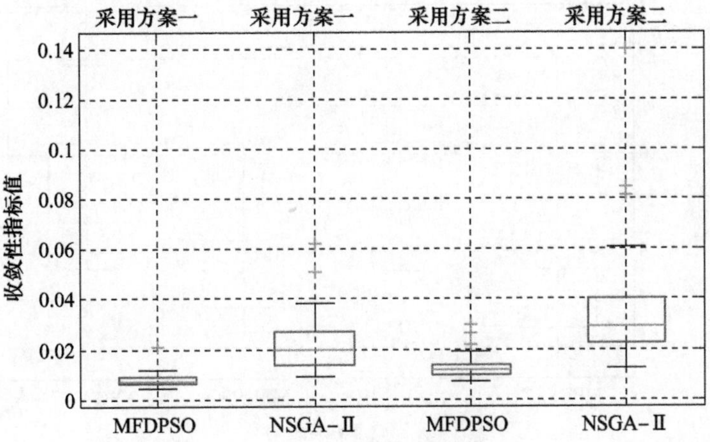

(a) 收敛性指标对比

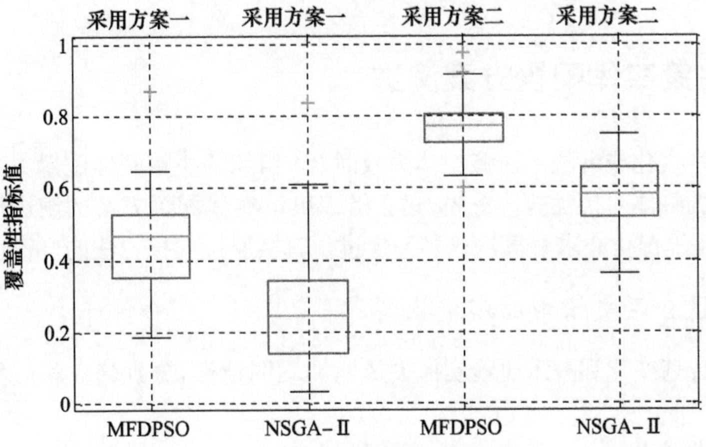

(b) 覆盖性指标对比

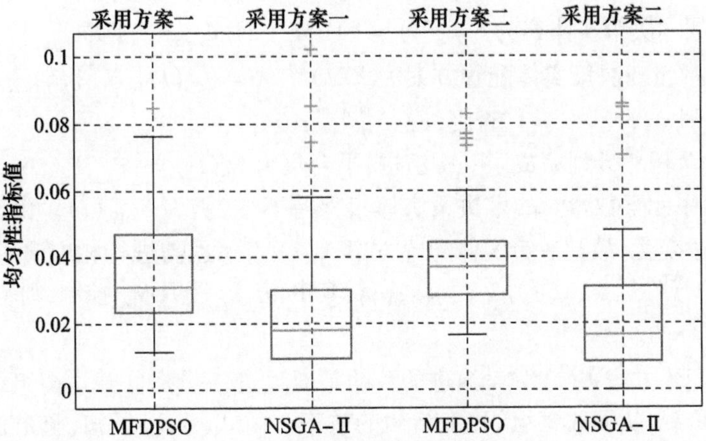

(c) 均匀性指标对比

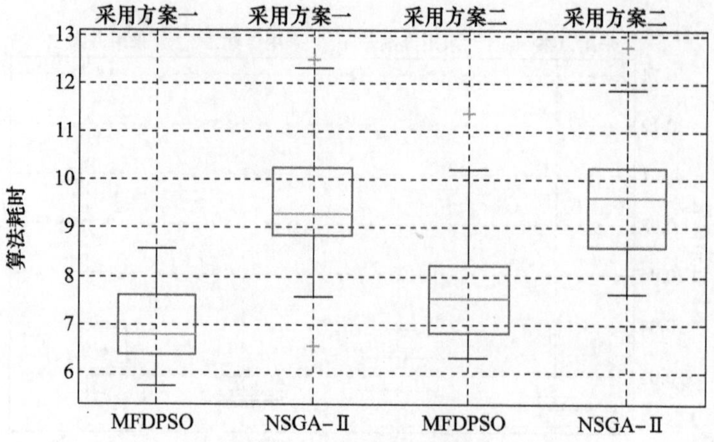

(d) 算法耗时对比

图 6.3　MFDPSO 算法与 NSGA-Ⅱ算法对比

6.3　决策实体配置方案演进

当任务计划变化或者战术决策实体失效时，C^2 组织的决策实体配置方案需要动态演进以维持组织的整体对抗优势。首先，建立组织决策实体配置方案的演进模型；然后，基于 m-best 策略提出贪心求解算法；最后，通过仿真实验证明该方法的可行性和有效性。

6.3.1　区分两类情形的演进模型

区分任务计划变化和战术决策实体失效两类不同情形，分别建立相应的配置方案演进模型。

1. 任务计划变化

若在时刻 t，组织拥有的平台集记为 $S_P(t)=\{P_{\zeta_1},P_{\zeta_2},\cdots,P_{\zeta_{V(t)}}\}$，其中，$V(t)$ 为 $S_P(t)$ 中元素数量。战术决策实体集为 $S_{TDM}(t)=\{TDM_{\phi_1},TDM_{\phi_2},\cdots,TDM_{\phi_{D(t)}}\}$，其中，$D(t)$ 为 $S_{TDM}(t)$ 中元素数量。决策实体配置方案为 $\boldsymbol{X}(t)^{TDM-P}=(x(t)_{kj}^{TDM-P})_{D(t)\times V(t)}$，其中，若 P_{ζ_j} 受 TDM_{ϕ_k} 控制，则 $x(t)_{kj}^{TDM-P}=1$，否则，$x(t)_{kj}^{TDM-P}=0$。

若在时刻 t'，任务计划完成了一次演进，平台集为 $S_P(t')=\{P_{\zeta'_1},P_{\zeta'_2},\cdots,P_{\zeta'_{V(t')}}\}$，其中，$V(t')$ 为 $S_P(t')$ 中元素数量。战术决策实体集保持不变，仍为 $S_{TDM}(t)$。由于组织的任务计划发生了演进变化，故其决策实体配置方案 $\boldsymbol{X}(t)^{TDM-P}$ 也需进行相应演进，演进后的配置方案记为 $\boldsymbol{X}(t')^{TDM-P}=(x(t')_{kj}^{TDM-P})_{D(t)\times V(t')}$，其中，若 $P_{\zeta'_j}$ 受 TDM_{ϕ_k} 控制，则 $x(t')_{kj}^{TDM-P}=1$，否则，$x(t')_{kj}^{TDM-P}=0$。

决策实体配置方案 $\boldsymbol{X}(t)^{TDM-P}$ 演进的目的是通过进一步降低并均衡组织中各战术决策实体的工作负载，从而改善组织 C^2 结构的效率。由式(6.3)可知，整个任务执行周期内各战术决策实体的全局负载相同。因此，配置方案 $\boldsymbol{X}(t)^{TDM-P}$ 在演进时主要考虑降低并均衡各个战术决策实体的局部负载，也即任务负载。根据式(6.4)和演进后的配置方案 $\boldsymbol{X}(t')^{TDM-P}$ 可得战术决策实体 $TDM_{\phi_k}(1\leqslant k\leqslant D(t))$ 在时刻 t' 之后将要承受的任务负载，记

为 $WL_{\phi_k}^{T}〖t'_{aft}〗$。在整个任务执行周期内，$TDM_{\phi_k}$ 的总任务负载为 $WL_{\phi_k}^{T} = WL_{\phi_k}^{T}〖t'_{aft}〗 + WL_{\phi_k}^{T}〖t'_{bef}〗$，其中，$WL_{\phi_k}^{T}〖t'_{bef}〗$ 是 TDM_{ϕ_k} 在时刻 t' 之前承受的任务负载。定义组织中所有战术决策实体任务负载的均方根为

$$RMS_{TDM} = \sqrt{\frac{1}{D(t)}\sum_{k=1}^{D(t)} (WL_{\phi_k}^{T})^2} \tag{6.16}$$

RMS_{TDM} 越小，意味着组织中战术决策实体任务负载的均值和方差越能维持在较低水平。

需要说明的是，决策实体配置方案的演进变化会对组织的稳定性造成不良影响，换而言之，组织需要承受一定的演进代价。若配置方案 $\boldsymbol{X}(t)^{TDM-P}$ 演进前某个平台受 TDM_{ϕ_k} 控制，而 $\boldsymbol{X}(t)^{TDM-P}$ 演进后该平台受 $TDM_{\phi_{k'}}$ 控制，则称该平台的控制权发生了转移。C^2 组织决策实体配置方案动态演进时，控制权发生转移的平台数量为 $V(t')^{tran} = \frac{1}{2}\sum_{k=1}^{D(t)}\sum_{j=1}^{V(t')} |x(t')_{kj}^{TDM-P} - x(t)_{kj}^{TDM-P}|$，组织承受的演进代价可由控制权发生转移的平台数量来衡量[166]。决策实体配置方案变化得越大，组织承受的演进代价也越大，需要在其可承受的代价范围内进行配置方案演进。

综上所述，当组织的任务计划变化时，其决策实体配置方案 $\boldsymbol{X}(t)^{TDM-P}$ 的动态演进模型为

$$\min RMS_{TDM}$$

$$\text{s.t.}\begin{cases} x(t')_{kj}^{TDM-P} \in \{0,1\} & 1 \leqslant k \leqslant D(t), 1 \leqslant j \leqslant V(t') \\ \sum_{j=1}^{V(t')} x(t')_{kj}^{TDM-P} \geqslant 1 & 1 \leqslant k \leqslant D(t) \\ \sum_{k=1}^{D(t)} x(t')_{kj}^{TDM-P} = 1 & 1 \leqslant j \leqslant V(t') \\ V(t')^{tran} \leqslant V_{max}^{tran} \end{cases} \tag{6.17}$$

式中：第二个约束表示组织中的每个战术决策实体至少控制一个平台实体，第三个约束表示组织中的各平台实体只能同时受一个战术决策实体的控制，第四个约束表示组织的演进代价应小于一定的阈值 V_{max}^{tran}。

2. 战术决策实体失效

若在时刻 t，组织拥有的平台集记为 $S_P(t) = \{P_{\zeta_1}, P_{\zeta_2}, \cdots, P_{\zeta_{V(t)}}\}$，其中，$V(t)$ 为 $S_P(t)$ 中元素数量。战术决策实体集为 $S_{TDM}(t) = \{TDM_{\phi_1}, TDM_{\phi_2}, \cdots, TDM_{\phi_{D(t)}}\}$，其中，$D(t)$ 为 $S_{TDM}(t)$ 中元素数量。决策实体配置方案为 $\boldsymbol{X}(t)^{TDM-P} = (x(t)_{kj}^{TDM-P})_{D(t)\times V(t)}$，其中，若 P_{ζ_j} 受 TDM_{ϕ_k} 控制，则 $x(t)_{kj}^{TDM-P} = 1$，否则，$x(t)_{kj}^{TDM-P} = 0$。

若在时刻 t'，集合 $S_{TDM}(t)$ 中有一个战术决策实体被破坏（不妨假设被破坏的战术决策实体为 $TDM_{\phi_{D(t)}}$，因为总可以将被破坏的战术决策实体编号为 $TDM_{\phi_{D(t)}}$，而将其他战术决策实体依次编号为 $TDM_{\phi_1}, TDM_{\phi_2}, \cdots, TDM_{\phi_{(D(t)-1)}}$），则决策实体配置方案 $\boldsymbol{X}(t)^{TDM-P}$ 需进行演进，即 $S_P^{impact} = \{P_{\zeta_j} | x(t)_{kj}^{TDM-P} = 1, k = D(t), 1 \leqslant j \leqslant V(t)\}$ 集合中平台的控制权将发

生转移。若记演进后的决策实体配置方案为 $\boldsymbol{X}(t')^{\text{TDM-P}}=(x(t')_{kj}^{\text{TDM-P}})_{(D(t)-1)\times V(t)}$，其中，若 P_{ζ_j} 受 TDM_{ϕ_k} 控制，则 $x(t')_{kj}^{\text{TDM-P}}=1$，否则，$x(t')_{kj}^{\text{TDM-P}}=0$。

根据式(6.16)，可得由 $\boldsymbol{X}(t)^{\text{TDM-P}}$ 演进为 $\boldsymbol{X}(t')^{\text{TDM-P}}$ 后组织中各战术决策实体任务负载均方根 RMS_{TDM}，建立战术决策实体失效时配置方案的动态演进模型为

$$
\begin{aligned}
&\min \text{RMS}_{\text{TDM}} \\
&\text{s.t.}\begin{cases}
x(t')_{kj}^{\text{TDM-P}} \in \{0,1\} & 1 \leqslant k \leqslant D(t)-1, 1 \leqslant j \leqslant V(t) \\
\sum_{j=1}^{V(t)} x(t')_{kj}^{\text{TDM-P}} \geqslant 1 & 1 \leqslant k \leqslant D(t)-1 \\
\sum_{k=1}^{D(t)-1} x(t')_{kj}^{\text{TDM-P}} = 1 & 1 \leqslant j \leqslant V(t) \\
\sum_{k=1}^{D(t)-1}\sum_{j=1}^{V(t)} \left| x(t')_{kj}^{\text{TDM-P}} - x(t)_{kj}^{\text{TDM-P}} \right| = \left| S_{\text{P}}^{\text{impact}} \right|
\end{cases}
\end{aligned}
\tag{6.18}
$$

式中：第二个约束表示组织中的每个战术决策实体至少控制一个平台实体，第三个约束表示组织中的各平台实体只能同时受一个战术决策实体的控制，第四个约束表示只有集合 $S_{\text{P}}^{\text{impact}}$ 中平台实体的控制权发生了转移。

6.3.2 基于 m－best 的模型求解

C^2 组织决策实体配置方案的动态演进是一个实时性要求较高的问题，采用智能优化算法虽然可以求解式(6.17)和式(6.18)中所建立的数学模型，但是无法保证在有限的求解时间内得到较好的结果。因此，设计一种贪心搜索算法(Greedy Search Algorithm，GSA)进行求解。

1. 基本概念

首先，描述决策实体配置方案适应度、邻居和邻域的概念。记 C^2 组织的一个决策实体配置方案为 $\boldsymbol{X}_{\text{cur}}^{\text{TDM-P}}$，组织中若干平台实体构成集合为 $S_{\text{P}}^{\text{tem}}$。

定义 6.1 根据组织的决策实体配置方案计算得到的组织战术决策实体任务负载均方根称为该配置方案的适应度，适应度越小，配置方案的性能越好。

定义 6.2 若集合 $S_{\text{P}}^{\text{tem}}$ 中 V^{tran} 个平台实体的控制权发生了转移，导致组织的决策实体配置方案由 $\boldsymbol{X}_{\text{cur}}^{\text{TDM-P}}$ 变为了 $\boldsymbol{X}_{\text{new}}^{\text{TDM-P}}$，则称方案 $\boldsymbol{X}_{\text{new}}^{\text{TDM-P}}$ 是方案 $\boldsymbol{X}_{\text{cur}}^{\text{TDM-P}}$ 关于集合 $S_{\text{P}}^{\text{tem}}$ 的 V^{tran} 步邻居。

定义 6.3 决策实体配置方案 $\boldsymbol{X}_{\text{cur}}^{\text{TDM-P}}$ 关于集合 $S_{\text{P}}^{\text{tem}}$ 的所有 V^{tran} 步邻居构成的集合，可以称为方案 $\boldsymbol{X}_{\text{cur}}^{\text{TDM-P}}$ 关于集合 $S_{\text{P}}^{\text{tem}}$ 的 V^{tran} 步邻域。

2. m－best 策略

若 C^2 组织的决策实体配置方案为 $\boldsymbol{X}_{\text{cur}}^{\text{TDM-P}}$，组织中若干平台实体构成集合为 $S_{\text{P}}^{\text{tem}}$，方案 $\boldsymbol{X}_{\text{new}}^{\text{TDM-P}}$ 是方案 $\boldsymbol{X}_{\text{cur}}^{\text{TDM-P}}$ 关于集合 $S_{\text{P}}^{\text{tem}}$ 的 V^{tran} 步邻域中元素且在该邻域中具有较低的适应度，那么采用贪心策略从 $\boldsymbol{X}_{\text{cur}}^{\text{TDM-P}}$ 出发，得到 $\boldsymbol{X}_{\text{new}}^{\text{TDM-P}}$ 的过程如下。

步骤 1　初始化，即令$\boldsymbol{X}_1^{\mathrm{TDM-P}}=\boldsymbol{X}_{\mathrm{cur}}^{\mathrm{TDM-P}}$，$S_{\mathrm{P}}^{\mathrm{Y}}=S_{\mathrm{P}}^{\mathrm{tem}}$，计数器 count =0。

步骤 2　配置方案$\boldsymbol{X}_1^{\mathrm{TDM-P}}$关于 $S_{\mathrm{P}}^{\mathrm{Y}}$ 的一步邻域记为 $S_{\mathrm{P}}^{\mathrm{Y}}$〖one〗，对 $S_{\mathrm{P}}^{\mathrm{Y}}$〖one〗中的每个元素，计算相应的适应度，然后按照适应度大小对 $S_{\mathrm{P}}^{\mathrm{Y}}$〖one〗中所有元素进行排序，其中，适应度最小的配置方案记为$\boldsymbol{X}_2^{\mathrm{TDM-P}}$。

步骤 3　由于$\boldsymbol{X}_2^{\mathrm{TDM-P}}\subseteq S_{\mathrm{P}}^{\mathrm{Y}}$〖one〗，故配置方案从$X_1^{\mathrm{TDM-P}}$演进为$\boldsymbol{X}_2^{\mathrm{TDM-P}}$时，$S_{\mathrm{P}}^{\mathrm{Y}}$ 中有一个平台的控制权发生了转移，将该平台记为 $\mathrm{P}_{\mathrm{tran}}$。令$\boldsymbol{X}_1^{\mathrm{TDM-P}}=\boldsymbol{X}_2^{\mathrm{TDM-P}}$，$S_{\mathrm{P}}^{\mathrm{Y}}=S_{\mathrm{P}}^{\mathrm{Y}}-\{\mathrm{P}_{\mathrm{tran}}\}$，count = count +1。

步骤 4　判断 count < V^{tran}是否成立。若是，返回执行步骤 2；若否，令$\boldsymbol{X}_{\mathrm{new}}^{\mathrm{TDM-P}}=\boldsymbol{X}_1^{\mathrm{TDM-P}}$，搜索结束。

上述搜索过程记为$\boldsymbol{X}_{\mathrm{new}}^{\mathrm{TDM-P}}=f_{\mathrm{greedy}}(\boldsymbol{X}_{\mathrm{cur}}^{\mathrm{TDM-P}},S_{\mathrm{P}}^{\mathrm{tem}},V^{\mathrm{tran}})$，m - best 策略是对该搜索过程进行的一种改进。在利用f_{greedy}搜索$\boldsymbol{X}_{\mathrm{new}}^{\mathrm{TDM-P}}$的过程中，每一步都选择一个局部最优结果作为当前结果，但是该选择并不一定是全局最优的，而 m - best 策略会在每一步对 m 个局部较好的结果进行全局性质的评估，然后从中挑选一个作为当前结果，从而使最终结果逼近全局最优。引入 m - best 策略改进f_{greedy}后，从$\boldsymbol{X}_{\mathrm{cur}}^{\mathrm{TDM-P}}$出发得到$\boldsymbol{X}_{\mathrm{new}}^{\mathrm{TDM-P}}$的过程如下。

步骤 1　初始化，令$\boldsymbol{X}_1^{\mathrm{TDM-P}}=\boldsymbol{X}_{\mathrm{cur}}^{\mathrm{TDM-P}}$，$S_{\mathrm{P}}^{\mathrm{Y}}=S_{\mathrm{P}}^{\mathrm{tem}}$，计数器 count =0。

步骤 2　判断是否有 count < $V^{\mathrm{tran}}-1$，若是，执行步骤 3；若否，执行步骤 6。

步骤 3　决策实体配置方案$\boldsymbol{X}_1^{\mathrm{TDM-P}}$关于 $S_{\mathrm{P}}^{\mathrm{Y}}$ 的一步邻域记为 $S_{\mathrm{P}}^{\mathrm{Y}}$〖one〗，对 $S_{\mathrm{P}}^{\mathrm{Y}}$〖one〗中的每个元素计算相应的适应度，然后按照适应度大小对 $S_{\mathrm{P}}^{\mathrm{Y}}$〖one〗中所有元素进行排序。其中，适应度最小的 m 个配置方案构成的集合记为 $S_{\mathrm{P}}^{\mathrm{Y}}$〖one，$m$〗。

步骤 4　评估 $S_{\mathrm{P}}^{\mathrm{Y}}$〖one，$m$〗中决策实体配置方案。若$\boldsymbol{X}_3^{\mathrm{TDM-P}}\subseteq S_{\mathrm{P}}^{\mathrm{Y}}$〖one，$m$〗，则配置方案从$\boldsymbol{X}_1^{\mathrm{TDM-P}}$演进为$\boldsymbol{X}_3^{\mathrm{TDM-P}}$时，$S_{\mathrm{P}}^{\mathrm{Y}}$〖one〗中有一个平台的控制权发生转移，记为 $\mathrm{P}_{\mathrm{tran}}$。令$\boldsymbol{X}_2^{\mathrm{TDM-P}}=\boldsymbol{X}_3^{\mathrm{TDM-P}}$和 $S_{\mathrm{P}}^{\varphi}=S_{\mathrm{P}}^{\mathrm{Y}}-\{\mathrm{P}_{\mathrm{tran}}\}$，计数器 count′ = count +1。调用搜索过程 f_{greedy} 求解$\boldsymbol{X}_4^{\mathrm{TDM-P}}=f_{\mathrm{greedy}}(\boldsymbol{X}_2^{\mathrm{TDM-P}},S_{\mathrm{P}}^{\varphi},V^{\mathrm{tran}}-\mathrm{count}')$，记$\boldsymbol{X}_4^{\mathrm{TDM-P}}$适应度为$\boldsymbol{X}_3^{\mathrm{TDM-P}}$的评估值。在集合 $S_{\mathrm{P}}^{\mathrm{Y}}$〖one，$m$〗中，令最小评估值对应的配置方案为$\boldsymbol{X}_3^{\mathrm{TDM-P}}$〖min〗。

步骤 5　由于$\boldsymbol{X}_3^{\mathrm{TDM-P}}$〖min〗$\subseteq S_{\mathrm{P}}^{\mathrm{Y}}$〖one，$m$〗$\subseteq S_{\mathrm{P}}^{\mathrm{Y}}$，故配置方案从$\boldsymbol{X}_1^{\mathrm{TDM-P}}$演进为$\boldsymbol{X}_3^{\mathrm{TDM-P}}$〖min〗时，$S_{\mathrm{P}}^{\mathrm{Y}}$ 中有一个平台的控制权发生了转移，将该平台记为 $\mathrm{P}_{\mathrm{tran}}$〖min〗。令$\boldsymbol{X}_1^{\mathrm{TDM-P}}=\boldsymbol{X}_3^{\mathrm{TDM-P}}$〖min〗，$S_{\mathrm{P}}^{\mathrm{Y}}=S_{\mathrm{P}}^{\mathrm{Y}}-\{\mathrm{P}_{\mathrm{tran}}$〖min〗$\}$，count = count +1，返回步骤 2。

步骤 6　记决策实体配置方案$\boldsymbol{X}_1^{\mathrm{TDM-P}}$关于 $S_{\mathrm{P}}^{\mathrm{Y}}$ 的一步邻域为 $S_{\mathrm{P}}^{\mathrm{Y}}$〖one〗，对 $S_{\mathrm{P}}^{\mathrm{Y}}$〖one〗中各元素计算相应适应度，然后按照适应度大小对 $S_{\mathrm{P}}^{\mathrm{Y}}$〖one〗中所有元素进行排序，其中，适应度最小的配置方案记为$\boldsymbol{X}_3^{\mathrm{TDM-P}}$。令$\boldsymbol{X}_{\mathrm{new}}^{\mathrm{TDM-P}}=\boldsymbol{X}_3^{\mathrm{TDM-P}}$，搜索结束。

上述搜索过程记为$\boldsymbol{X}_{\mathrm{new}}^{\mathrm{TDM-P}}=f_{\mathrm{m-best}}(\boldsymbol{X}_{\mathrm{cur}}^{\mathrm{TDM-P}},S_{\mathrm{P}}^{\mathrm{tem}},V^{\mathrm{tran}})$。根据搜索过程 f_{greedy} 的具体步骤，其时间复杂度为 $O(D\cdot V^{\mathrm{tran}}\cdot(|S_{\mathrm{P}}^{\mathrm{tem}}|-V^{\mathrm{tran}}/2))\leqslant O(D\cdot V^2/2)$，其中，$D$ 为组织中战术决策实体的数量，V 为组织中平台实体的数量，由于搜索过程 $f_{\mathrm{m-best}}$ 需要调用 f_{greedy}，故时间复杂度为 $O(D\cdot(V^{\mathrm{tran}})^2\cdot(|S_{\mathrm{P}}|/2-V^{\mathrm{tran}}/3))\leqslant O(D\cdot V^3/6)$。

3. 算法流程

若 C^2 组织任务计划变化时的决策实体配置方案为$\boldsymbol{X}_{\mathrm{cur}}^{\mathrm{TDM-P}}$，所有平台实体构成的集合为 S_{P}，组织配置方案演进后为$\boldsymbol{X}_{\mathrm{new}}^{\mathrm{TDM-P}}$，其能承受的最大演进代价为 $V_{\max}^{\mathrm{tran}}$，则采用 GSA 算法

求解式(6.17)中所建模型。图6.4所示为任务计划变化时的GSA算法流程。

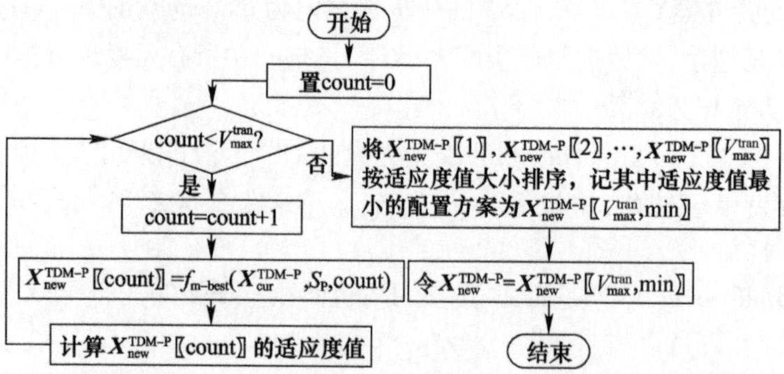

图6.4　任务计划变化时的GSA算法流程

若C^2组织中战术决策实体集合为$S_{TDM}=\{TDM_1, TDM_2, \cdots, TDM_D\}$,战术决策实体$TDM_D$所属的平台集为$S_P^{TDM_D}$,$S_P^{TDM_D}$中元素的数量为$|S_P^{TDM_D}|$,$TDM_D$被破坏前组织的配置方案为$\boldsymbol{X}_{cur}^{TDM-P}$,$TDM_D$被破坏后组织的配置方案演进为$\boldsymbol{X}_{new}^{TDM-P}$。图6.5所示为战术决策实体失效时的GSA算法流程。

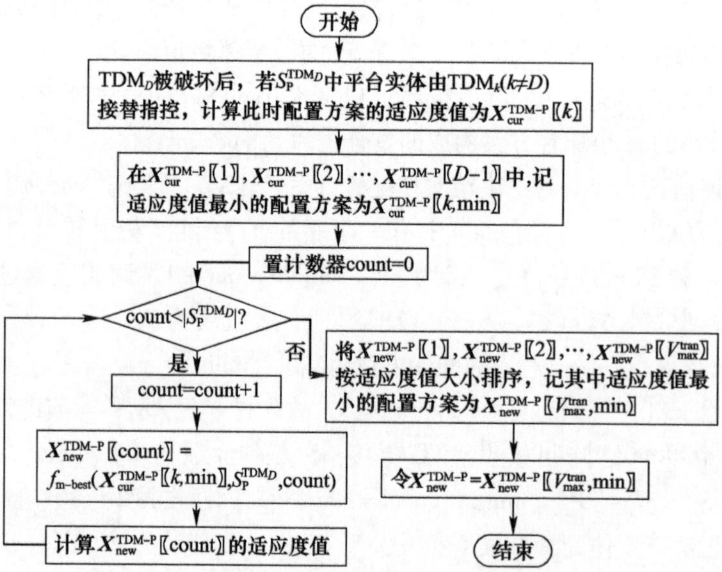

图6.5　战术决策实体失效时的GSA算法流程

根据图6.4和图6.5中GSA算法的具体流程,GSA算法调用f_{m-best}的次数不超过$\max(V_{max}^{tran}, |S_P^{TDM_D}|)$次。因此,不管是任务计划变化还是战术决策实体失效,GSA算法时间复杂度不高于$O(\max(V_{max}^{tran}, |S_P^{TDM_D}|)\cdot D\cdot V^3/6)\leqslant O(D\cdot V^4/6)$。其中,$D$和$V$分别为配置方案演进后组织中战术决策实体和平台实体的数量。

6.3.3　具体案例分析

对C^2组织的战术决策实体动态配置进行仿真实验,组织中战术决策实体数量$D=4$,

拥有的平台数量 $V=20$，需要执行的任务数量 $N=18$。表 6.3 所列为初始平台实体调度方案；表 6.4 所列为初始决策实体配置方案。

表 6.3　初始平台实体调度方案

任务	分配的平台	任务	分配的平台
T_1	P_2,P_6,P_7,P_{16}	T_2	P_1,P_2,P_{15},P_{19}
T_3	P_{11},P_{12},P_{13}	T_4	P_3
T_5	P_8,P_{14}	T_6	P_5,P_9,P_{18}
T_7	$P_{10},P_{11},P_{12},P_{13},P_{20}$	T_8	P_3,P_5,P_9,P_{18}
T_9	P_6,P_8	T_{10}	P_6,P_{10}
T_{11}	P_7,P_{10},P_{14}	T_{12}	P_4,P_7,P_{12}
T_{13}	P_8,P_{11},P_{16}	T_{14}	P_3,P_9,P_{16}
T_{15}	P_5,P_{13},P_{17},P_{20}	T_{16}	P_4,P_8,P_{18},P_{19}
T_{17}	P_{10},P_{15}	T_{18}	P_4,P_{17}

表 6.4　初始决策实体配置方案

战术决策实体	所属平台
TDM_1	$P_1,P_{10},P_{11},P_{14},P_{15}$
TDM_2	$P_2,P_6,P_8,P_{16},P_{19}$
TDM_3	P_7,P_{12},P_{13},P_{20}
TDM_4	$P_3,P_4,P_5,P_9,P_{17},P_{18}$

假定在任务执行过程中某一时刻 t，C^2 组织中平台实体调度方案变化为 $\boldsymbol{X}_{\text{new}}^{\text{T-P}}$（$\boldsymbol{X}_{\text{new}}^{\text{T-P}}$ 通过对初始的平台实体调度方案进行若干次扰动得到，这些扰动包括任务的完成、取消及新增，平台的加入及损毁等）。

仿真实验 1　若在时刻 t，C^2 组织因为任务计划变化或者战术决策实体失效而需要动态调整演进其决策实体配置方案，则分别对任务计划变化和战术决策实体失效这两种情形各进行 10 组实验，利用 GSA 算法进行求解，m - best 策略中变量 m 的值分别取 1、3 和 5。表 6.5所列为任务计划变化时配置方案的适应度；表 6.6 所列为战术决策实体失效时配置方案的适应度。

表 6.5　任务计划变化时配置方案的适应度

实验编号		1	2	3	4	5	6	7	8	9	10
演进前		27.17	27.24	28.14	29.44	29.69	28.28	26.69	27.62	30.06	28.00
演进后	$m=1$	25.18	25.26	26.19	26.46	24.01	26.60	25.96	24.20	23.47	24.18
	$m=3$	24.80	24.37	25.80	25.37	23.96	26.16	24.85	23.82	23.07	23.99
	$m=5$	24.58	22.93	25.52	25.12	23.95	25.80	24.55	23.38	22.80	23.98

表 6.6　战术决策实体失效时配置方案的适应度

实验编号		1	2	3	4	5	6	7	8	9	10
演进后	$m=1$	35.24	38.59	32.25	43.31	31.49	40.09	35.11	32.03	37.66	40.99
	$m=3$	35.13	38.47	31.82	43.14	31.30	40.07	34.41	31.96	37.60	40.76
	$m=5$	35.01	38.28	31.74	42.89	31.29	39.42	34.19	31.87	37.59	40.58

当 $m=1$ 时，m - best 策略每次只提供一个局部最优选项，此时 GSA 算法即为纯粹的贪心算法，m 的值越大，m - best 策略提供的选项越多，GSA 算法的结果越易接近全局最优解。

表 6.5 和表 6.6 中实验结果表明，m 的值越大，求解得到的决策实体配置方案的适应度越低，也即 GSA 算法的性能越好，这说明引入 m - best 策略来改进贪心搜索过程 f_{greedy} 是有效的，同时 GSA 算法是可行的。

仿真实验 2 将 GSA 算法（m 的值设为 5）与其他智能优化算法，如遗传算法和模拟退化算法进行对比。图 6.6 所示为任务计划变化时算法对比；图 6.7 所示为战术决策实体失效时算法对比。

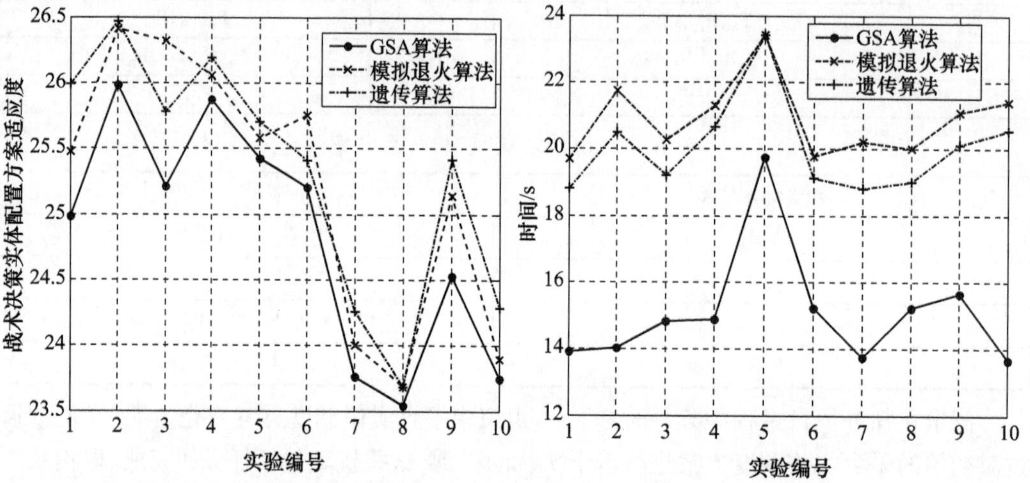

(a) 配置方案适应度对比　　(b) 算法耗时对比

图 6.6　任务计划变化时算法对比

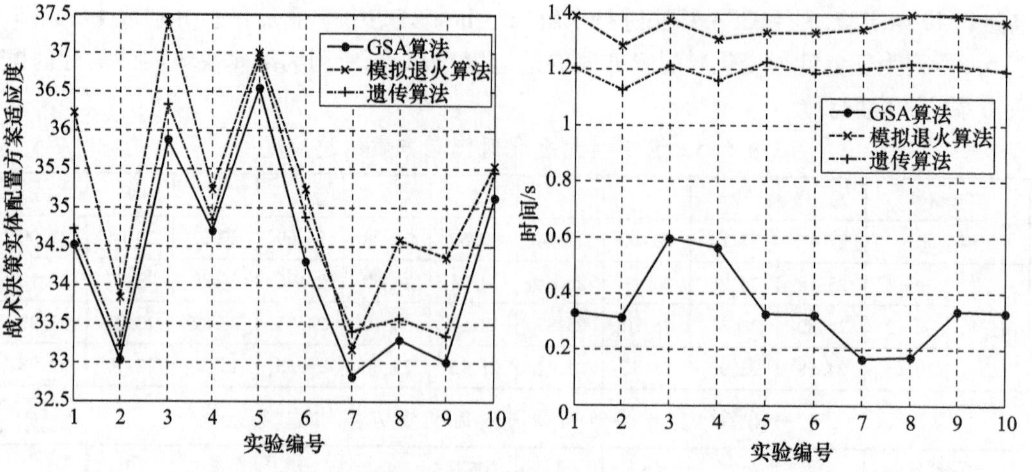

(a) 配置方案适应度对比　　(b) 算法耗时对比

图 6.7　战术决策实体失效时算法对比

在图 6.6 和图 6.7 中，GSA 算法求解得到的决策实体配置方案的性能优于遗传算法和模拟退火算法,且耗时也明显更低,这说明 GSA 算法可以在较短的时间内获得较好的解。虽然在足够的求解时间下,遗传算法和模拟退化算法最终能收敛于全局最优解,但是其时间效率相对较低,不适用于求解战术决策实体动态配置这类实时性要求较高的问题,故相比而言,GSA 算法更为优越。

第7章　C^2 组织的 C^2 权限分配方法

C^2 组织 C^2 权限分配方案描述了战役决策实体和战术决策实体之间的 C^2 权限内容和大小的分布关系，是直接反映组织内部 C^2 权限划分的关系。决策实体分为战役决策实体和战术决策实体两类，通常战役决策实体负责组织的集中宏观控制，战术决策实体负责具体组织任务的执行。为了适应信息化条件下快速作战节奏，使组织面对环境和态势的变化时具备快速响应能力，战役决策实体需要下放部分权限给战术决策实体以使其具有更大的决策自由。如何给战役决策实体和战术决策实体分配相应的 C^2 功能，既可以充分发挥战役决策实体的全局协调控制作用，又可以最大程度地激发各战术决策实体的自主能动性，使整个组织达到最佳平衡状态是需要考虑的问题。

C^2 权限分配是对系统决策功能的适时适量分配，战术决策实体的 C^2 功能实现从一定程度上能够有效降低战役决策实体的工作负载，但也可能会造成战役决策实体对战场态势掌握不足，影响战役决策实体作用的发挥。C^2 组织 C^2 权限分配，应遵循互补、适宜、弹性分配原则：互补分配原则是指，根据战役决策实体和战术决策实体的决策优劣对比结果，将适合战役决策实体的 C^2 权限分配给战役决策实体，将适合战术决策实体的 C^2 权限分配给战术决策实体，从而实现能力互补；适宜分配原则是指，在分配过程中，应充分考虑发挥战役决策实体的作用，既不分配给战役决策实体过多 C^2 权限造成战役决策实体“超负荷”，又不分配给战役决策实体过少 C^2 权限造成战役决策实体“脱离回路”（Out - of - the - Loop，OOTL）；弹性分配原则是指，C^2 权限分配结果应保持一定弹性以适应 C^2 状态信息、C^2 过程特点、组织任务要求以及环境属性等方面因素的变化。

7.1　C^2 权限分配分析

7.1.1　相关研究情况分析

当前，C^2 组织的 C^2 权限分配一般采用静态分配方式，即上下两级决策实体之间的决策关系在 C^2 组织设计之初便已确定，这种静态分配方式容易导致两个问题[167]，即分配上级决策实体过多决策任务的“超负荷”问题和分配上级决策实体过少决策任务的“脱离回路”问题，采用动态分配方式，能够保证 C^2 权限分配结果能够有效应对战场态势变化和上级决策实体工作状态变化。

对于 C^2 权限分配自适应算法设计问题，研究人员开展了广泛研究。1951 年，Fitts 首次提出功能分配概念，其最初含义是指将人 - 机协同系统中的任务分配给人或者自动化系统执行，它从整体上决定了人与自动化系统的内部关系，并继而影响系统的外部表现[168]：不仅会影响系统软硬件开发和维护，还会涉及人机界面设计以及人的操作技能训练。文献[169]对多智能体系统自主能力进行了定量评估，并实现了多 Agent 自主性能的动态分配。文献[170]提出了协同决策系统 C^2 权限的滑变模型，上级决策实体利用滑块实现对 C^2 权限的动态分配，但等级划分不够全面，仅包括自主和不自主2个有限等级。文献[171]提出了 C^2 权限层次演进模型，其指出 C^2 权限分配问题是权限和知识的综合，且由于在感知、推理、规划、执行各个阶段的 C^2 权限和知识不尽相同，因此，应采用协商型、混合型和反应型等不同模式进行 C^2 权限分配模式的切换。Alberts[172]认为，信息时代的 C^2 需由集中式向分布式过渡，在网络中心战体系下，战役级 C^2 向结构扁平化和权力边缘化方向发展，减少层级信息传递造成的时间延迟，强化组织末端的自主性，适应快速的作战节奏。Cares[173]认为，分布式 C^2 能够有效避免集中式 C^2 的"烟囱"结构，通过建立分布式单元的协作关系，赋予各火力单元的自主决策能力，发挥其敏捷适应能力，增强作战的灵活性、适应性。通常情况下，影响 C^2 权限分配结果的因素很多，且不同于决策空间连续的过程策略选取、平台实体调度和决策实体配置问题，C^2 权限分配问题的决策空间是离散的，即备选方案个数有限，研究人员大多采用多属性决策方法进行研究。如采用不确定性语言型多属性决策方法(Uncertain Linguistic Multiple Attribute Decision Making, ULMADM)确定人机系统决策功能的自动化等级[174]，即首先通过不确定扩展加权算术平均算子(Uncertain Extended Weighted Arithmetic Averaging, UEWAA)确定 C^2 权限分配等级，并采用不确定语言混合聚合算子(Uncertain Linguistic Hybrid Aggregation, ULHA)进行信息集结，生成最终分配结果。在 C^2 权限分配演进方面，可基于多阶段决策演进机制实现 C^2 权限分配按需演进[175]，避免演进过于频繁，破坏组织稳定性。

7.1.2 分配方案性能测度

在战役决策实体和战术决策实体之间进行 C^2 权限分配，可以视为战役决策实体和战术决策实体在 C^2 层面的协同行为，根据协同 C^2 行为中 C^2 主体作用程度的不同，划分了不同的 C^2 等级。这种 C^2 等级反映了 C^2 结构：C^2 等级越低，越趋近于集中式 C^2；C^2 等级越高，越趋近于分布式 C^2。

针对 C^2 等级划分问题，美国国家航空航天局从 OODA 作战循环角度出发，给出了包含8个 C^2 等级的测量表[176]。Parasuraman 等[177]提出了一种被广泛采用的 C^2 等级划分方法，从1～10级赋予其具体含义，如表7.1所列。

表7.1 Parasuraman 等提出的 C^2 等级划分方法

C^2 等级	上下级决策实体 C^2 关系描述
10	下级决策实体决定一切，无需上级决策实体参与
9	由下级决策实体决定是否将决策结果告知上级决策实体
8	如果上级决策实体提出需求，则下级决策实体将决策结果告知
7	自动执行，下级决策实体仅在必要时将决策结果告知上级决策实体
6	在下级决策实体自动执行前，上级决策实体可在有限时间内否决

续表

C^2 等级	上下级决策实体 C^2 关系描述
5	仅在上级决策实体同意时由下级决策实体执行
4	下级决策实体提出建议
3	下级决策实体筛选决策方案
2	下级决策实体提出决策/行动方案
1	上级决策实体独立决策，下级决策实体不提供任何辅助

借鉴这两种划分方法，对表7.1中区分度不高的 C^2 等级进行归并：将等级7和等级8进行合并，将等级5和等级6进行合并，将等级2至~等级4进行合并，从而形成6级 C^2 等级。表7.2所列为 C^2 组织中的 C^2 等级。

表7.2　C^2 组织中的 C^2 等级

C^2 模式	C^2 等级	描述
分布式 C^2	6	战术决策实体独立进行控制
混合式 C^2（2~5级）	5	战术决策实体自动进行控制，是否知会战役决策实体，由战术决策实体决定
	4	战术决策实体自动进行控制，仅在必要时知会战役决策实体指挥员
	3	战役决策实体授权战术决策实体进行控制，在发生非预期事件时进行干预
	2	战役决策实体主导 C^2 活动，战术决策实体给出建议
集中式 C^2	1	战役决策实体独立进行控制

7.1.3　具体不确定性分析

C^2 组织 C^2 权限分配结果受敌、我和环境等多重因素影响，而随着组织运行进程的变化，战场态势瞬息万变，C^2 权限分配需要随战场态势变化而变化。一般来说，战役决策实体的工作越高、组织任务越紧迫、战役决策实体对战术决策实体信任度越高，C^2 权限越可能下放。然而，这些因素的个体变化是独立的，但产生的影响却可能是联动的，因此，需要根据战场态势因素变化种类、幅度和频率，确定是否进行 C^2 权限的重新分配以及重新分配的方式。

7.2　C^2 权限分配方案生成

7.2.1　多属性因素影响的生成模型

影响 C^2 组织 C^2 等级划分的因素有很多，将这些因素统称为 C^2 权限分配属性，所有属性构成 C^2 权限分配属性域，C^2 权限分配属性域的构建需要综合考虑战役决策实体、交互链路、战术决策实体、组织任务/环境等方面，主要选取5个 C^2 权限分配属性，具体含义如下。

1. 战役决策实体工作负载

工作负载是指一定时间内战役决策实体执行 C^2 任务所承受的工作量，其取值大小很大程度上取决于战役决策实体认识、情绪和意志。正如文献[178]所述："不同决策实体在执行同一任务时可能产生同样的行为,但其中一个能较好地完成其他任务,另一个则不能。”

2. 交互链路状况

通常来说,战役决策实体与战术决策实体间的交互链路性能越好,两者之间的信息分发越顺畅,战役决策实体掌握全局信息进行科学 C^2 的条件越充分;而在交互不可靠时,战役决策实体与战术决策实体信息分发受限,其无法及时准确掌握态势及目标信息,趋于分布的 C^2 方式更为适用。

3. 环境不确定程度

不管是对于战役决策实体还是战术决策实体,随着环境不确定度的增大,其 C^2 可靠性均呈下降趋势,但由于战役决策实体掌握全局信息且决策能力更强,相对于战术决策实体,其下降趋势更为平缓。因此,当环境的不确定程度增大时,战役决策实体降低战术决策实体的 C^2 等级以收回控制权;当环境的不确定程度较小时,可以适当提高战术决策实体的 C^2 等级从而减轻战役决策实体的工作负载。

4. 任务紧迫程度

C^2 组织进行作战时,作战节奏越快,相比于分布式决策,战役决策实体集中式 C^2 优势越明显。因此,任务紧迫程度越高,C^2 效率要求更高,则 C^2 模式越趋集中;反之,越趋分布。

5. 战役决策实体对战术决策实体信任度

战役决策实体对战术决策实体信任度在一定程度上取决于战术决策实体决策的可靠性[179],文献[180]建议:“如果下级决策实体的可靠性低至70%以下,那还不如根本没有下级决策实体”。因此,战术决策实体可靠性越高,则信任度越高,C^2 权限更分布于战术决策实体;反之,C^2 权限越集中于战役决策实体。

7.2.2 基于区间直觉多属性决策的模型求解

区间直觉模糊集[181]是直觉模糊集研究领域的一个重要分支,与传统直觉模糊集相区别的是,区间直觉模糊集将隶属度、非隶属度以及犹豫度用[0,1]的闭区间表示,从而能够更加有效地反映研究对象取值的不确定信息。因此,区间直觉模糊集相对传统直觉模糊集更具适用性。

定义 7.1 区间直觉模糊集。设 X 为一非空集合,$S[0,1]$ 为区间[0,1]上所有闭子集的集合,则 S 上的区间直觉模糊集可以表示为

$$S=\{(x,\mu_S(x),\upsilon_S(x))\mid x\in X\} \tag{7.1}$$

$\mu_S(x)\subseteq S[0,1]$ 且 $\upsilon_S(x)\subseteq S[0,1]$,具体表示为

$$\mu_S(x)=[\mu_S^L(x),\mu_S^R(x)],\quad \upsilon_S(x)=[\upsilon_S^L(x),\upsilon_S^R(x)] \tag{7.2}$$

式中:$\mu_S^L(x)$ 和 $\mu_S^R(x)$ 分别为 X 中元素属于 S 的隶属度上下界;$\upsilon_S^L(x)$ 和 $\upsilon_S^R(x)$ 分别为 X 中元素不属于 S 的非隶属度上下界;对于 $\forall x\in X,\mu_S^R(x)+\upsilon_S^R(x)\subseteq S[0,1]$。

令 $\Delta\mu_S(x)=\mu_S^R(x)-\mu_S^L(x),\Delta\upsilon_S(x)=\upsilon_S^R(x)-\upsilon_S^L(x),\lambda\in[0,1]$,则式(7.1)转化为

$$S=\{(x,\mu_S^L(x)+\lambda\Delta\mu_S(x),\upsilon_S^L(x)+\lambda\Delta\upsilon_S(x))\mid x\in X\} \tag{7.3}$$

则 X 中元素属于 S 的犹豫度可表示为

$$\sigma_S(x) = 1 - \mu_S^L(x) - v_S^L(x) - \lambda(\Delta\mu_S(x) + \Delta v_S(x)) \tag{7.4}$$

定义 7.2 区间直觉模糊集的排序方法。若有两个区间直觉模糊集 $S_1 = \{(x, \mu_{S_1}(x), v_{S_1}(x)) x \in X|\}$、$S_2 = \{(x, \mu_{S_2}(x), v_{S_2}(x)) x \in X|\}$,则 S_1 与 S_2 的排序方法定义如下:当且仅当满足 $\mu_{S_1}^L(x) \leqslant \mu_{S_2}^L(x)$、$\mu_{S_1}^R(x) \leqslant \mu_{S_2}^R(x)$、$v_{S_1}^L(x) \leqslant v_{S_2}^L(x)$、$v_{S_1}^R(x) \leqslant v_{S_2}^R(x)$时,有 $S_1 < = S_2$ 成立。

定义 7.3 区间直觉模糊矩阵的距离。设 $\alpha_{pq} = ([a_{pq}, b_{pq}], [c_{pq}, d_{pq}])$、$\beta_{pq} = ([e_{pq}, f_{pq}], [g_{pq}, h_{pq}])$ 是任意两个区间直觉模糊数,引入基于 Hausdoff 测度的 Hamming 距离[182],定义

$$d(\alpha_{pq}, \beta_{pq}) = \max(|a_{pq} - e_{pq}|, |b_{pq} - f_{pq}|, |c_{pq} - g_{pq}|, |d_{pq} - h_{pq}|) \tag{7.5}$$

为 α_{pq} 和 β_{pq} 之间的距离。

进一步,可以定义区间直觉模糊矩阵 $\boldsymbol{\alpha}$ 和 $\boldsymbol{\beta}$ 的距离为

$$d(\boldsymbol{\alpha}, \boldsymbol{\beta}) = \sum_{p=1}^{u}\sum_{q=1}^{v} \max(|a_{pq} - e_{pq}|, |b_{pq} - f_{pq}|, |c_{pq} - g_{pq}|, |d_{pq} - h_{pq}|) \tag{7.6}$$

定义 7.4 区间直觉模糊集结算子。设 $\alpha_p = ([a_p, b_p], [c_p, d_p])$ 为区间直觉模糊数,则定义区间直觉模糊加权几何平均算子如下

$$\begin{aligned} \text{IIVFWGA}(\alpha_1, \alpha_2, \cdots, \alpha_u) &= \alpha_1^{\eta_1} \otimes \alpha_2^{\eta_2} \otimes \cdots \otimes \alpha_u^{\eta_u} \\ &= \left(\left[\prod_{p=1}^{u} a_p^{\eta_p}, \prod_{p=1}^{u} b_p^{\eta_p}\right], \left[1 - \prod_{p=1}^{u}(1 - c_p)^{\eta_p}, 1 - \prod_{p=1}^{u}(1 - d_p)^{\eta_p}\right]\right) \end{aligned} \tag{7.7}$$

式中:$\boldsymbol{\eta} = [\eta_1, \eta_2, \cdots, \eta_u]$ 为权重向量。

定义 7.5 区间直觉模糊熵。借鉴参考文献[183]的研究成果,定义映射 E 满足下列条件,使得 $E(S) \to [0,1]$ 为区间直觉模糊熵。

(1) 当且仅当 $\mu_S^L(x) = \mu_S^R(x) = 0$、$v_S^L(x) = v_S^R(x) = 1$ 或者 $\mu_S^L(x) = \mu_S^R(x) = 1$、$v_S^L(x) = v_S^R(x) = 0$ 时,$E(S) = 0$。

(2) 当且仅当 $\mu_S^L(x) = v_S^L(x)$、$\mu_S^R(x) = v_S^R(x)$ 时,$E(S) = 1$。

(3) $E(S) = E(S^C)$,其中,$S^C = \{(x, v_S(x), \mu_S(x)) | x \in X\}$。

(4) 对于 $\forall x \in X$,当且仅当 $\mu_{S_2}(x) \geqslant v_{S_2}(x)$、$\mu_{S_1}(x) \geqslant \mu_{S_2}(x)$ 和 $v_{S_1}(x) \leqslant v_{S_2}(x)$ 同时成立,或 $\mu_{S_2}(x) \leqslant v_{S_2}(x)$、$\mu_{S_1}(x) \leqslant \mu_{S_2}(x)$ 和 $v_{S_1}(x) \geqslant v_{S_2}(x)$ 同时成立时,有 $E(S_1) \leqslant E(S_2)$。

则定义区间直觉模糊集 S 的区间直觉模糊熵如下:

$$E(S) = \cos\left(\frac{|(\mu_S - v_S)(1 - \sigma_S)|}{2}\pi\right) \tag{7.8}$$

$E(S)$ 符合上述 4 个条件,具体证明过程见文献[183]。

一般按照专家建议一致性检验、基于熵的属性权重确定和改进灰色关联度计算的顺序确定 C^2 权限分配结果,具体如下。

(1) 专家建议一致性检验

由于专家经验的差异性甚至矛盾性,需要对专家建议进行一致性检验,通过计算个体

建议决策矩阵相互间的距离,并采用自收敛算法进行反复迭代,直至得到一致性决策矩阵[184]。

定义 7.6 专家建议决策矩阵。专家根据属性域的各具体决策分配属性,结合专家经验,给出 C^2 等级对应于属性域的适应值,形成初始专家建议决策矩阵。

定义 7.7 设第 k 个专家的决策矩阵 $\boldsymbol{R}_k=(r_{ijk})_{l\times m}$,群体决策矩阵 $\boldsymbol{R}=(r_{ij})_{l\times m}$,其中,$k=1,2,\cdots,A$。若 $d(\boldsymbol{R}_k,\boldsymbol{R})\leqslant\varepsilon$,则称 $\boldsymbol{R}_k$ 和 $\boldsymbol{R}$ 为一致性决策矩阵,ε 为专家建议一致性阈值,取 $\varepsilon=0.1$。

专家建议决策矩阵迭代算法的基本原理是:当第 k 个专家的建议决策矩阵与群体决策矩阵间的距离大于阈值 ε 时,就进行建议决策矩阵的迭代更新直至 $\forall\boldsymbol{R}_k$ 与 $\boldsymbol{R}$ 均满足一致性条件,具体步骤如下。

步骤 1 输入 A 个专家建议决策矩阵 $\boldsymbol{R}_1$、$\boldsymbol{R}_2$、$\cdots$、$\boldsymbol{R}_n$,应用 IIVFWGA 算子集结得到群体决策矩阵 $\boldsymbol{R}$,并设置迭代次数 ite 初始值为 0。

步骤 2 计算各专家建议决策矩阵与群体决策矩阵间距离 $d(\boldsymbol{R}_k,\boldsymbol{R})$,其中,$1\leqslant k\leqslant A$。若对 $\forall k$,都有 $d(\boldsymbol{R}_k,\boldsymbol{R})\leqslant\varepsilon$ 成立,则执行步骤 5;否则,执行步骤 3。

步骤 3 更新第 k 个专家建议决策矩阵的决策值,即有

$$r_{ijk}=\vartheta r_{ijk}+(1-\vartheta)r_{ij} \tag{7.9}$$

式中:ϑ 为更新权重值,取值为(0,1)。

步骤 4 应用 IIVFWGA 算子更新得到群体决策矩阵 $\boldsymbol{R}$,并令 ite = ite + 1,返回步骤 2。

步骤 5 输出 ite、$\boldsymbol{R}$。

(2) 基于熵的属性权重确定

熵的概念广泛应用于信息论领域,主要被用来表征事物的不确定性。熵值越小,信息量越大,不确定性越小;熵值越大,信息量越小,不确定性越大。C^2 组织运行过程中,战役决策实体最关心的地方,往往是不确定程度最大的地方。因此,熵值越大,对应的属性权重相应越大。基于熵的属性权重确定步骤具体如下。

步骤 1 输入经过一致性检验的群体决策矩阵

$$\boldsymbol{R}=\begin{bmatrix} r_{11} & r_{12} & \cdots & r_{1m} \\ r_{21} & r_{22} & \cdots & r_{2m} \\ \vdots & \vdots & & \vdots \\ r_{l1} & r_{l2} & \cdots & r_{lm} \end{bmatrix} \tag{7.10}$$

步骤 2 根据式(7.11)计算群体决策矩阵 $\boldsymbol{R}$ 的熵矩阵

$$\boldsymbol{E}=\begin{bmatrix} e_{11} & e_{12} & \cdots & e_{1m} \\ e_{21} & e_{22} & \cdots & e_{2m} \\ \vdots & \vdots & & \vdots \\ e_{l1} & e_{l2} & \cdots & e_{lm} \end{bmatrix} \tag{7.11}$$

步骤 3　对 $\boldsymbol{E}$ 进行处理得到规范化熵矩阵

$$\boldsymbol{E}^* = \begin{bmatrix} e_{11}^* & e_{12}^* & \cdots & e_{1m}^* \\ e_{21}^* & e_{22}^* & \cdots & e_{2m}^* \\ \vdots & \vdots & & \vdots \\ e_{l1}^* & e_{l1}^* & \cdots & e_{lm}^* \end{bmatrix} \tag{7.12}$$

式中：$e_{ij}^* = e_{ij}/\max(e_{1j}, e_{2j}, \cdots, e_{lj})$。

步骤 4　根据下式计算属性权重，其中，$e_j^* = \sum_{i=1}^{l} e_{ij}^*$，$e^* = \sum_{j=1}^{m} e_j^*$。

$$w_j = \frac{e_j^* - 1}{e^* - m} \tag{7.13}$$

由式(7.13)可以看出，w_j 的取值随着 e_j^* 的增大而增大，即熵值越大，不确定性越大，属性权重也越大。符合上述判断。

(3) 改进灰色关联度计算

灰色关联分析[185]根据小样本、贫信息系统中元素间的相似程度来衡量系统变量间的接近程度，称为关联度。其优点在于通过度量多元素本身及其变化态势，搜寻与目标元素联系更为紧密的元素，灰色关联分析计算过程简单且复杂度较小。

记参考序列为

$$\boldsymbol{r}^* = (r_1^*, r_2^*, \cdots, r_m^*) \tag{7.14}$$

式中：r_j^* 为参考序列中第 j 个属性值归一化处理后的结果。原始灰色关联分析中的参考序列一般取同一属性值下的最大(最小)元素序列，根据研究需要，取参考序列为各属性下的指标序列。

分别求第 i 个等级的第 j 个属性值 r_{ij} 与参考属性值 r_j^* 之间的关联系数：

$$\mathrm{rel}_{ij} = \frac{\min\limits_i \min\limits_j d(r_j^*, r_{ij}) + \rho \max\limits_i \max\limits_j d(r_j^*, r_{ij})}{d(r_j^*, r_{ij}) + \rho \max\limits_i \max\limits_j d(r_j^*, r_{ij})} \tag{7.15}$$

式中：一般取 $\rho = 0.5$；$d(r_j^*, r_{ij})$ 代表 r_{ij} 与参考属性值 r_j^* 的距离，计算方法见式(7.5)。

将第 i 个等级的第 j 个属性值与参考属性值间的关联系数加权求和后，即得第 i 个等级与参考序列间的关联度

$$\mathrm{rd}_i = \frac{1}{m} \sum_{j=1}^{m} w_j g l_{ij} \tag{7.16}$$

最后，根据各等级与参考序列的关联度值进行排序，选取排序最大的等级作为最终协同 C^2 等级。

(4) C^2 等级确定流程

C^2 组织 C^2 等级确定的具体步骤如下。

步骤 1　输入当前属性域各属性的状态值，生成参考序列 $\boldsymbol{r}^*$。

步骤2　输入3个专家建议决策矩阵$\boldsymbol{R}_1$、$\boldsymbol{R}_2$和$\boldsymbol{R}_3$，并进行多次自收敛迭代，得到群体决策矩阵$\boldsymbol{R}$。

步骤3　根据式(7.10)至式(7.13)计算得到S_Y中各属性权重。

步骤4　根据式(7.14)至式(7.16)计算各等级与参考序列的关联度，按照最大隶属原则，取关联度最大值$\mathrm{rd}_i=\max(\mathrm{rd}_1,\mathrm{rd}_2,\cdots,\mathrm{rd}_l)$所对应的第$i$个等级作为战役决策实体-战术决策实体协同$C^2$等级。

图7.1所示为战役决策实体-战术决策实体C^2权限分配流程。

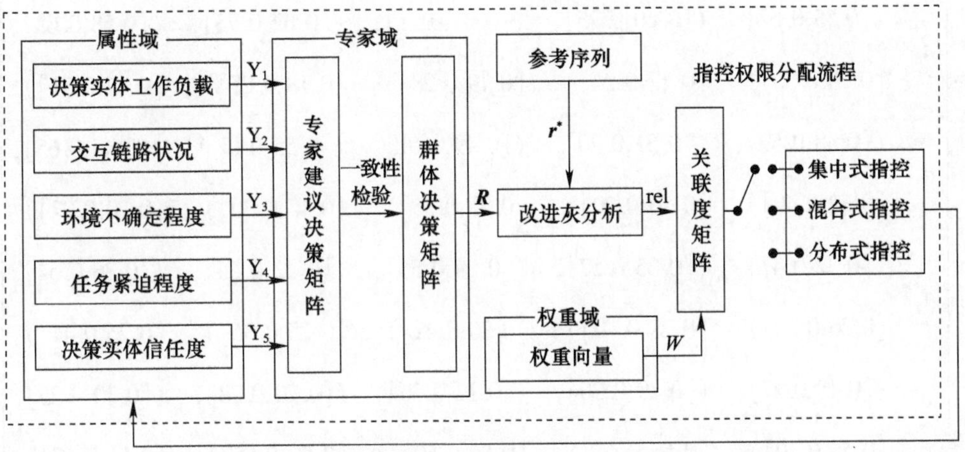

图7.1　战役决策实体-战术决策实体C^2权限分配流程

7.2.3　具体案例分析

为验证区间直觉多属性决策算法的有效性和合理性，属性域取3种场景，即C^2权限分配属性各类指标较优、指标适中、指标较劣；专家域取3名专家，将3名专家的专家决策矩阵进行一致性检验后，得到群体决策矩阵。

在C^2权限分配属性各类指标较优、指标适中、指标较劣3种不同仿真场景下，元素序列$\boldsymbol{r}_1$、$\boldsymbol{r}_2$和$\boldsymbol{r}_3$分别为

$$\boldsymbol{r}_1=\begin{bmatrix}([0.78,0.86], & ([0.91,0.93], & ([0.90,0.92], & ([0.86,0.90], & ([0.83,0.88],\\ [0.10,0.13]) & [0.03,0.07]) & [0.04,0.06]) & [0.03,0.10]) & [0.08,0.12])\end{bmatrix}$$

$$\boldsymbol{r}_2=\begin{bmatrix}([0.57,0.70], & ([0.55,0.73], & ([0.58,0.67], & ([0.65,0.78], & ([0.60,0.75],\\ [0.15,0.29]) & [0.19,0.25]) & [0.21,0.31]) & [0.16,0.22]) & [0.17,0.27])\end{bmatrix}$$

$$\boldsymbol{r}_3=\begin{bmatrix}([0.16,0.20], & ([0.23,0.33], & ([0.15,0.30], & ([0.22,0.34], & ([0.18,0.29],\\ [0.60,0.71]) & [0.45,0.61]) & [0.48,0.68]) & [0.55,0.64]) & [0.50,0.70])\end{bmatrix}$$

对于专家域中的3名专家，其给出的专家建议决策矩阵$\boldsymbol{R}_1$、$\boldsymbol{R}_2$和$\boldsymbol{R}_3$分别被设置为

$$
\boldsymbol{R}_1=\begin{bmatrix}
 & p_1 & p_2 & p_3 & p_4 & p_5 \\
d_1 & ([0.82,0.90],[0.09,0.10]) & ([0.90,0.95],[0.01,0.05]) & ([0.87,0.96],[0.02,0.04]) & ([0.90,0.93],[0.06,0.07]) & ([0.86,0.94],[0.04,0.08]) \\
d_2 & ([0.69,0.76],[0.14,0.22]) & ([0.79,0.85],[0.08,0.15]) & ([0.78,0.84],[0.10,0.15]) & ([0.72,0.81],[0.12,0.18]) & ([0.66,0.73],[0.15,0.20]) \\
d_3 & ([0.55,0.67],[0.20,0.30]) & ([0.60,0.75],[0.17,0.24]) & ([0.61,0.71],[0.19,0.28]) & ([0.62,0.75],[0.18,0.25]) & ([0.58,0.68],[0.17,0.31]) \\
d_4 & ([0.48,0.59],[0.32,0.40]) & ([0.51,0.70],[0.10,0.20]) & ([0.49,0.61],[0.25,0.35]) & ([0.55,0.62],[0.15,0.30]) & ([0.45,0.65],[0.20,0.27]) \\
d_5 & ([0.32,0.47],[0.36,0.50]) & ([0.35,0.57],[0.28,0.40]) & ([0.38,0.56],[0.30,0.42]) & ([0.42,0.55],[0.25,0.36]) & ([0.36,0.54],[0.26,0.44]) \\
d_6 & ([0.18,0.27],[0.55,0.70]) & ([0.19,0.30],[0.50,0.65]) & ([0.12,0.36],[0.55,0.60]) & ([0.20,0.28],[0.50,0.65]) & ([0.10,0.25],[0.51,0.67])
\end{bmatrix}
$$

$$
\boldsymbol{R}_2=\begin{bmatrix}
 & p_1 & p_2 & p_3 & p_4 & p_5 \\
d_1 & ([0.84,0.93],[0.02,0.06]) & ([0.88,0.96],[0.01,0.03]) & ([0.85,0.96],[0.02,0.04]) & ([0.93,0.95],[0.01,0.04]) & ([0.88,0.94],[0.03,0.06]) \\
d_2 & ([0.72,0.75],[0.15,0.20]) & ([0.81,0.83],[0.08,0.15]) & ([0.76,0.85],[0.10,0.13]) & ([0.73,0.79],[0.15,0.20]) & ([0.70,0.76],[0.11,0.23]) \\
d_3 & ([0.53,0.69],[0.18,0.25]) & ([0.61,0.80],[0.16,0.20]) & ([0.65,0.76],[0.16,0.23]) & ([0.65,0.76],[0.15,0.21]) & ([0.54,0.73],[0.14,0.24]) \\
d_4 & ([0.46,0.61],[0.25,0.38]) & ([0.48,0.71],[0.20,0.25]) & ([0.50,0.64],[0.15,0.30]) & ([0.53,0.64],[0.26,0.30]) & ([0.49,0.66],[0.23,0.31]) \\
d_5 & ([0.34,0.45],[0.50,0.55]) & ([0.36,0.59],[0.30,0.35]) & ([0.36,0.54],[0.34,0.45]) & ([0.41,0.51],[0.40,0.46]) & ([0.30,0.49],[0.45,0.50]) \\
d_6 & ([0.19,0.27],[0.59,0.73]) & ([0.21,0.33],[0.55,0.65]) & ([0.13,0.38],[0.44,0.56]) & ([0.15,0.30],[0.59,0.68]) & ([0.17,0.29],[0.50,0.70])
\end{bmatrix}
$$

$$
\boldsymbol{R}_3=\left[\begin{array}{cccccc}
 & p_1 & p_2 & p_3 & p_4 & p_5 \\
d_1 & ([0.82,0.88], & ([0.85,0.93], & ([0.88,0.93], & ([0.95,0.97], & ([0.87,0.95], \\
 & [0.06,0.11]) & [0.03,0.06]) & [0.04,0.07]) & [0.01,0.02]) & [0.01,0.04]) \\
d_2 & ([0.70,0.78], & ([0.83,0.85], & ([0.73,0.84], & ([0.69,0.81], & ([0.76,0.80], \\
 & [0.13,0.20]) & [0.09,0.14]) & [0.10,0.15]) & [0.05,0.15]) & [0.09,0.18]) \\
d_3 & ([0.55,0.69], & ([0.59,0.83], & ([0.67,0.78], & ([0.60,0.75], & ([0.63,0.80], \\
 & [0.21,0.30]) & [0.11,0.16]) & [0.13,0.19]) & [0.15,0.21]) & [0.18,0.20]) \\
d_4 & ([0.42,0.60], & ([0.46,0.71], & ([0.52,0.66], & ([0.56,0.68], & ([0.48,0.64], \\
 & [0.36,0.40]) & [0.14,0.25]) & [0.24,0.33]) & [0.20,0.30]) & [0.25,0.36]) \\
d_5 & ([0.30,0.45], & ([0.38,0.54], & ([0.38,0.55], & ([0.43,0.52], & ([0.35,0.48], \\
 & [0.44,0.50]) & [0.34,0.45]) & [0.34,0.43]) & [0.37,0.45]) & [0.40,0.47]) \\
d_6 & ([0.22,0.24], & ([0.23,0.33], & ([0.12,0.28], & ([0.20,0.25], & ([0.14,0.26], \\
 & [0.62,0.75]) & [0.50,0.65]) & [0.64,0.71]) & [0.64,0.73]) & [0.55,0.70])
\end{array}\right]
$$

经过 4 次一致性迭代后,计算得到经过一致性检验的群体决策矩阵为

$$
\boldsymbol{R}=\left[\begin{array}{cccccc}
 & p_1 & p_2 & p_3 & p_4 & p_5 \\
d_1 & ([0.83,0.90], & ([0.88,0.95], & ([0.87,0.95], & ([0.93,0.95], & ([0.87,0.94], \\
 & [0.06,0.10]) & [0.02,0.05]) & [0.03,0.05]) & [0.03,0.04]) & [0.03,0.06]) \\
d_2 & ([0.70,0.76], & ([0.81,0.84], & ([0.76,0.84], & ([0.71,0.80], & ([0.71,0.76], \\
 & [0.14,0.21]) & [0.08,0.15]) & [0.10,0.14]) & [0.10,0.18]) & [0.12,0.20]) \\
d_3 & ([0.54,0.68], & ([0.60,0.79], & ([0.64,0.75], & ([0.62,0.75], & ([0.58,0.74], \\
 & [0.20,0.28]) & [0.15,0.20]) & [0.16,0.23]) & [0.16,0.22]) & [0.16,0.25]) \\
d_4 & ([0.45,0.60], & ([0.48,0.71], & ([0.50,0.64], & ([0.55,0.65], & ([0.47,0.65], \\
 & [0.31,0.39]) & [0.15,0.23]) & [0.21,0.33]) & [0.20,0.30]) & [0.23,0.31]) \\
d_5 & ([0.32,0.46], & ([0.36,0.57], & ([0.37,0.55], & ([0.42,0.53], & ([0.34,0.50], \\
 & [0.44,0.52]) & [0.31,0.40]) & [0.33,0.43]) & [0.34,0.43]) & [0.37,0.47]) \\
d_6 & ([0.20,0.26], & ([0.21,0.32], & ([0.12,0.34], & ([0.18,0.28], & ([0.13,0.27], \\
 & [0.59,0.73]) & [0.52,0.65]) & [0.55,0.63]) & [0.58,0.69]) & [0.52,0.69])
\end{array}\right]
$$

进一步,求得各属性权重向量为

$$W=[0.22\quad 0.19\quad 0.20\quad 0.19\quad 0.20]$$

分别取参考序列为$\boldsymbol{r}_1$、$\boldsymbol{r}_2$ 和$\boldsymbol{r}_3$，得到关联系数矩阵

$$\mathbf{rel}_1=\begin{bmatrix}0.97 & 0.99 & 1.00 & 0.93 & 0.93\\ 0.87 & 0.86 & 0.79 & 0.79 & 0.82\\ 0.67 & 0.60 & 0.65 & 0.67 & 0.66\\ 0.59 & 0.52 & 0.54 & 0.60 & 0.57\\ 0.50 & 0.45 & 0.46 & 0.51 & 0.48\\ 0.43 & 0.39 & 0.36 & 0.40 & 0.39\end{bmatrix}\quad \mathbf{rel}_2=\begin{bmatrix}0.53 & 0.47 & 0.50 & 0.51 & 0.52\\ 0.71 & 0.53 & 0.63 & 0.86 & 0.76\\ 0.91 & 0.86 & 0.82 & 0.97 & 1.00\\ 0.66 & 0.85 & 0.83 & 0.70 & 0.72\\ 0.51 & 0.62 & 0.59 & 0.54 & 0.53\\ 0.39 & 0.41 & 0.38 & 0.36 & 0.37\end{bmatrix}$$

$$\mathbf{rel}_3=\begin{bmatrix}0.38 & 0.40 & 0.38 & 0.38 & 0.39\\ 0.44 & 0.43 & 0.42 & 0.47 & 0.46\\ 0.48 & 0.49 & 0.47 & 0.52 & 0.50\\ 0.53 & 0.55 & 0.57 & 0.57 & 0.54\\ 0.66 & 0.68 & 0.66 & 0.70 & 0.69\\ 0.97 & 0.95 & 0.94 & 0.96 & 1.00\end{bmatrix}$$

将关联系数矩阵和权重向量相乘，可得关联度矩阵

$$\mathbf{rd}_1=\begin{bmatrix}0.97\\ 0.83\\ 0.65\\ 0.56\\ 0.48\\ 0.39\end{bmatrix}\quad \mathbf{rd}_2=\begin{bmatrix}0.51\\ 0.70\\ 0.91\\ 0.75\\ 0.55\\ 0.38\end{bmatrix}\quad \mathbf{rd}_3=\begin{bmatrix}0.38\\ 0.44\\ 0.49\\ 0.55\\ 0.68\\ 0.96\end{bmatrix}$$

由各关联度矩阵可知，$\mathbf{rd}_1$、$\mathbf{rd}_2$ 和 $\mathbf{rd}_3$ 中取得最大值分别是在第 1、3、6 行。因此，指标较好时的 C^2 等级为 1 级，即采用完全集中式 C^2；指标适中时的 C^2 等级为 3 级，即采用干预型混合式 C^2；指标较差时的决策等级为 6 级，即采用完全分布式 C^2。结果与上述划分 C^2 组织 C^2 等级分析相一致，证明了所提方法的有效性。

在区间直觉多属性决策算法中，属性权重的确定是影响分配结果的重要因素。因此，对所提出算法的合理性分析，主要从属性权重确定及分配结果两个方面与其他算法进行了对比分析。

表 7.3 所列为各算法的属性权重值对比；表 7.4 所列为各算法的分配结果对比（指标适中）。

表 7.3　各算法的属性权重值对比

算法	属性权重值				
	Y_1	Y_2	Y_3	Y_4	Y_5
所提出算法	0.2195	0.1934	0.1953	0.1899	0.2020
文献[186]	0.2241	0.1830	0.1943	0.1962	0.2024
文献[187]	0.2194	0.1865	0.1959	0.1916	0.2066

表 7.4　各算法的分配结果对比(指标适中)

算法	最终分配结果					
	rd_1	rd_2	rd_3	rd_4	rd_5	rd_6
所提出算法	0.5092	0.6990	0.9131	0.7485	0.5545	0.3828
文献[186]	0.5097	0.7008	0.8936	0.7469	0.5536	0.3826
文献[187]	0.5094	0.6996	0.9133	0.7479	0.5541	0.3827

从表 7.3 可以看出,采用区间直觉多属性决策算法计算得到的属性权重排序分别为 $Y_1 > Y_4 > Y_3 > Y_5 > Y_2$;文献[186]中,属性权重排序分别为 $Y_1 > Y_5 > Y_4 > Y_3 > Y_2$;文献[187]中,属性权重排序分别为 $Y_1 > Y_5 > Y_3 > Y_4 > Y_2$。区间直觉多属性决策算法与其他两种算法相比,仅在 Y_3、Y_4 和 Y_5 的排序上存在差异。

由表 7.4 可知,关联度矩阵 $\mathbf{rd}_2$ 中,等级排序为 $rd_3 > rd_4 > rd_2 > rd_5 > rd_1 > rd_6$,$C^2$ 等级 3 级均为最优等级。

7.3　C^2 权限分配方案演进

由于 C^2 组织环境是动态时变的,影响 C^2 权限分配结果的各属性值会随着组织运行过程的不断推进而发生较大幅度的波动。因此,为了充分发挥 C^2 效能,C^2 组织运行过程中的 C^2 模式不会一成不变,而是会随着影响属性的变化而动态演进。C^2 组织 C^2 权限分配的动态演进是一个持续自主适应的过程,需根据当前属性信息选择最优的 C^2 权限分配方案,主要采用多阶段决策方法对 C^2 权限分配动态演进问题进行讨论。

7.3.1　划分阶段的演进模型

在 C^2 权限分配动态演进过程中,C^2 组织不断监测阶段内各属性值的情况,通过属性值的变化判断 C^2 权限分配演进的主要因素;然后,从专家权威度矩阵中选择主因属性下的权威度向量,并执行 C^2 权限分配过程;最后,根据相邻阶段演进机制确定当前最优 C^2 权限分配方案。通过各个阶段权限分配方案的不断演进,实现 C^2 权限的重分配。如图 7.1所示,选取集中式、混合式和分布式 3 种分配方案。图 7.2 所示为 C^2 组织 C^2 权限分配演进示例。

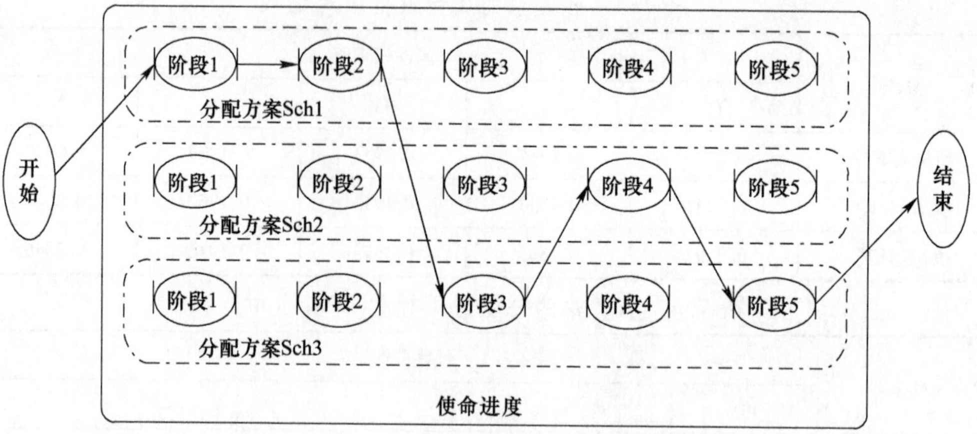

图 7.2　C^2 组织 C^2 权限分配演进示例

7.3.2　基于相邻阶段演进机制的模型求解

C^2 权限分配方案是按式(7.16)计算的关联度值由大到小排序后，选择关联最大值确定的。对于 C^2 权限分配的动态演进问题而言，根据上述方法进行简单周期性 C^2 权限分配是不可取的，有可能出现临近多个阶段中两种 C^2 权限分配方案的关联度值相当，但获得的 C^2 权限分配结果是在两种分配方案间不断跳转的情况，这种频繁的跳转不仅实际意义不大，而且还会带来许多潜在的演进代价，造成 C^2 组织 C^2 权限分配的不稳定。

为了避免 C^2 权限分配的盲目跳转，给出基于相邻阶段最优方案相对关系的 C^2 权限分配方案演进机制，基本思想是在当前阶段最优 C^2 权限分配方案关联度值与前一阶段分配方案在当前阶段关联度值的相对大小，若两者相当，则不改变原有的权限分配方案。

假定经过关联度值计算，第 $t_{n-1} \sim t_n$ 阶段的各个 C^2 权限分配方案关联度值向量为 $\mathbf{rd}(n)=[\mathrm{rd}_{1n},\mathrm{rd}_{2n},\mathrm{rd}_{3n}]$，由大到小排序后的向量为 $\mathbf{rd}'(n)=[\mathrm{rd}_{u_1n},\mathrm{rd}_{u_2n},\mathrm{rd}_{u_3n}]$，第 $t_{n-1} \sim t_n$ 个阶段的分配方案为 Sch_{u_1n}，则相邻阶段分配方案演进的具体流程为以下步骤。

步骤 1　计算第 $t_{n-1} \sim t_n$ 阶段最优方案的关联度值 rd_{u_1n} 与第 $t_n \sim t_{n+1}$ 阶段最优方案关联度值 $\mathrm{rd}_{u_1(n+1)}$ 的相对大小，即 $\Delta\mathrm{rd}=|\mathrm{rd}_{u_1(n+1)}-\mathrm{rd}_{u_1n}|$。

步骤 2　判断 $\Delta\mathrm{rd} \leqslant \mathrm{rd}_{\mathrm{th}}$（$\mathrm{rd}_{\mathrm{th}}$ 为设定阈值，小于该阈值则认为两个数大小相当）是否成立，若是，则令第 $t_n \sim t_{n+1}$ 阶段最优分配方案为 Sch_{u_1n}；若否，则令第 $t_n \sim t_{n+1}$ 阶段最优分配方案为 $\mathrm{Sch}_{u_1(n+1)}$。

步骤 3　输出第 $t_n \sim t_{n+1}$ 阶段最优分配方案。

7.3.3　具体案例分析

为了验证 C^2 权限分配方案演进方法的有效性，进行 100 个阶段的实验，每个阶段属性值会在上一阶段属性值基础上随机变化，且令阈值 $\mathrm{rd}_{\mathrm{th}}$ 大小为 0.04。

图 7.3 所示为 100 个阶段分配方案动态演进结果。

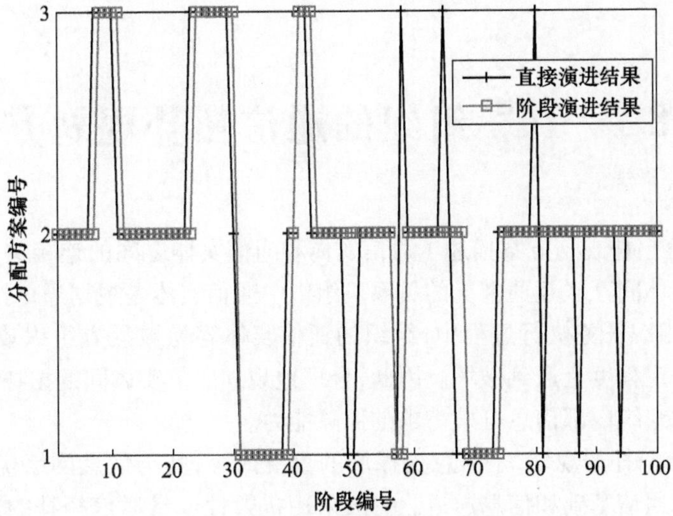

图 7.3　100 个阶段分配方案动态演进结果

每个阶段进行独立分配方案选择时,整个演进过程的分配方案会产生频繁跳转,而基于相邻阶段演进机制在两种方案相近时保持了原有方案不变,避免了分配方案频繁跳转,从而保证了 C^2 组织 C^2 权限分配结果的稳定性。因此,C^2 权限分配的动态演进方法有效可行。

第8章　C^2 组织的通信拓扑规划方法

C^2 组织通信拓扑规划方案描述了通信实体和通信实体之间的连接关系，是直接反映组织内部通信实体间互联互通情况的关系。组织中通信实体是规划通信拓扑的基础性设施[188-189]，由于组织任务执行过程中，组织的通信实体容易被敌方组织攻击而导致组织的通信拓扑在一定程度上遭到破坏。因此，合理地规划通信实体间的拓扑结构，能够最大程度地提高其对组织内部信息分发需求的保障能力。

C^2 组织通信拓扑的规划，是信息支撑层的重要内容，其与信息网络优化一起构成了支撑组织运行的通信基础和信息通道。一般采用抗毁性度量通信拓扑的规划性能，即抗毁性越好的通信拓扑，越能够满足组织环境和状态多变条件下的通信保障需要。

8.1　通信拓扑规划分析

8.1.1　相关研究情况分析

目前，相关基础性研究主要集中在通信节点攻击策略设计[190-191]和通信抗毁性能优化[192-193]。通信节点攻击策略主要研究如何破坏通信节点才能更有效率地瓦解整个通信拓扑，经典的拓扑节点攻击策略包括度优先攻击策略[194]和介数优先攻击策略[195]。为进一步提高这两种策略的攻击效果，文献[196]认为可以综合考虑节点的度大小及其第二邻居的数量来实施攻击；文献[197]分别给节点的度和介数赋予权重并选择二者加权和大的节点优先攻击；文献[198]则构造了双重判断准则，即先攻击度大的节点，当节点的度相同时，攻击其中介数大的节点。文献[199]提出了一种邻近攻击策略，其基本思想是若某个节点受到攻击，则其邻居节点接下来更可能被攻击。文献[200]从破坏拓扑社团结构的角度出发，设计了一种针对高社团成员值节点的多靶向攻击策略。文献[201]和文献[202]分别定义了 Damage 指标和中心性指标以衡量节点在拓扑中的重要程度，然后优先攻击拓扑中重要程度高的节点。

拓扑抗毁性是指拓扑中的节点或链路失效后，通信拓扑维持其基本功能的能力。Wang 等[203]发现节点度分布越不均匀，通信拓扑对随机故障的抵抗能力越强，因此，可以通过优化节点度分布熵来提高拓扑的抗毁性能。Paul 等[204]运用渗流理论分析了通信拓扑崩溃时的临界节点移除比例，并以最大化该比例为目标优化拓扑结构，结果表明，拓扑度呈双峰分布时抗毁性最佳。Wu 等[205]提出了自然连通度作为衡量拓扑抗毁性优劣的测度指标，并基于此给出了拓扑结构的抗毁性优化方法。文献[206]指出，在进行网络优化需要考虑具体的攻击策略，并根据该思路构造了基于攻击策略的网络结构优化模型。文献[207]以网络受到攻击时最大连通分量的均值来测度网络的抗毁性能，通过保度重连操作和爬山法对网络进行优化；文献[208]则针对爬山法存在的不足，采用模拟退火算法进行了改进。文献[209]在网络抗毁性优化设计中进一步考虑了网络的级联失效问题;文献[210]和文献[211]选择增加冗余链路的方式提高网络的抗毁性能。

研究有效的通信节点攻击策略可以促进拓扑抗毁性优化方法的完善,从而得到更为抗毁的通信拓扑规划方案。从目前的研究进展看,大部分节点攻击策略都是基于重要度的理念来选择所要攻击的节点对象,由于拓扑结构多种多样,定义通用的节点重要度指标十分困难,因此,这些策略并不总能奏效。在通信拓扑抗毁性优化设计方面,多数研究关注的是遭受攻击时如何才能尽量保持拓扑结构的连通性。但是对于 C^2 组织的通信拓扑而言,其更主要的功能是保障军事组织中的信息分发,而非仅仅保持自身拓扑的连通性。

8.1.2 规划方案性能测度

C^2 组织中的 C^2 关系和协作关系在运行进程中将导致相应业务信息流的产生,主要包括战役决策实体与战术决策实体之间的 C^2 信息流(ODM - TDM 信息流),战术决策实体与平台实体之间的 C^2 信息流(TDM - P 信息流)以及战术决策实体相互之间的协作信息流(TDM - TDM 信息流)三类。图 8.1 所示为 C^2 组织中业务信息流。

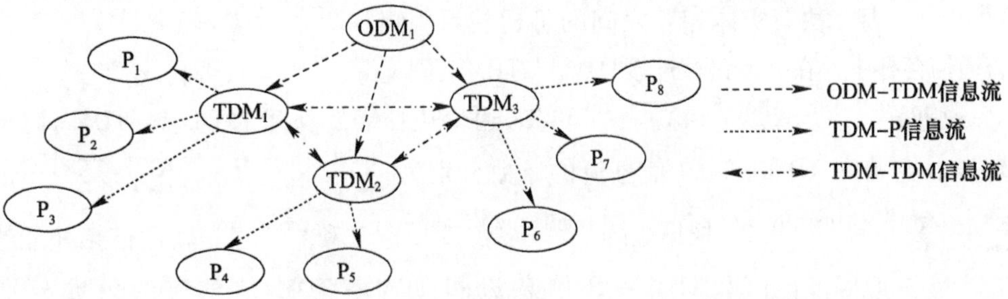

图 8.1 C^2 组织中业务信息流

为了支撑业务信息流的传输,组织的通信实体之间通过相互连接形成一张骨干拓扑,决策实体和平台实体作为用户节点,连接各个通信实体形成接入网络。图 8.2 所示为 C^2 组织中通信拓扑。

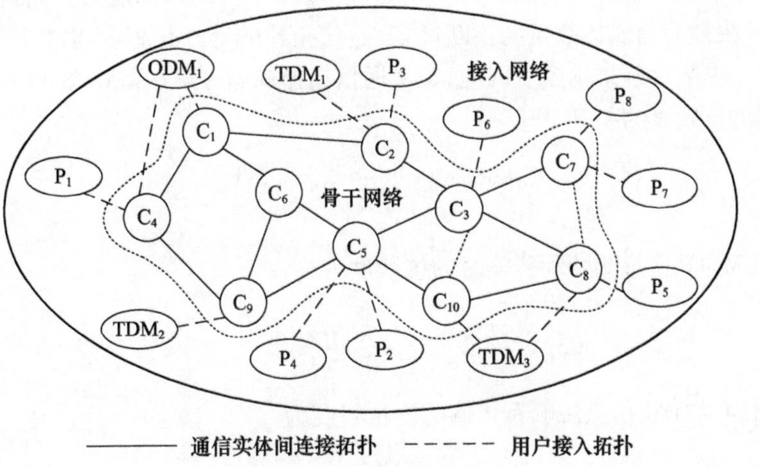

图 8.2 C^2 组织中通信拓扑

在组织任务执行过程中，C^2 组织的通信实体很可能遭受敌方组织攻击而失效，使得整个通信拓扑无法互联互通，组织内部的业务信息流被迫中断，导致组织在对抗过程中无法通过动态聚能形成战场合力。在规划通信拓扑结构时，必须考虑通信拓扑抗毁性设计问题，即如何规划通信拓扑结构，使通信拓扑在遭受攻击的情况下仍能最大程度地保障组织中业务信息流的传输。由于用户接入拓扑通常是根据用户的具体位置采用就近原则确定，因此，通信拓扑抗毁性设计主要考虑如何规划通信实体间的连接拓扑，即构造通信拓扑规划方案$\boldsymbol{X}^{\mathrm{C-C}}=(x_{mm'}^{\mathrm{C-C}})_{Q\times Q}$，其中，$m\neq m'$。

通信拓扑规划方案$\boldsymbol{X}^{\mathrm{C-C}}=(x_{mm'}^{\mathrm{C-C}})_{Q\times Q}$描述了通信实体之间的连接关系，较优的规划方案能使通信拓扑在部分通信实体受攻击而失效的情形下，仍能较好地保障组织中业务信息流的传输，故其性能测度也称为抗毁度。

组织中战役决策实体与战术决策实体之间的可达关系用矩阵$\boldsymbol{X}^{\mathrm{ODM-TDM-C}}=(x_{1k}^{\mathrm{ODM-TDM-C}})_{1\times D}$表示，若通信拓扑中存在一条路径连接$\mathrm{ODM}_1$ 与TDM_k，则 $x_{1k}^{\mathrm{ODM-TDM-C}}=1$，否则，$x_{1k}^{\mathrm{ODM-TDM-C}}=0$。战术决策实体与平台实体之间的可达关系用矩阵$\boldsymbol{X}^{\mathrm{TDM-P-C}}=(x_{kj}^{\mathrm{TDM-P-C}})_{D\times V}$表示，若通信拓扑中存在一条路径连接$\mathrm{TDM}_k$ 和 P_j，则 $x_{kj}^{\mathrm{TDM-P-C}}=1$，否则，$x_{kj}^{\mathrm{TDM-P-C}}=0$。战术决策实体相互之间的可达关系用矩阵$\boldsymbol{X}^{\mathrm{TDM-TDM-C}}=(x_{kk'}^{\mathrm{TDM-TDM-C}})_{D\times D}$表示，若通信拓扑中存在一条路径连接$\mathrm{TDM}_k$ 与$\mathrm{TDM}_{k'}$，则 $x_{kk'}^{\mathrm{TDM-TDM-C}}=1$，否则，$x_{kk'}^{\mathrm{TDM-TDM-C}}=0$。

由矩阵$\boldsymbol{X}^{\mathrm{ODM-TDM}}$、$\boldsymbol{X}^{\mathrm{TDM-P}}$和$\boldsymbol{X}^{\mathrm{TDM-TDM}}$可知，通信拓扑需要保障的 ODM－TDM 信息流、TDM－P 信息流和 TDM－TDM 信息流的条数分别为 $\sum_{k=1}^{D}x_{1k}^{\mathrm{ODM-TDM}}$、$\sum_{k=1}^{D}\sum_{j=1}^{V}x_{kj}^{\mathrm{TDM-P}}$ 和 $\sum_{k=1}^{D}\sum_{k'=1}^{D}x_{kk'}^{\mathrm{TDM-TDM}}/2$，根据矩阵$\boldsymbol{X}^{\mathrm{ODM-TDM-C}}$、$\boldsymbol{X}^{\mathrm{TDM-P-C}}$和$\boldsymbol{X}^{\mathrm{TDM-TDM-C}}$，通信拓扑能够保障的 ODM－TDM 信息流、TDM－P 信息流和 TDM－TDM 信息流的条数分别为 $\sum_{k=1}^{D}x_{1k}^{\mathrm{ODM-TDM-C}}$、$\sum_{k=1}^{D}\sum_{j=1}^{V}x_{kj}^{\mathrm{TDM-P-C}}$ 和 $\sum_{k=1}^{D}\sum_{k'=1}^{D}x_{kk'}^{\mathrm{TDM-TDM-C}}/2$，分别用 $BZ^{\mathrm{ODM-TDM}}=\sum_{k=1}^{D}x_{1k}^{\mathrm{ODM-TDM-C}}/\sum_{k=1}^{D}x_{1k}^{\mathrm{ODM-TDM}}$、$BZ^{\mathrm{TDM-P}}=\sum_{k=1}^{D}\sum_{j=1}^{V}x_{kj}^{\mathrm{TDM-P-C}}/\sum_{k=1}^{D}\sum_{j=1}^{V}x_{kj}^{\mathrm{TDM-P}}$ 和 $BZ^{\mathrm{TDM-TDM}}=\sum_{k=1}^{D}\sum_{k'=1}^{D}x_{kk'}^{\mathrm{TDM-TDM-C}}/\sum_{k=1}^{D}\sum_{k'=1}^{D}x_{kk'}^{\mathrm{TDM-TDM}}$ 来衡量通信拓扑对组织中 ODM－TDM信息流、TDM－P 信息流和 TDM－TDM 信息流的保障能力。当通信拓扑遭受攻击时，随着失效通信实体数量的不断增多，通信拓扑的碎片化程度将越来越高，能够保障的业务信息流数量越来越少。因此，定义通信拓扑规划方案在保障 ODM－TDM 信息流顺利传输时的抗毁度为

$$f_{\mathrm{sup}}^{\mathrm{ODM-TDM}}=\frac{1}{Q}\sum_{m=1}^{Q}BZ_{\neg\mathrm{C}_m}^{\mathrm{ODM-TDM}} \tag{8.1}$$

保障 TDM－P 信息流顺利传输时的抗毁度为

$$f_{\mathrm{sup}}^{\mathrm{TDM-P}}=\frac{1}{Q}\sum_{m=1}^{Q}BZ_{\neg\mathrm{C}_m}^{\mathrm{TDM-P}} \tag{8.2}$$

保障 TDM－TDM 信息流顺利传输时的抗毁度为

$$f_{\mathrm{sup}}^{\mathrm{TDM-TDM}}=\frac{1}{Q}\sum_{m=1}^{Q}BZ_{\neg\mathrm{C}_m}^{\mathrm{TDM-TDM}} \tag{8.3}$$

式中：$BZ_{\neg C_m}^{ODM-TDM}$、$BZ_{\neg C_m}^{TDM-P}$和$BZ_{\neg C_m}^{TDM-TDM}$分别表示通信拓扑中实体 C_m 失效后通信拓扑能够保障的 ODM－TDM 信息流、TDM－P 信息流和 TDM－TDM 信息流条数与需要保障的条数之比。$f_{sup}^{ODM-TDM}$、f_{sup}^{TDM-P}和$f_{sup}^{TDM-TDM}$越大，说明在保障 ODM－TDM 信息流、TDM－P 信息流和 TDM－TDM 信息流顺利传输时，通信拓扑规划方案的抗毁能力越强。

由$f_{sup}^{ODM-TDM}$、f_{sup}^{TDM-P}和$f_{sup}^{TDM-TDM}$定义可知，$0 \leqslant f_{sup}^{ODM-TDM} \leqslant 1$、$0 \leqslant f_{sup}^{TDM-P} \leqslant 1$、$0 \leqslant f_{sup}^{TDM-TDM} \leqslant 1$，故定义通信拓扑规划方案的综合抗毁度为

$$f_{inv} = \lambda_1 \cdot f_{sup}^{ODM-TDM} + \lambda_2 \cdot f_{sup}^{TDM-P} + \lambda_3 \cdot f_{sup}^{TDM-TDM} \tag{8.4}$$

式中：λ_1、λ_2 和 λ_3 分别是$f_{sup}^{ODM-TDM}$、f_{sup}^{TDM-P}和$f_{sup}^{TDM-TDM}$的权重，满足 $\lambda_1 + \lambda_2 + \lambda_3 = 1$。显然，$0 \leqslant f_{inv} \leqslant 1$，$f_{inv}$越大，通信拓扑规划方案的综合抗毁能力越好。

8.1.3 具体不确定性分析

通信节点攻击是指破坏目标通信拓扑中的通信实体以使目标通信拓扑丧失其功能的行为，在实施通信节点攻击时，目标通信拓扑中的通信实体按被破坏的先后次序可以构成一个序列，该序列称为通体实体攻击序列。

由通信拓扑规划方案综合抗毁度的定义知，规划方案抗毁性能的大小不仅与规划方案本身有关，还与敌方组织采用的通信实体攻击序列、C^2 组织的 C^2 结构、通信拓扑的用户接入拓扑有关。为了得到抗毁性强的通信拓扑规划方案，比较简单的方法是以预测的敌方组织通信实体攻击序列、组织初始的 C^2 结构和用户接入拓扑为输入信息，通过最大化规划方案的综合抗毁性测度f_{inv}来构造规划方案。然而在复杂多变的组织环境中，一方面，预先估计的敌方组织通信实体攻击序列可能与实际情况不符；另一方面，C^2 组织为应对非预期事件，其 C^2 结构、用户接入拓扑可能发生演进变化，这都将导致预先生成的通信拓扑规划方案抗毁性能的降低。

8.2 通信实体攻击序列构造

当预先估计的敌方组织通信实体攻击序列与实际情况不符时，所生成通信拓扑规划方案的抗毁性能将会降低。为避免这一现象发生，在生成拓扑规划方案时，就应考虑极端条件下（即敌方组织采用最具破坏力的通信实体攻击序列）方案的抗毁性能。

8.2.1 基于极限攻击的攻击序列构造模型

通过攻击 C^2 组织的通信实体以最大程度地破坏组织骨干拓扑的连通性，进而阻断 C^2 组织中的信息分发是敌方实施通信节点攻击的目标。当构造一个通信实体攻击序列 Ξ，并按照 Ξ 中的通信实体排序逐个攻击骨干拓扑中的通信实体时，随着攻击的进行，拓扑中最大连通分量的规模将不断降低。因此，通信实体攻击序列 Ξ 的破坏性测度f_{break}通常被定义为[212]

$$f_{break} = \frac{1}{Q}\sum_{m=1}^{Q} \pi_m \tag{8.5}$$

式中：π_m 是网络中第 m 个通信实体被移除后，其最大连通分量的规模。f_{break}越小，说明通

信实体攻击序列 Ξ 对骨干拓扑的破坏效果越好。尽管式(8.5)中基于最大连通分量规模定义的序列破坏性测度被广泛采用[213]，但由于最大连通分量的规模仅能在一个较粗的粒度上刻画通信拓扑连通程度，因此，利用该测度来衡量通信实体攻击序列破坏效果的准确程度还不够高。

为了克服其不足，首先，设计能在更细微粒度上反映拓扑整体连通状况的指标；然后，在此基础上定义新的通信实体攻击序列破坏性测度。在一个通信拓扑中，若两个通信实体之间存在一条可达路径，则称这对通信实体是连通的。拓扑中连通的通信实体对数越多，拓扑的整体连通程度越好。若骨干拓扑中含有 Q 个通信实体，则拓扑中相互可达的通信实体对数最多为 $Q(Q-1)/2$，当拓扑中实际相互可达通信实体对数为 Ω 时，用可达通信实体对数占总数的比例 $\Omega/(Q(Q-1)/2)$ 来衡量拓扑连通性能。当通信拓扑遭受攻击而被瓦解时，定义新的通信实体攻击序列破坏性测度为

$$f_{\text{break}} = \frac{1}{Q}\sum_{m=1}^{Q}\frac{\Omega(\neg\, \mathrm{C}_m)}{Q(Q-1)/2} \tag{8.6}$$

式中：$\Omega(\neg\, \mathrm{C}_m)$ 表示拓扑中通信实体 C_m 失效后仍相互可达的通信实体对数量。

f_{break} 越小，说明网络受攻击时的崩溃速度越快，即通信实体攻击序列 Ξ 的破坏效果越好。该测度比式(8.5)中定义的基于最大连通分量规模测度包含了更为丰富的信息，因而，其能更为准确地衡量通信实体攻击序列的破坏效果。

若骨干拓扑中含有的 Q 个通信实体按序编号，则一个通信实体攻击序列可表示为 $\Xi=(\xi_1,\xi_2,\cdots,\xi_Q)$，其中，$\xi_1$、$\xi_2$、…、$\xi_Q$ 是一种排列方式。对骨干拓扑最具破坏力通信实体攻击序列的构造模型为

$$\begin{aligned} &\min f_{\text{break}} \\ &\text{s. t. } \Xi \in S_{\Xi} \end{aligned} \tag{8.7}$$

式中：S_{Ξ} 是针对骨干拓扑中所有通信实体攻击序列构成的集合。

当拓扑中含有 Q 个通信实体时，解空间的规模，也即集合 S_{Ξ} 中的元素数量为 $Q!$。这意味着即使拓扑仅包含 20 个通信实体，其解空间的规模就已达到 1018。因此，考虑采用智能搜索算法求解式(8.7)中所建模型。

8.2.2 基于禁忌搜索的模型求解

禁忌搜索作为一种邻域搜索算法，具有参数少、通用性强等特点[214]，其基本思想是从一个初始解出发，然后在其邻域中搜索较好的解并移动到该解，重复上述步骤直至算法满足终止准则。为了避免搜索过程陷入循环，设置禁忌列表来禁忌可能导致循环发生的搜索行为，基于禁忌搜索设计式(8.7)中所建模型的求解算法。

1. 基本概念

一个通信实体攻击序列 $\Xi=(\xi_1,\xi_2,\cdots,\xi_Q)$ 也称为模型的一个解。

定义 8.1 交叉算子 cross(Ξ,m,m') 是将通信实体攻击序列 Ξ 中第 m 个位置的元素和第 m' 个位置的元素相互交换以产生新解。例如 $\Xi=(2,3,1)$，则 cross(Ξ,1,2) = (3,2,1)，cross(Ξ,1,3) = (1,3,2)。

定义 8.2 解 Ξ 的邻域 neighbor(Ξ) 是通信实体攻击序列 Ξ 在交叉算子作用下，所

产生所有新解构成的集合,即

$$\text{neighbor}(\Xi) = \{\text{cross}(\Xi, m, m') \mid 1 \leqslant m < m' \leqslant Q\} \tag{8.8}$$

例如 $\Xi = (2,3,1)$,则 $\text{neighbor}(\Xi) = \{(3,2,1),(1,3,2),(2,1,3)\}$。

定义 8.3 禁忌列表是一块存储区域,其每一个表项可以存储模型的一个解。

2. 算法步骤

基于禁忌搜索的模型求解算法具体步骤如下。

步骤 1 随机产生一个初始的通信实体攻击序列 Ξ,初始化一个空的禁忌列表,设置模型的最优解 $\Xi_{\text{best}} = \Xi$,当前解 $\Xi_{\text{cur}} = \Xi$。

步骤 2 判断 Ξ_{cur} 的邻域 $\text{neighbor}(\Xi_{\text{cur}})$ 中是否有优于 Ξ_{best} 的解,若是,则执行步骤 3;否则,执行步骤 4。

步骤 3 将 $\text{neighbor}(\Xi_{\text{cur}})$ 中所有优于 Ξ_{best} 的解构成一个集合,该集合中的最优解记为 Ξ'。令 $\Xi_{\text{best}} = \Xi'$,$\Xi_{\text{cur}} = \Xi'$,执行步骤 5。

步骤 4 将 $\text{neighbor}(\Xi_{\text{cur}})$ 中所有劣于 Ξ_{best} 且未被禁忌列表存储的解构成一个集合,该集合中的最优解记为 Ξ'。令 $\Xi_{\text{cur}} = \Xi'$,执行步骤 5。

步骤 5 将 Ξ_{cur} 保存到禁忌列表中,当禁忌列表已满时,按先进先出的原则更新禁忌列表。

步骤 6 在一定的迭代步数内 Ξ_{best} 是否更新,若是,则返回步骤 2,否则,结束搜索并将 Ξ_{best} 作为模型的最优解输出。

3. 收敛性分析

式(8.7)中优化模型的可行域为 S_{Ξ},当可行域中的一个解是另一个解的邻域中的元素时,称这两个解相邻。由可行域 S_{Ξ}、不同解之间的相邻关系可以构造一个图,图中的节点表示 S_{Ξ} 中的解,图中的边表示 S_{Ξ} 中解的相邻关系。因此,求解算法的搜索过程可以看作是从图中的一个节点出发,沿着图中的边进行移动。

算法从图中的一个节点移动到另一个节点,称算法进行了一次迭代。算法每移动到一个节点都将访问该节点及其邻居节点以探索更好的解,算法迭代 ite 次后访问过的所有解构成的集合记为 S_{Ξ}^{ite}。

命题 8.1 存在整数 ite′,使得当 ite⩾ite′时,S_{Ξ}^{ite} 收敛于某一集合 S_{Ξ}^{con}。

证明 由 S_{Ξ}^{ite} 的构造方式可知,对 $\forall$ ite,有 $S_{\Xi}^{\text{ite}} \subseteq S_{\Xi}^{\text{ite}+1}$ 成立,即序列 $\{S_{\Xi}^{\text{ite}}\}(\text{ite} \geqslant 1)$ 是非降的。由于可行域 S_{Ξ} 中解的数量有限,因此,必然 $\exists$ ite′,使得算法迭代次数 ite⩾ite′时,S_{Ξ}^{ite} 收敛于某一集合 S_{Ξ}^{con}。

命题 8.2 若对 $\forall \Xi \in S_{\Xi}^{\text{con}}$,有 $\text{neighbor}(\Xi) \subseteq S_{\Xi}^{\text{con}}$,则 $S_{\Xi}^{\text{con}} = S_{\Xi}$,即算法具有全局收敛性。

证明 采用反证法,假设 $S_{\Xi}^{\text{con}} \neq S_{\Xi}$,由于 S_{Ξ} 是整个可行域,故有 $S_{\Xi}^{\text{con}} \subseteq S_{\Xi}$,因此,可以在 S_{Ξ} 中找到一个解 Ξ' 满足 $\Xi' \notin S_{\Xi}^{\text{con}}$。假设解 $\Xi' \in S_{\Xi}^{\text{con}}$,则通过有限次交叉算子可以在 Ξ 的基础上生成 Ξ',即 $\Xi \xrightarrow{\text{cross}} \Xi_1 \xrightarrow{\text{cross}} \Xi_2 \xrightarrow{\text{cross}} \cdots \xrightarrow{\text{cross}} \Xi'$。由于 Ξ_1 是 Ξ 邻域中元素,根据已知条件,Ξ 的邻域是 S_{Ξ}^{con} 的子集,故 $\Xi_1 \in S_{\Xi}^{\text{con}}$。同理可知,$\Xi_2, \Xi_3, \cdots, \Xi' \in S_{\Xi}^{\text{con}}$,而这与 $\Xi' \notin S_{\Xi}^{\text{con}}$ 相矛盾。因此,该命题成立。

由命题 8.1 和命题 8.2 知,只要算法在迭代过程中不在图的任一条闭合回路上陷入循环，那么算法就可以找到全局最优解。算法设立禁忌列表的目的是禁忌可能导致循环发生的搜索行为，禁忌列表的长度越长，则循环现象越不可能发生。然而，禁忌列表过长将导致算法存储开销过大，因此，需要选择合适的列表长度以平衡算法性能和算法开销。

4. 初始解构造

较好的初始解有利于提高算法的收敛速度，求解算法在步骤 1 中通过随机的方式产生初始解难以保证初始解的质量，因此，需给出较好初始解的构造方式。在实施通信节点攻击时，攻击处于核心位置的通信实体比攻击处于边缘位置的通信实体造成的破坏性更大，故可以先评价骨干拓扑中各通信实体的中心性程度，然后再构造初始解。

若骨干拓扑中有 Q 个通信实体，按照顺序编号，则定义通信实体 $C_m(1\leqslant m\leqslant Q)$ 的度中心性 degree(m)为

$$\text{degree}(m)=\text{edge}_m \tag{8.9}$$

式中：edge_m 是与通信实体 C_m 直接相连边的数量。

定义通信实体 C_m 的介数中心性 betweenness(m)为

$$\text{betweenness}(m)=\sum_{1\leqslant m,m',m''\leqslant Q;m\neq m'\neq m''}\text{path}_{m'm''}^{m}/\text{path}_{m'm''} \tag{8.10}$$

式中：$\text{path}_{m'm''}$是通信实体 $C_{m'}$ 和通信实体 $C_{m''}$之间最短路径的条数；$\text{path}_{m'm''}^{m}$是通信实体 $C_{m'}$ 和通信实体 $C_{m''}$之间最短路径经过节点 C_m 的条数。

定义通信实体 C_m 的接近中心性 closeness(m)为

$$\text{closeness}(m)=\sum_{1\leqslant m,m'\leqslant Q;m\neq m'}1/\text{length}_{mm'} \tag{8.11}$$

式中：$\text{length}_{mm'}$是通信实体 C_m 和通信实体 $C_{m'}$之间最短路径的长度。需要指出的是，当通信实体 C_m 和通信实体 $C_{m'}$之间不连通时，$\text{length}_{mm'}=+\infty$。

定义通信实体 C_m 的脆弱中心性 frailness(m)为

$$\text{frailness}(m)=\text{efficiency}-\text{efficiency}_{\neg C_m} \tag{8.12}$$

式中：efficiency 是拓扑效率[215]；$\text{efficiency}_{\neg C_m}$是将与通信实体 C_m 直接相连的边从拓扑中移除后形成的新拓扑效率。

根据通信实体中心性程度构造初始解方式如下：选择一种中心性度量方式，计算拓扑中所有通信实体的中心性测度值，将中心性程度最高的通信实体作为通信实体攻击序列中的第一个目标，将该通信实体从网络中移除，重新计算剩余通信实体的中心性测度值，将中心性程度最高者作为通信攻击序列中的第二个目标，重复上述步骤直至构造出完整的通信实体攻击序列。若各中心性度量方式构造出的初始解不同，则在搜索时采取并行搜索为每个初始解开启一个搜索任务。

5. 邻域搜索策略

求解算法在步骤 2 中需要判断当前解 Ξ_{cur}的邻域中是否有优于 Ξ_{best}的解，因此，算法需对 Ξ_{cur}的邻域进行一次搜索，遍历 neighbor(Ξ_{cur})中的每一个元素以判断其是否优于 Ξ_{best}。由定义 8.2 可知，一个解的邻域中有 $Q(Q-1)/2$ 个元素，故算法每进行一次邻域

搜索，就需执行 $Q(Q-1)/2$ 次判断操作。由于算法在求解过程中将不断进行邻域搜索直至算法终止，故若能减少每一次邻域搜索中判断操作的次数，将可以有效降低整个算法的时间开销。

按照攻击序列 $\Xi=(\xi_1,\xi_2,\cdots,\xi_Q)$ 实施攻击时，随着受攻击通信实体数量的增加，连通通信实体对的数量将不断降低，若攻击完通信实体 $\xi_m(1\leqslant m\leqslant Q)$ 后，连通通信实体对的数量降为 0，则将序列 Ξ 中通信实体 ξ_m 后的两个通信实体交换位置并不会影响到该序列的攻击效果，即解 $\Xi'=\text{cross}(\Xi,m',m'')(m<m'<m'')$ 不优于解 Ξ。

当求解算法执行步骤 2，即搜索解 Ξ_{cur} 的邻域以判断 neighbor(Ξ_{cur}) 中元素是否优于 Ξ_{best} 时，若 $\Xi_{\text{cur}}=(\xi_1',\xi_2',\cdots,\xi_Q')$ 且按 Ξ_{cur} 实施节点攻击，在攻击完通信实体 $\xi_m'(1\leqslant m\leqslant Q)$ 后，拓扑中连通节点对的数量为 0。则由上述分析可知，集合 $S_{\Xi_{\text{cur}}}=\{\text{cross}(\Xi,m',m'')\mid m<m'<m''\leqslant Q\}$ 中的解不优于 Ξ_{cur}，由于 Ξ_{cur} 不优于 Ξ_{best}，故 $S_{\Xi_{\text{cur}}}$ 中解也不优于 Ξ_{best}。因此，在搜索解 Ξ_{cur} 的邻域时，只需判断集合 neighbor(Ξ_{cur}) $-S_{\Xi_{\text{cur}}}$ 中的元素是否优于 Ξ_{best} 即可。通过这种方式，能够更快地完成邻域搜索，从而改善算法的时间开销。

8.2.3 具体案例分析

对通信实体攻击序列构造方法，即攻击策略的有效性和通用性进行实验验证。

仿真实验 1 首先，比较式(8.5)中传统通信实体攻击序列破坏性测度和式(8.6)中所定义新测度二者之间的优劣，利用随机网络模型、小世界网络模型（重连概率为 0.2）和无标度网络模型，生成节点数为 50、边数为 100 的模拟拓扑，然后采用经典的介数优先攻击策略和度数优先攻击策略，构造通信实体攻击序列对这些网络实施攻击，各类型网络均进行 30 组实验。图 8.3 所示为测度对比。

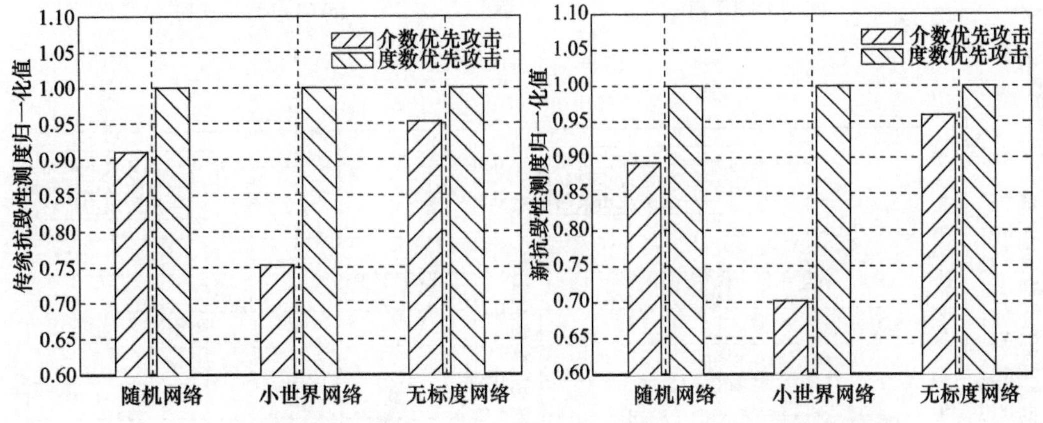

(a) 传统破坏性测度　　(b) 新破坏性测度

图 8.3 测度对比

从图 8.3 可以看到，基于介数优先策略构造的通信实体攻击序列的破坏效果在整体上要优于基于度数优先策略构造的通信实体攻击序列。在用传统的测度衡量时，介数优先策略在随机网络、小世界网络和无标度网络上的破坏效果要比度数优先策略分别优 8.89%，24.79% 和 4.65%；用新测度衡量时，介数优先策略分别优 10.69%，

29.79% 和 4.11% 。新测度说明介数优先策略在随机网络和小世界网络上的破坏效果比以往料想得要更为有效一些,而在无标度网络上的破坏效果要比以往料想得弱一些。这是因为在无标度网络这种通信实体的度接近幂律分布的网络中,各种攻击策略都能比较容易地确定其中的重要通信实体,因而,构造出的通信实体攻击序列比较相似,破坏效果也比较接近;而在随机网络和小世界网络这类通信实体的度近似泊松分布的网络中,确定重要的通信实体并不像在无标度网络中那么简单,此时,介数优先策略作为全局性策略的破坏效果就比度数优先策略这种局部性策略更容易显现出来。图 8.3 中的实验结果表明,新测度能更加准确地衡量通信实体攻击序列的破坏效果,该测度是可行有效的。

仿真实验 2 为验证攻击策略的有效性,对比该策略与其他攻击策略在图 8.4 所示真实网络上的破坏效果。其中,图 8.4(a)是中国移动济南城域网(Metropolitan Area Network,MAN)的骨干传送网络[216],图 8.4(b)是中国教育和科研计算机网(China Education and Research Network,CERNET)的主干网络[217]。图 8.5 所示为真实网络上的破坏效果。

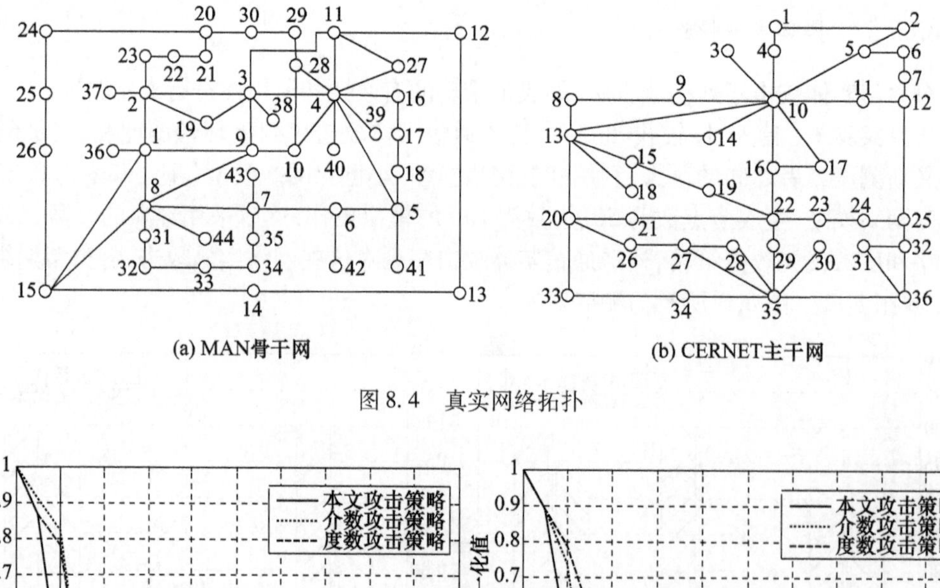

(a) MAN骨干网　　(b) CERNET主干网

图 8.4　真实网络拓扑

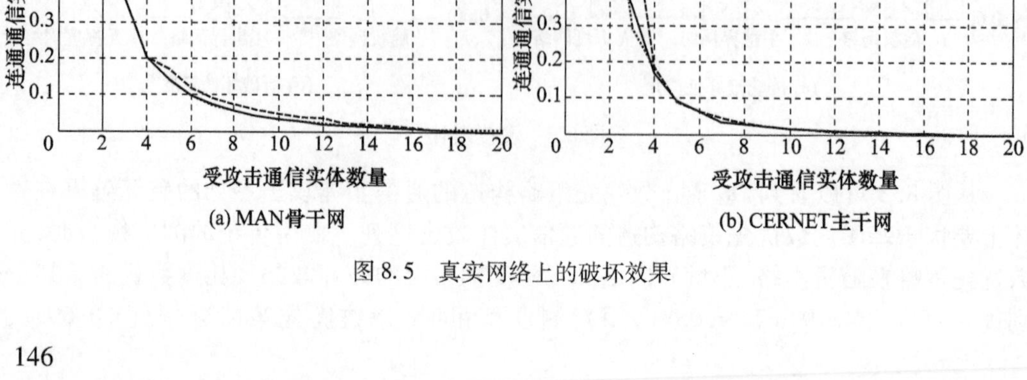

(a) MAN骨干网　　(b) CERNET主干网

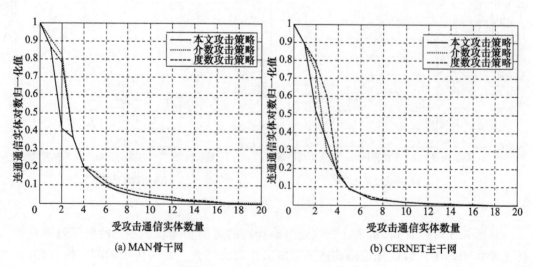

图 8.5　真实网络上的破坏效果

图 8.5 中,无论采取哪种攻击策略,随着受攻击通信实体数量的增加,拓扑连通性能都越来越差,且采用本文攻击策略能使拓扑连通性能下降得更迅速。本文攻击策略、介数攻击策略和度数攻击策略构造出的通信实体攻击序列在 MAN 骨干网上的破坏性测度值分别为 0. 0544、0. 0652、0. 0665,在 CERNET 主干网上的破坏性测度值分别为 0. 0619、0. 0671、0. 0769,即本文攻击策略在 MAN 骨干网上的破坏效果要比介数优先策略和度数优先策略分别优 16. 56% 和 18. 20% ,在 CERNET 主干网上的破坏效果分别优 7. 75% 和 19. 51% 。在模拟网络上进行验证,利用随机网络模型、小世界网络模型(重连概率为 0. 2)和无标度网络模型生成节点数为 50,边数为 100 的模拟网络,计算不同攻击策略对应攻击序列在模拟网络上的破坏性测度,均进行 30 组实验。图 8. 6 所示为模拟网络上的破坏效果。

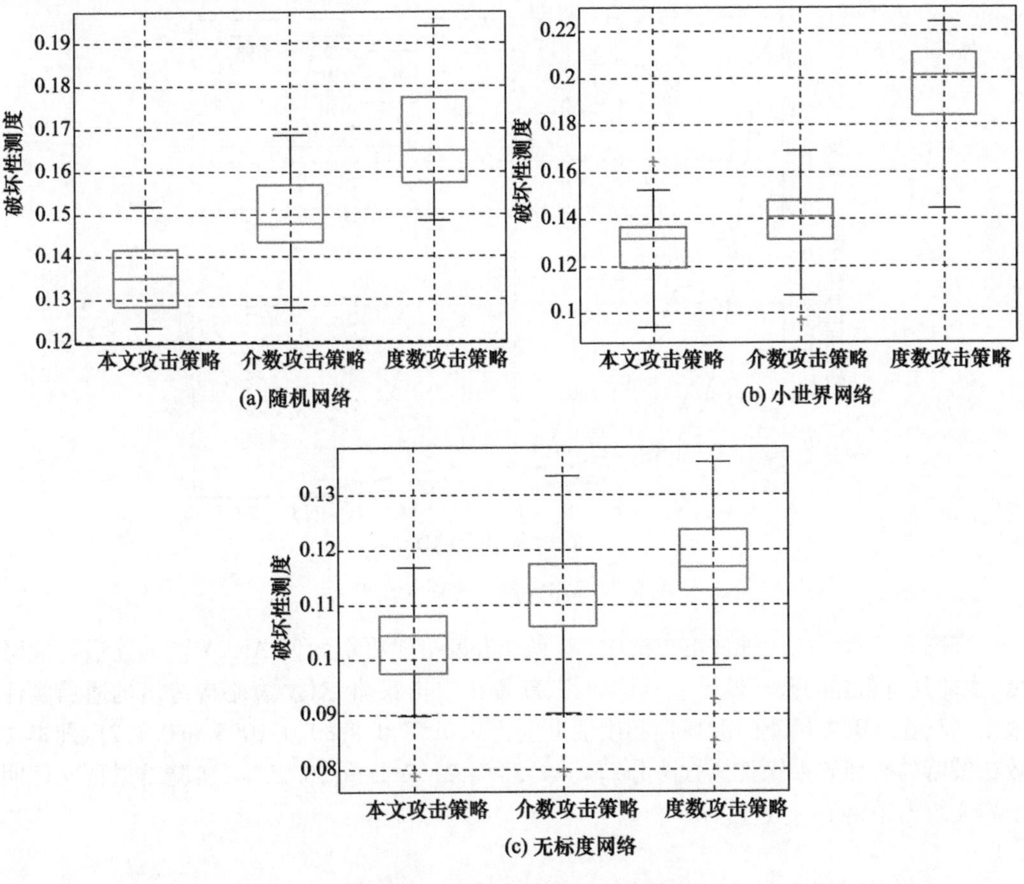

图 8. 6　模拟网络上的破坏效果

图 8. 6 中,本文攻击策略所得的数据分布相对于其他两种攻击策略而言总体偏低。具体而言,新提出攻击策略、介数攻击策略和度数攻击策略构造出的通信实体攻击序列在随机网络上的破坏性测度均值分别为 0. 1347、0. 1495、0. 1674,在小世界网络上的破坏性测度均值为 0. 1300、0. 1390、0. 1980,在无标度网络上的破坏性测度均值为 0. 1034、0. 1113、0. 1161。

此外,本文攻击策略在随机网络上的破坏效果比介数攻击策略和度数攻击策略分别优 9.90% 和 19.53%，在小世界网络上的破坏效果分别优 6.47% 和 34.34%，在无标度网络上的破坏效果分别优 7.10% 和 10.94%。

图 8.5 和图 8.6 中的实验结果表明，本文攻击策略不仅可行有效，而且适用于不同类型的网络之中。

仿真实验 3 通信实体重要度排序的目的，是区分拓扑中各通信实体的重要程度。为进一步验证本文攻击策略的有效性，将通信实体重要度排序方法的排序结果视为通信实体攻击序列，然后与本章策略构造出的通信实体攻击序列进行对比。考虑到 ARPA 网[218]是通信实体重要度排序中常用的实验对象，故选择 ARPA 网实施攻击，选取的典型通信实体重要度排序方法分别为文献[219]、文献[220]和文献[221]中的方法。图 8.7 所示为 ARPA 网上的破坏效果。

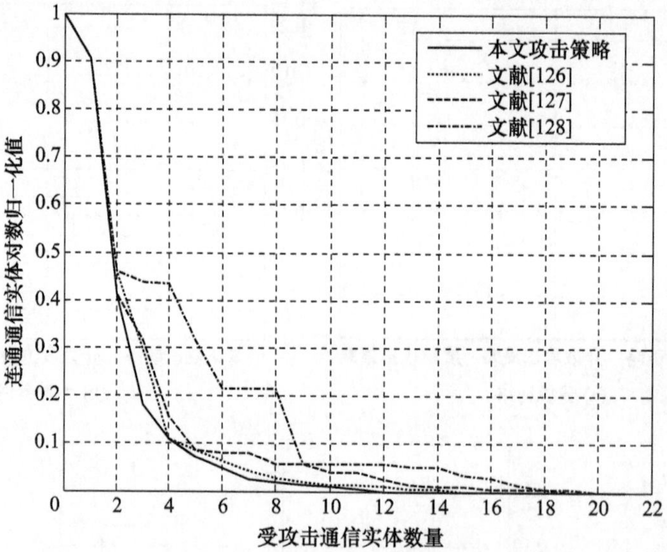

图 8.7 ARPA 网上的破坏效果

在图 8.7 所示的四种攻击方法中，本文攻击策略能更快地使 ARPA 网的连通性能降低，也即具有最佳的破坏效果。具体而言，新提出攻击策略、对比策略构造出的通信实体攻击序列在 ARPA 网上的破坏性测度值分别为 0.0857、0.0980、0.1095 和 0.1721，即本文攻击策略的破坏效果比其他方法分别优 12.55%，21.74% 和 50.20%，实验结果再次证明了本文攻击策略的有效性。

8.3 通信拓扑规划方案生成

由于组织环境复杂多变，在预先生成通信拓扑规划方案时，必须考虑其在最坏情形下的抗毁能力。

8.3.1 考虑综合抗毁性度量的生成模型

通信拓扑规划方案$\boldsymbol{X}^{C-C}$的抗毁性能与 C^2 组织的 C^2 结构、通信网的用户接入拓扑相关，若在生成$\boldsymbol{X}^{\mathrm{C-C}}$时单纯追求式(8.6)中所定义的综合抗毁性测度$f_{\mathrm{break}}$的提高，则当组织的$\mathrm{C}^2$结构、用户接入拓扑发生演进变化时，规划方案的抗毁性能有可能会降低。

考虑当通信拓扑中的通信实体遭受攻击时，若规划方案能使未受损的通信实体之间尽量保持连通，则无论组织的C^2结构，以及用户接入拓扑如何演进变化，组织中的业务信息流都能较为顺利地传输，即规划方案在面对组织C^2结构、用户接入拓扑的演进变化时仍能保持较好的抗毁性能。通信实体遭受攻击时，称采用一定规划方案使未受损通信实体之间尽量保持连通的能力为规划方案的连通性抗毁度，该测度定义为

$$f_{\mathrm{sup}}^{\mathrm{C-C}} = \frac{1}{Q}\sum_{m=1}^{Q}\frac{\Omega(\neg\, \mathrm{C}_m)}{Q(Q-1)/2} \tag{8.13}$$

式中：Q是通信实体数量；$\Omega(\neg\, \mathrm{C}_m)$是第$m$个通信实体失效后相互可达的通信实体对数。

$f_{\mathrm{sup}}^{\mathrm{C-C}}$越大，表明一定规划方案下通信实体之间保持连通性时的抗毁能力越强。需要指出的是，规划方案连通性抗毁度$f_{\mathrm{sup}}^{\mathrm{C-C}}$与式(8.6)中定义的通信实体攻击序列破坏度$f_{\mathrm{break}}$具有相同表达式，这是因为通信实体攻击序列破坏度是站在攻击方的角度衡量攻击的效果，规划方案连通性抗毁度是站在防御方的角度衡量防御的效果。$f_{\mathrm{sup}}^{\mathrm{C-C}}(f_{\mathrm{break}})$的值越大，说明攻击效果越差，防御效果越好；$f_{\mathrm{sup}}^{\mathrm{C-C}}(f_{\mathrm{break}})$的值越小，说明攻击效果越好，防御效果越差。这两个指标是从不同角度描述了同一事件，因此，两者具有相同的表达式。

由$f_{\mathrm{sup}}^{\mathrm{C-C}}$的定义可知，$0\leqslant f_{\mathrm{sup}}^{\mathrm{C-C}}\leqslant 1$。为了能更加全面地衡量通信拓扑规划方案$\boldsymbol{X}^{\mathrm{C-C}}$的抗毁性能，将式(8.4)中定义的综合抗毁度$f_{\mathrm{inv}}$修正为

$$f'_{\mathrm{inv}} = \lambda_1 \cdot f_{\mathrm{sup}}^{\mathrm{ODM-TDM}} + \lambda_2 \cdot f_{\mathrm{sup}}^{\mathrm{TDM-P}} + \lambda_3 \cdot f_{\mathrm{sup}}^{\mathrm{TDM-TDM}} + \lambda_4 \cdot f_{\mathrm{sup}}^{\mathrm{C-C}} \tag{8.14}$$

式中：λ_1、λ_2、λ_3和λ_4为权重，满足$\lambda_1+\lambda_2+\lambda_3+\lambda_4=1$。

在通信实体未受攻击时，若组织中任意两个通信实体之间均连通，则记$\mathrm{connect}(\boldsymbol{X}^{\mathrm{C-C}})=1$，否则，记$\mathrm{connect}(\boldsymbol{X}^{\mathrm{C-C}})=0$。通信拓扑规划成本用$\boldsymbol{\Theta}=(\theta_{mm'})_{Q\times Q}$表示，其中，$\theta_{mm'}$为连接第$m$个通信实体和第$m'$个通信实体需付出的成本，通信拓扑规划能承受的成本上限记为$\theta_{\max}$。综上所述，通信拓扑规划方案的生成模型为

$$\max f'_{\mathrm{inv}}$$

$$\text{s.t.}\begin{cases} x_{mm'}^{\mathrm{C-C}} \in \{0,1\} & 1 \leqslant m,m' \leqslant Q \\ x_{mm'}^{\mathrm{C-C}} = x_{m'm}^{\mathrm{C-C}} & 1 \leqslant m,m' \leqslant Q \\ \mathrm{connect}(\boldsymbol{X}^{\mathrm{C-C}}) = 1 \\ \dfrac{1}{2}\sum_{m=1}^{Q}\sum_{m'=1}^{Q} x_{mm'}^{\mathrm{C-C}}\theta_{mm'} \leqslant \theta_{\max} \end{cases} \tag{8.15}$$

式中：$\frac{1}{2}\sum_{m=1}^{Q}\sum_{m'=1}^{Q} x_{mm'}^{\mathrm{C-C}}\theta_{mm'} \leqslant \theta_{\max}$表示成本约束。

8.3.2 基于禁忌搜索的模型求解

式(8.15)中所描述模型与式(8.7)中模型类似，均属于单目标的组合优化问题，故仍

基于禁忌搜索进行求解。

1. 基本概念

首先,描述与求解算法相关的基本概念。

定义 8.4 若 **EX** 是一个 $Q \times Q$ 维的 0 - 1 对称矩阵,且当 $\boldsymbol{X}^{\mathrm{C-C}} = (x_{mm'}^{\mathrm{C-C}})_{Q\times Q} = \mathbf{EX}$ 时,决策变量 $x_{mm'}^{\mathrm{C-C}}(1 \leqslant m, m' \leqslant Q)$ 满足模型中的连通约束和成本约束,则称 **EX** 是模型的一个可行解。

定义 8.5 若 **EX** 是模型的一个可行解,从 **EX** 对应的通信拓扑结构中随机删除一条边然后再随机添加一条边将形成新的通信拓扑结构,新通信拓扑的邻接矩阵 **EX′**称为 **EX** 的邻居,**EX** 的所有邻居构成的集合称为 **EX** 的邻域。

由于 **EX** 邻域中的元素不一定是模型的可行解,这给搜索带来了不便。因此,需从 **EX** 的邻域导出其可行邻域,具体方法为先初始化 **EX** 的可行邻域为空集,然后对 **EX** 的邻域中的每一个元素进行如下操作。

若 **EX′**是 **EX** 的邻域中的元素,当 **EX′**对应的通信拓扑结构构造成本高于成本上限 $\theta_{\max}$时,依次删除通信拓扑中成本最小的边直至构造成本小于 $\theta_{\max}$;当通信拓扑构造成本低于成本上限 $\theta_{\max}$时,依次给拓扑中添加成本最小的边直至再多添加一条边时拓扑构造成本将高于上限 $\theta_{\max}$。此时新通信拓扑对应的邻接矩阵记为 **EX″**。若新拓扑是连通图,则将 **EX″**加入 **EX** 的可行邻域中。

定义 8.6 禁忌列表是用于记忆信息的一块存储区域,其每一个表项可以存储模型的一个解。

2. 算法步骤

基于禁忌搜索的求解算法具体步骤如下。

步骤 1 产生一个可行解 **EX**,初始化一个空的禁忌列表,设置模型的最优解 $\mathbf{EX}_{\text{best}} = \mathbf{EX}$,当前解 $\mathbf{EX}_{\text{cur}} = \mathbf{EX}$。

步骤 2 判断 $\mathbf{EX}_{\text{cur}}$可行邻域内是否有优于 $\mathbf{EX}_{\text{best}}$的解,若是,则执行步骤 3;否则,执行步骤 4。

步骤 3 将 $\mathbf{EX}_{\text{cur}}$的可行邻域内所有优于 $\mathbf{EX}_{\text{best}}$的解构成一个集合,该集合中的最优解记为 **EX′**。令 $\mathbf{EX}_{\text{best}} = \mathbf{EX}'$、$\mathbf{EX}_{\text{cur}} = \mathbf{EX}'$,执行步骤 5。

步骤 4 将 $\mathbf{EX}_{\text{cur}}$的可行邻域内所有劣于 $\mathbf{EX}_{\text{best}}$且未被禁忌列表存储的解构成一个集合,该集合中的最优解记为 **EX′**。令 $\mathbf{EX}_{\text{cur}} = \mathbf{EX}'$,执行步骤 5。

步骤 5 将 $\mathbf{EX}_{\text{cur}}$保存到禁忌列表中,当禁忌列表已满时,按先进先出的原则更新禁忌列表。

步骤 6 在一定的迭代步数内 $\mathbf{EX}_{\text{best}}$是否更新,若是,则返回步骤 2;否则,结束搜索,并将 $\mathbf{EX}_{\text{best}}$作为模型的最优解输出。

禁忌搜索通常具有全局收敛性,其分析证明过程在 8.3.2 节中已给出,这里不再赘述。

3. 初始解构造

在算法的步骤 1 中产生可行解 **EX** 的方式如下。首先,将组织中的通信实体看作若干孤立节点,连接所有节点对形成一个完全图(图中每条边的权值为该边成本);然后,构造图的一个最小生成树,依次给树中添加成本最小的边直至再多添加一条边时树的构造

成本将高于上限 θ_{max}。此时，树的邻接矩阵即为可行解 **EX**。

4. 邻域搜索策略

若可行解 **EX** 对应的通信拓扑结构中有 O 条边，则其可行邻域中元素数量的量级为 $Q^2O/2$，这意味着算法在可行邻域上的搜索耗时将随组织中通信实体数量的增加而成倍增长。为了降低算法的时间开销，可以先用解 **EX** 的邻域的一个随机样本替代整个邻域，再在此基础上生成可行邻域，这样不仅能降低算法耗时，还能进一步利用样本的随机性来阻止循环搜索现象的发生。

8.3.3 具体案例分析

对 C^2 组织的通信拓扑规划进行仿真实验，组织中战役决策实体的数量为 1，战术决策实体的数量 $D=4$，平台实体的数量 $V=20$。表 8.1 所列为决策实体配置方案。

表 8.1 决策实体配置方案

决策实体	所属平台	决策实体	所属平台
TDM_1	$P_1,P_{10},P_{11},P_{14},P_{15}$	TDM_2	$P_2,P_6,P_8,P_{16},P_{19}$
TDM_3	P_7,P_{12},P_{13},P_{20}	TDM_4	$P_3,P_4,P_5,P_9,P_{17},P_{18}$

组织中通信实体的数量 $Q=40$，各决策实体接入的通信实体一般保持稳定；而由于平台实体需要移动，其在任务执行周期内不同阶段接入的通信实体不同。表 8.2 所列为决策实体接入信息；表 8.3 所列为平台实体接入信息；图 8.8 所示为通信实体间连接成本。其中，图 8.8 中第 m 行第 m' 列表示连接通信实体 C_m 和 $C_{m'}$ 需要的成本，通信拓扑规划的成本上限 $\theta_{max}=6000$。

表 8.2 决策实体接入信息

战术决策实体	接入通信实体	战术决策实体	接入通信实体
ODM_1	C_1,C_{24}	TDM_3	C_{36}
TDM_1	C_{31},C_{37}	TDM_4	C_5,C_7
TDM_2	C_{40}		

表 8.3 平台实体接入信息

平台实体	接入的通信实体	平台实体	接入的通信实体	平台实体	接入的通信实体
P_1	C_{21},C_{22}	P_2	C_9,C_{10},C_{22}	P_3	$C_{11},C_{22},C_{32},C_{38}$
P_4	C_8,C_{17},C_{22},C_{26}	P_5	$C_{17},C_{22},C_{23},C_{39}$	P_6	C_9,C_{19},C_{22},C_{39}
P_7	C_9,C_{22},C_{23},C_{26}	P_8	C_3,C_{17},C_{22},C_{30}	P_9	$C_{10},C_{18},C_{22},C_{38}$
P_{10}	$C_{18},C_{22},C_{26},C_{30}$	P_{11}	C_{17},C_{22},C_{30}	P_{12}	C_3,C_{17},C_{22},C_{30}
P_{13}	C_{17},C_{22},C_{30}	P_{14}	C_{18},C_{22},C_{35}	P_{15}	C_6,C_{12},C_{18},C_{22}
P_{16}	C_6,C_9,C_{14},C_{22}	P_{17}	C_{19},C_{22},C_{30}	P_{18}	$C_{17},C_{22},C_{29},C_{39}$
P_{19}	$C_{21},C_{22},C_{27},C_{38}$	P_{20}	C_{17},C_{22},C_{35}		

0	60	74	72	39	93	54	75	36	14	25	9	23	48	53	47	29	34	30	41	13	14	44	19	85	59	35	87	60	59	56	45	21	44	40	29	42	65	44	38
	0	54	19	68	86	66	45	42	46	48	62	65	13	58	36	33	41	30	60	49	58	19	65	88	35	48	92	48	17	9	49	51	58	28	61	28	54	35	23
		0	41	49	85	33	13	82	64	49	68	60	57	26	83	51	40	57	99	61	82	45	89	94	20	39	89	14	37	61	29	81	35	40	51	72	10	32	50
			0	69	84	62	29	60	58	53	71	71	30	53	55	42	44	43	78	59	73	27	80	91	27	50	92	40	13	28	47	67	56	33	64	46	44	35	34
				0	90	19	57	67	40	23	29	16	61	23	75	39	27	46	78	33	52	50	57	91	45	20	82	38	57	69	23	57	15	40	10	65	39	35	48
					0	88	83	93	90	88	92	91	87	87	92	87	86	88	96	90	94	85	95	91	81	87	89	84	83	88	86	93	88	85	90	90	85	84	86
						0	43	76	51	32	45	34	62	9	82	44	29	51	89	45	66	49	72	92	35	23	84	24	51	70	17	69	11	40	25	71	23	31	50
							0	78	64	51	71	65	50	35	76	49	41	54	95	62	82	40	89	93	17	43	90	20	28	52	35	79	42	38	57	66	21	32	46
								0	28	45	44	55	30	72	12	33	47	26	18	35	26	38	29	83	62	53	92	71	51	34	61	16	65	42	57	14	77	51	32
									0	19	18	27	33	48	37	16	25	15	39	7	18	30	25	83	47	28	86	51	45	42	38	18	40	27	29	30	57	33	24
										0	20	18	38	29	52	16	10	22	58	13	35	29	42	86	35	10	83	35	40	48	20	37	21	21	14	42	40	20	26
											0	13	50	46	54	30	30	32	50	13	24	45	28	86	55	29	85	55	58	59	39	30	36	39	21	48	59	40	39
												0	55	35	64	33	27	38	63	20	37	47	42	88	50	23	83	47	57	64	31	42	26	39	9	56	50	37	43
													0	55	26	22	34	18	48	38	45	13	52	85	37	41	90	48	23	9	45	38	52	22	52	16	55	31	13
														0	76	39	24	46	86	42	64	42	71	92	27	19	84	16	43	62	10	66	9	33	26	65	16	24	44
															0	38	52	30	26	44	38	37	41	85	62	59	93	72	49	27	66	28	71	44	65	11	79	53	33
																0	15	7	49	17	33	15	41	84	32	21	86	38	29	32	28	31	33	11	30	27	45	18	10
																	0	22	62	22	43	22	50	87	25	7	84	26	31	42	14	42	19	13	21	41	32	10	21
																		0	42	19	30	16	37	83	37	28	87	45	31	28	35	26	41	16	36	20	51	25	9
																			0	45	27	56	26	86	80	67	94	87	70	52	76	21	79	59	68	32	93	67	49
																				0	22	32	29	84	46	23	85	48	46	47	34	24	34	27	23	36	53	31	26
																					0	46	7	84	65	45	89	69	61	53	55	9	56	45	43	35	75	51	39
																						0	53	86	25	30	88	35	15	20	32	41	40	9	42	26	42	18	7
																							0	85	72	52	90	76	68	59	62	14	62	52	48	40	82	58	46
																								0	90	88	89	92	89	87	90	83	90	86	89	83	93	88	84
																									0	28	88	13	18	41	22	63	31	21	42	51	19	15	30
																										0	82	26	37	50	10	46	12	20	15	48	30	15	28
																											0	87	90	92	83	90	82	86	81	91	87	85	88
																												0	31	54	16	68	23	29	38	61	7	20	39
																													0	25	35	56	44	19	51	39	37	22	22
																														0	52	45	60	30	61	20	60	38	22
																															0	56	9	23	22	55	20	14	33
																																0	58	42	46	26	74	49	34
																																	0	31	17	60	25	23	40
																																		0	33	33	36	9	11
																																			0	56	41	30	39
																																				0	68	42	22
																																					0	26	46
																																						0	20
																																							0

图 8.8　通信实体间连接成本

仿真实验 1　求解通信拓扑规划问题时，优化目标 f'_{inv} 中各权重取值均设为 0.25，禁忌列表长度设为 10，随机邻域规模为 300，终止准则为连续迭代 10 次未找到更优解。图 8.9所示为最优通信拓扑规划方案。其抗毁性测度为 0.487，明显优于初始解抗毁性测度 0.204，由此证明方法的有效性。

为了测试方法稳定性，连续运行 30 次，得到的通信拓扑规划方案抗毁性测度均值为 0.471，标准差为 0.022，即结果分布在一个较小的区间范围内，这说明方法具有较好的稳定性。

仿真实验 2　攻击骨干拓扑中重要的通信实体将给骨干拓扑造成较大破坏，故骨干拓扑中各通信实体的重要程度越一致，骨干拓扑面对恶意攻击时的抗毁能力越强。

由于骨干拓扑中部分通信实体有决策实体和平台实体接入，而另一些通信实体无决策实体和平台实体接入，这导致在规划通信实体的拓扑结构之前，各通信实体的重要程度不一样。考虑到骨干拓扑中各通信实体的度大小也能在一定程度上反映其重要性，因此，在规划后的方案中，有决策实体和平台实体接入的通信实体的度将较小，无通信实体和平台实体接入的通信实体的度将较大。这样可以在一定程度上平衡各通信实体的重要性，所呈现的结果就是骨干拓扑中各通信实体的度值具有较大的差异性。若仅从保持通信实体间连通性的角度出发规划其拓扑结构，此时由于各通信实体在规划前的重要程度相同，因此，在规划后的方案所对应的网络中，各通信实体度值的差异性将相对较小。

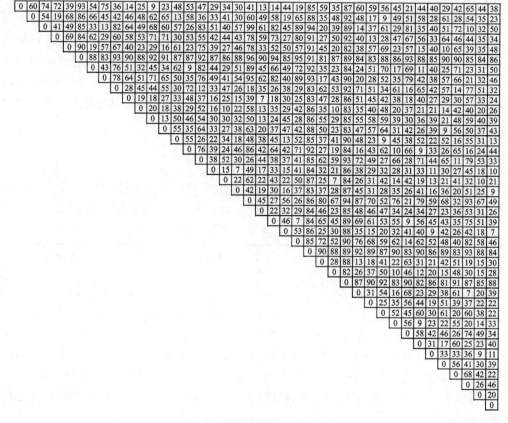

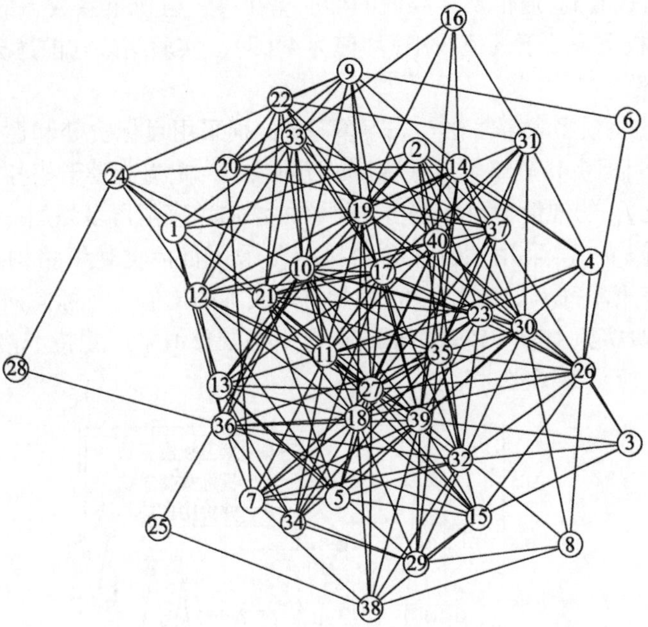

图 8.9　最优通信拓扑规划方案

表 8.4 所列为优化目标 f'_{inv} 中权重系数信息。其中，第一组权重系数表示仅从保障组织中业务信息流传输的角度进行规划，第二组权重系数表示仅从保持通信实体间连通性的角度进行规划。

表 8.4　权重系数信息

权重系数	λ_1	λ_2	λ_3	λ_4
第一组	1/3	1/3	1/3	0
第二组	0	0	0	1

在各组权重系数下均进行 30 次实验，得到规划方案对应网络中通信实体度值的标准差。图 8.10 所示为不同权重系数下的通信拓扑结构对比。

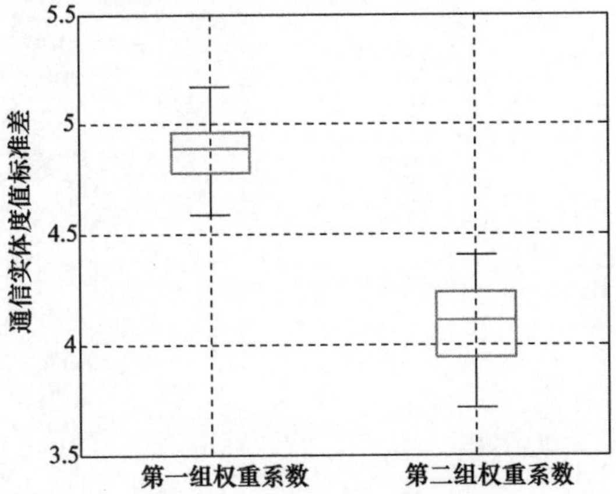

图 8.10　不同权重系数下通信拓扑结构的对比

从图 8.10 可以看到,通信实体度值的标准差在第一组权重系数下的值较大(均值为 4.88),在第二组权重系数下的值较小(均值为 4.09)。实验结果与前述分析相一致,证明构建模型的合理性。

仿真实验 3 将模型求解算法与贪婪算法(分别采用目标贪婪和性价比贪婪两种策略)相对比,采用目标贪婪策略生成最优解的方式如下:先构造骨干拓扑的一个最小生成树,然后以最大化 f'_{inv} 的增量为目标逐步往网络中添加边直至再多添加一条边时网络的构造成本将高于上限 θ_{max}。采用性价比贪婪策略与采用目标贪婪策略构造最优解方式相似,所不同的是该策略每步以最大化 f'_{inv} 增量与边成本的比值为目标向网络中增加边。算法参数设置与仿真实验 1 中一致,优化目标 f'_{inv} 中各权重值采用蒙特卡洛法生成,进行 30 组实验。图 8.11 所示为算法对比。

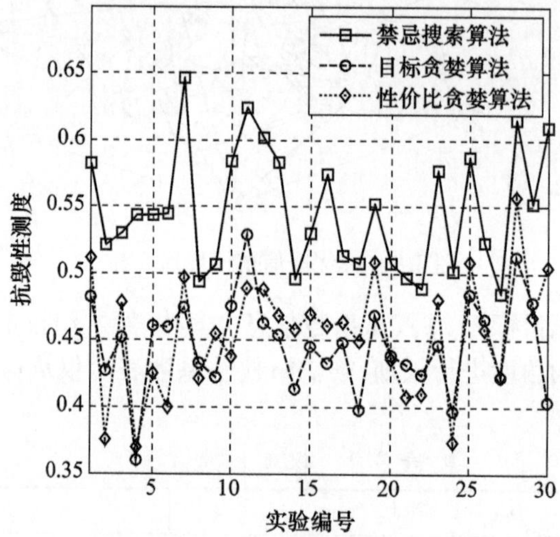

图 8.11 算法对比

从图 8.11 可以看到,禁忌搜索算法所得结果要优于这两种贪婪算法。其中,禁忌搜索算法比目标贪婪算法平均优 36.02%,比性价比贪婪算法平均优 23.06%。实验结果表明,基于禁忌搜索设计的求解算法可行、优越。

第 9 章 C^2 组织的信息网络优化方法

C^2 组织信息网络优化方案描述了决策实体和决策实体之间的信息关系，是直接反映组织内部决策实体间信息流向流量情况的关系。组织中决策实体间各类信息的交互均依赖于信息网络，一般用抗毁性度量信息网络的优化性能。

C^2 组织中，决策实体间关系包括战役决策实体对战术决策实体的 C^2 关系 $R_{\mathrm{ODM-TDM}}$、战术决策实体之间的协作关系 $R_{\mathrm{TDM-TDM}}$ 和决策实体间信息关系 $R_{\mathrm{DM-DM}}$。其中，$R_{\mathrm{ODM-TDM}}$ 是层次型的，其目的是降低战役决策实体和战术决策实体间的 C^2 成本以提高 C^2 组织在任务执行过程中的 C^2 效率。而在网络化条件下，C^2 组织中的物质流与信息流解耦。因此，决策实体间的信息关系 $R_{\mathrm{DM-DM}}$ 一般不是层次型的，而是网络型的。

9.1 信息网络优化分析

9.1.1 相关研究情况分析

有关 C^2 组织决策实体间信息关系 $R_{\mathrm{DM-DM}}$ 生成问题，Levchuk 在文献[128]中进行了分析：考虑信息网络的平均时延、构建成本和可靠性三因素对 $R_{\mathrm{DM-DM}}$ 生成及演进的影响，分别构建时延模型和成本模型；采用启发式方法，设定初始信息传输路由策略，计算最佳链路容量分配方案；判断时延和可靠性是否满足要求，并根据结果反馈进行信息传输路由策略演进，重复上述过程比较优化结果直至得到相对满意的 $R_{\mathrm{DM-DM}}$。文献[222]将信息网络的平均时延作为 $R_{\mathrm{DM-DM}}$ 生成问题数学模型的一个约束条件，建立了以最小化信息网络构建成本为目标函数的数学模型，并提出了基于拉格朗日乘数法（Lagrange Multiplier Rule，LMR）和嵌套遗传算法（Nested Genetic Algorithm，NGA）的问题求解思路。文献[223]考虑 C^2 组织所处组织环境的动态不确定性，讨论了鲁棒性 $R_{\mathrm{DM-DM}}$ 的生成问题，并提出了基于启发式 NGA 算法的 $R_{\mathrm{DM-DM}}$ 生成方法。

本章以信息网络优化问题为研究对象，首先，描述信息网络优化问题性能测度和具体不确定性；然后，分析信息网络优化问题的目标函数和约束条件，建立相关问题的优化模型，并设计基于 LMR 和 GA 的问题模型求解方法；最后，通过仿真案例对所提出求解方法的有效性和适用性进行验证。

9.1.2 优化方案性能测度

决策实体间信息网络优化问题的目标是在满足决策实体间信息需求和信息网络构建成本约束基础上，通过优化选择信息传输路由和分配信息链路容量，使得整个信息网络传输的平均时延最小。

根据 Kleinrock 排队论模型，对网络中各链路 $L_{kk'} \in S_{\mathrm{L}}(k,k'=1,2,\cdots,D+1;k\neq k')$ 的

信息传输过程进行建模，即假定信息网络中各链路上信息到达均基于 M/M/1 队列模型，并且各链路上的信息传输过程互不影响。

基于以上假设，令 $\Gamma_{kk'}$ 表示链路 $L_{kk'}$ 上实际信息传输速率，$\Gamma_{kk'}$ 数值上为所有含有此链路的信息传输路由传输速率之和，即有

$$\Gamma_{kk'} = \sum_{k,k'=1;k\neq k'}^{D+1} \mathrm{IV}^{kk'} \cdot \nu_{kk'} \tag{9.1}$$

式中：$\nu_{kk'}$ 为 $L_{kk'} \in R_{kk'}$ 的决策变量。若 $\nu_{kk'}=1$，$L_{kk'} \in R_{kk'}$；若 $\nu_{kk'}=0$，则 $L_{kk'} \notin R_{kk'}$。

基于 M/M/1 队列模型，可计算得出链路 $L_{kk'}$ 上等待的平均信息单元数量 $W_{kk'}$ 为

$$W_{kk'} = \frac{\Gamma_{kk'}}{N_{kk'} - \Gamma_{kk'}} \tag{9.2}$$

整个信息网络的平均信息传输速率 $\mathrm{IV}_{\mathrm{ave}}$ 为信息网络中所有链路的平均信息传输速率 $\mathrm{IV}^{kk'}(k,k'=1,2,\cdots,D+1;k\neq k')$ 之和，即有

$$\mathrm{IV}_{\mathrm{ave}} = \sum_{k,k'=1;k\neq k'}^{D+1} \mathrm{IV}^{kk'} \tag{9.3}$$

根据 Little 定理[224]，整个信息网络的平均时延 f_{TD} 为整个信息网络平均等待信息单元数量与整个信息网络平均信息传输速率 $\mathrm{IV}_{\mathrm{ave}}$ 的比值，即有

$$f_{\mathrm{td}} = \sum_{\mathrm{L}_{kk'} \in S_L} \mathrm{W}_{kk'} / \mathrm{IV}_{\mathrm{ave}} \tag{9.4}$$

信息网络优化问题的目标函数，就是最小化整个信息网络的平均时延 f_{td}。

9.1.3 具体不确定性分析

逻辑层面的信息网络抗毁性受到物理层面的通信拓扑影响，即当通信实体节点受到攻击失效后，信息传输质量会受到影响；此外，决策实体失效或任务计划变更将导致决策实体间信息流转需求变化，也会对信息网络产生影响。因此，需要对信息网络进行抗毁性设计，提高对不确定性事件的应对能力。

9.2 信息网络优化方案生成模型

信息网络优化问题的约束条件包括信息网络构建成本约束、信息传输路由跳数约束和信息网络可靠性约束。

1. 网络的构建成本约束

信息网络的构建成本主要由链路容量大小和链路数量决定，且呈正比关系。若决策实体 DM_k 和决策实体 $\mathrm{DM}_{k'}$ 间链接一个单位容量的构建成本为 $\vartheta_{kk'}$，则整个信息网络的构建成本为 $\sum_{L_{kk'} \in S_L} \vartheta_{kk'} \cdot N_{kk'}$。在生成决策实体间信息关系 $R_{\mathrm{DM-DM}}$ 过程中，应考虑整个信息网络构建成本约束。假定受信息资源影响，整个信息网络所允许的最大构建成本为 $\vartheta_{\max}$，而实际信息网络构建成本应该不大于 $\vartheta_{\max}$，即

$$\sum_{L_{kk'} \in S_{\mathrm{L}}} \vartheta_{kk'} \cdot \mathrm{N}_{kk'} \leqslant \vartheta_{\max} \tag{9.5}$$

2. 信息传输路由的跳数约束

如果信息网络中某一信息的传输路由跳数过多,必然导致该信息传输时延过长,信息传输质量下降。因此,假定整个信息网络中所有信息传输路由的跳数需满足一定约束条件,并且令 $\sigma_{\max}$ 为信息传输路由所允许的最大跳数。

信息传输路由 $R_{kk'} \in S_{\mathrm{R}}(k,k'=1,2,\cdots,D+1;k\neq k')$ 的实际跳数为 $\sigma[\![R_{kk'}]\!]$,其必须小于等于 $\sigma_{\max}$,即有

$$\sigma[\![R_{kk'}]\!] \leqslant \sigma_{\max} \tag{9.6}$$

3. 信息网络的可靠性约束

可行决策实体间信息关系 $R_{\mathrm{DM-DM}}$ 所对应的信息网络需具有一定可靠性,即当信息网络中的某些决策实体或者信息链路失效时,整个信息网络不至于完全瘫痪,还能保持一定的信息保障能力。

采用信息网络的平均抗毁性来度量信息网络的可靠性,通过计算信息网络所有决策实体对之间的平均连通度来衡量,具体是采用信息网络中所有决策实体对之间不相交通路的平均数来表示。因此,对于一个确定的 C^2 组织信息网络,该信息网络的可靠性可表示为

$$\text{reliability} = \sum_{k=1}^{D}\sum_{k'=1}^{D+1}\frac{\text{degree}(k,k')}{D(D+1)/2} \tag{9.7}$$

式中:degree(k,k')表示决策实体DM_k 和决策实体$\mathrm{DM}_{k'}$间的连通度,即有

$$\text{degree}(k,k') = \min(\text{degree}(k),\text{degree}(k')) \tag{9.8}$$

式中:degree(k)和 degree(k')分别为信息网络中决策实体DM_k 和决策实体$\mathrm{DM}_{k'}$的信息度,即与决策实体DM_k 和决策实体$\mathrm{DM}_{k'}$存在信息关系决策实体的数量。

信息网络的可靠性 reliability 必须不小于某一下限阈值,即有

$$\text{reliability} \geqslant \iota_{\min} \tag{9.9}$$

式中:$\iota_{\min}$表示信息网络可靠性下限阈值。

$\iota_{\min}$由 C^2 组织所需要执行任务的特点决定,不同任务对信息网络可靠性需求是不同的,其值通常由专家综合当前战场态势及以往经验给出。以网络平均时延f_{td}值最小为目标函数,考虑约束条件,得出 C^2 组织信息网络优化问题数学描述为

$$\min f_{\mathrm{td}}$$

$$\text{s.t.}\begin{cases}\sum\limits_{L_{kk'}\in S_{\mathrm{L}}}\vartheta_{kk'}\cdot \mathrm{N}_{kk'} \leqslant \vartheta_{\max} & k,k'=1,2,\cdots,D+1;k\neq k'\\ \sigma[\![R_{kk'}]\!] \leqslant \sigma_{\max} & k,k'=1,2,\cdots,D+1;k\neq k'\\ \sum\limits_{k=1}^{D}\sum\limits_{k'=1}^{D+1}\dfrac{\text{degree}(k,k')}{D(D+1)/2} \geqslant \iota_{\min} & \\ N_{kk'} \geqslant \Gamma_{kk'} & k,k'=1,2,\cdots,D+1;k\neq k'\\ \Gamma_{kk'} = \sum\limits_{k,k'=1;k\neq k'}^{D+1}\mathrm{IV}^{kk'}\cdot \nu_{kk'} & k,k'=1,2,\cdots,D+1;k\neq k'\\ \nu_{kk'} = \begin{cases}1 & \mathrm{L}_{kk'}\in \mathrm{R}_{kk'}\\ 0 & \text{其他}\end{cases} & k,k'=1,2,\cdots,D+1;k\neq k'\end{cases} \tag{9.10}$$

9.3 基于拉格朗日乘数法和遗传算法的模型求解

由式(9.10)可知,信息网络优化问题本质上包含两个子问题:一是在确定的决策实体间信息传输路由组合下,计算信息网络最优的容量分配方案,使得在该容量分配方案下信息网络的平均时延最小;二是进行决策实体间信息传输路由组合的优选。

主要基于 LMR 计算确定决策实体间信息传输路由组合下信息网络的最优容量分配方案,基于 GA 进行信息传输路由组合的优选。图 9.1 所示为基于 LMR 和 GA 的信息网络优化问题模型求解方法。

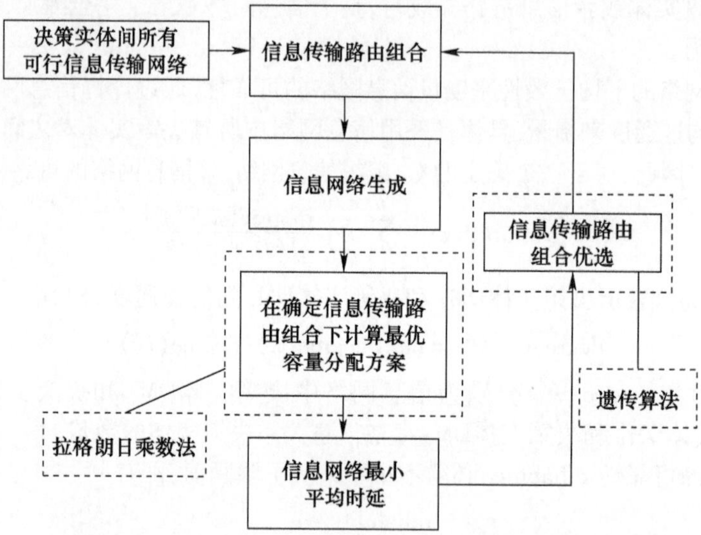

图 9.1 基于 LMR 和 GA 的信息网络优化问题求解方法

9.3.1 基于拉格朗日乘数法的最优容量分配

确定决策实体间信息传输路由组合下网络最优容量分配问题,就是在一定信息传输路由组合条件下,并满足信息网络构建成本约束,为信息网络中各链路优化分配链路容量,使得信息网络平均时延最小。该问题可描述为

$$\min f_{\mathrm{td}}$$
$$\text{s.t.}\begin{cases}\sum\limits_{L_{kk'}\in S_{\mathrm{L}}}\vartheta_{kk'}\cdot N_{kk'}\leqslant\vartheta_{\max}, & k,k'=1,2,\cdots,D+1;k\neq k'\\ N_{kk'}\geqslant\Gamma_{kk'}\geqslant 0, & L_{kk'}\in S_{\mathrm{L}}\end{cases}\tag{9.11}$$

与式(9.10)不同的是,式(9.11)中的 $\Gamma_{kk'}$ 是一个定值,这是因为信息网络及信息传输路由在该子问题中是确定的。求解式(9.11)实质上是寻找函数 $f_{\mathrm{TD}}(\boldsymbol{\Pi})=\sum_{L_{kk'}\in S_{\mathrm{L}}}W_{kk'}/\mathrm{IV}_{\mathrm{ave}}$ 在附加条件 $\sum_{L_{kk'}\in S_{\mathrm{L}}}\vartheta_{kk'}\cdot N_{kk'}-\vartheta_{\max}=0$ 下可能的极值点。其中,$\boldsymbol{\Pi}$ 是所有链路容量 $\vartheta_{kk'}(L_{kk'}\in S_{\mathrm{L}})$ 构成的向量,且所有 $N_{kk'}\geqslant\Gamma_{kk'}\geqslant 0$,可采用 LMR 对式(9.11)进行求解。

综合式(9.3)和式(9.11),构建辅助函数$f_{\mathrm{aux}}(\boldsymbol{\Pi})$

$$f_{\mathrm{aux}}(\boldsymbol{\Pi}) = \sum_{L_{kk'} \in S_{\mathrm{L}}} \frac{\Gamma_{kk'}}{N_{kk'} - \Gamma_{kk'}} / \mathrm{IV}_{\mathrm{ave}} + \lambda \cdot \left(\sum_{L_{kk'} \in S_{\mathrm{L}}} \vartheta_{kk'} \cdot N_{kk'} - \vartheta_{\max} \right) \tag{9.12}$$

式中:λ 为拉格朗日乘子,为一常数。

求$f_{\mathrm{aux}}(\boldsymbol{\Pi})$对每一个 $N_{kk'}$ 的一阶偏导数,并使之为0,然后与约束条件联立生成式(9.13)和式(9.14):

$$\frac{\partial f_{\mathrm{aux}}(\boldsymbol{\Pi})}{\partial N_{kk'}} = \frac{1}{\mathrm{IV}_{\mathrm{ave}}} \cdot \frac{-\Gamma_{kk'}}{(N_{kk'} - \Gamma_{kk'})^2} + \lambda \cdot \vartheta_{kk'} = 0 \tag{9.13}$$

$$\sum_{L_{kk'} \in S_{\mathrm{L}}} \vartheta_{kk'} \cdot N_{kk'} - \vartheta_{\max} = 0 \tag{9.14}$$

由式(9.13)可得

$$(N_{kk'} - \Gamma_{kk'})^2 = \frac{\Gamma_{kk'}}{\lambda \cdot \mathrm{IV}_{\mathrm{ave}} \cdot \vartheta_{kk'}} \Rightarrow N_{kk'} = \Gamma_{kk'} + \sqrt{\frac{\Gamma_{kk'}}{\lambda \cdot \mathrm{IV}_{\mathrm{ave}} \cdot \vartheta_{kk'}}} \tag{9.15}$$

将式(9.15)代入式(9.14),可解出 λ 为

$$\frac{1}{\sqrt{\lambda \cdot \mathrm{IV}_{\mathrm{ave}}}} = \frac{\vartheta_{\max} - \sum_{L_{kk'} \in S_{\mathrm{L}}} \vartheta_{kk'} \cdot N_{kk'}}{\sum_{L_{kk'} \in S_{\mathrm{L}}} \sqrt{\vartheta_{kk'} \cdot N_{kk'}}} = 0 \tag{9.16}$$

将式(9.16)代入式(9.15),可解出最优的容量分配方案 $N_{kk'}$为

$$N_{kk'} = \Gamma_{kk'} + \sqrt{\frac{\Gamma_{kk'}}{\vartheta_{kk'}}} \cdot \frac{\vartheta_{\max} - \sum_{L_{kk'} \in S_{\mathrm{L}}} \vartheta_{kk'} \cdot N_{kk'}}{\sum_{L_{kk'} \in S_{\mathrm{L}}} \sqrt{\vartheta_{kk'} \cdot N_{kk'}}} \tag{9.17}$$

将式(9.17)代入目标函数,可求得确定信息传输路由组合下信息网络的最小平均时延$f_{\mathrm{td}}〖\min〗$为

$$f_{\mathrm{td}}〖\min〗 = \frac{1}{\mathrm{IV}_{\mathrm{ave}}} \cdot \frac{\left(\sum_{L_{kk'} \in S_{\mathrm{L}}} \sqrt{\vartheta_{kk'} \cdot N_{kk'}} \right)^2}{\vartheta_{\max} - \sum_{L_{kk'} \in S_{\mathrm{L}}} \vartheta_{kk'} \cdot N_{kk'}} \tag{9.18}$$

9.3.2 基于遗传算法的信息传输路由组合优选

信息传输路由组合的优选问题就是在所有信息传输路由组合中选择最优组合,使得在该信息传输路由组合下使用 LMR 计算得到的信息网络最小平均时延最小。该问题实质上是一个复杂的组合优化问题,采用 GA 对该问题进行求解。

1. 染色体的编码方式

假设整个信息网络中,决策实体间存在着 $X(X \leqslant D(D+1))$个不同信息传输,则对应有 X 个不同的信息传输路由。令从决策实体DM_k 到决策实体$\mathrm{DM}_{k'}$的信息传输为这 X 个不同信息传输中的第 $d(d=1,2,\cdots,X)$个信息传输,则第 d 个信息传输中所有可能传输路由集合就是满足约束条件 $\sigma〖R_{kk'}〗 \leqslant \sigma_{\max}$ 的$\mathrm{Path}_{kk'}$,记为 $\Omega_{p_d} = \{p_d^1, \cdots, p_d^k, \cdots, p_d^{r_d}\}$,其中,

r_d 表示第 d 个信息传输中所有可能传输路由的个数，$p_d^k(k=1,2,\cdots,r_d)$ 表示所有可能信息传输路由中的第 k 条信息传输路由。而一个信息传输路由组合是由所有信息传输中任意一个信息传输路由组合而成，记作 $\mathrm{PC}=\{(p_1,\cdots,p_d,\cdots,p_X)\mid p_d\in\Omega_{p_d},d=1,2,\cdots,X\}$。

在 $D=5,\sigma_{\max}=2$ 的情况下，假设所有决策实体间都有信息传输需求，则 $X=D(D-1)=20$、$r_d=4$，又假定从决策实体DM_1 到决策实体DM_2 的信息传输为信息网络中的第 1 个信息传输，则这第 1 个信息传输的所有的信息传输路由可以这样定义：p_1^1 对应 1→2、p_1^2 对应 1→3→2、p_1^3 对应 1→4→2 和 p_1^4 对应 1→5→2。

一个染色体对应一种确定的信息传输路由组合，可采用整数型的编码方式对 GA 的染色体进行编码：一个染色体是由 X 个整数构成的有序序列 $\omega=\{\omega_1,\cdots,\omega_d,\cdots,\omega_X\}$，其中，$\omega_d\in\{1,2,\cdots,r_d\}$，$d=1,2,\cdots,X$。假定 $\omega_d=k$，则表示选择 Ω_{p_d} 中的第 k 条信息传输路由。

2. 适应度函数

由染色体编码方式可知，得到的染色体中可能会有不可行的个体（即不满足信息网络的可靠性约束）。因此，在计算染色体适应度值之前，需要对每一个染色体的可行性进行判断，判断是否满足可靠性约束：若不满足，则对该染色体的适应度值进行惩罚，将该染色体的适应度值直接置为 0；否则，该染色体的适应度值为该染色体对应确定信息传输路由组合下使用 LMR 计算得到 $f_{\mathrm{td}}[\![\min]\!]$ 值的倒数。定义适应度函数为

$$\text{适应度值}=\begin{cases}\dfrac{1}{f_{\mathrm{td}}[\![\min]\!]}, & \text{信息网络可靠性}\geqslant\iota_{\min}\\ 0, & \text{信息网络可靠性}<\iota_{\min}\end{cases}\tag{9.19}$$

3. 遗传算子

1）交叉算子

对于这种整数型编码的染色体，不考虑交叉前后染色体是否可行，采用以下方法进行交叉操作：假定参加交叉操作的两个染色体为$\boldsymbol{\omega}_i=\{\omega_{i1},\cdots,\omega_{id},\cdots,\omega_{iX}\}$和$\boldsymbol{\omega}_j=\{\omega_{j1},\cdots,\omega_{jd},\cdots,\omega_{jX}\}$，在区间$[2,X]$内随机产生一个整数 l，通过以下规则产生新的染色体$\boldsymbol{\omega}_i'=\{\omega_{i1}',\cdots,\omega_{id}',\cdots,\omega_{iX}'\}$和$\boldsymbol{\omega}_j'=\{\omega_{j1}',\cdots,\omega_{jd}',\cdots,\omega_{jX}'\}$

$$\omega_{id}'=\begin{cases}\omega_{id} & 1\leqslant d<l\\ \omega_{jd} & l\leqslant d\leqslant X\end{cases}\tag{9.20}$$

$$\omega_{jd}'=\begin{cases}\omega_{jd} & 1\leqslant d<l\\ \omega_{id} & l\leqslant d\leqslant X\end{cases}\tag{9.21}$$

图 9.2 所示为交叉操作过程。

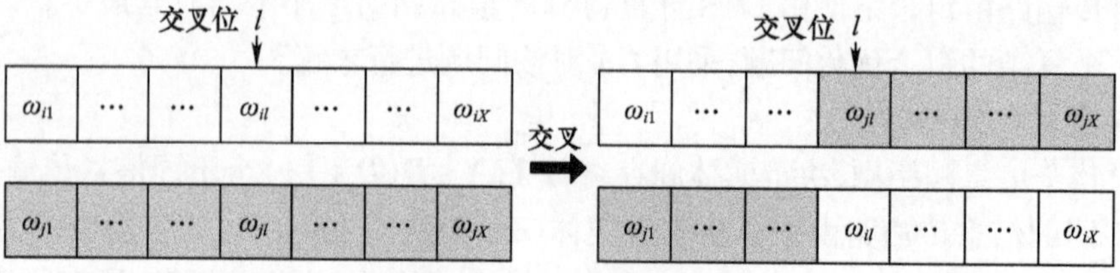

图 9.2　交叉操作过程

2）变异算子

不考虑变异前后染色体是否可行，对于染色体 $\boldsymbol{\omega}=\{\omega_1,\cdots,\omega_d,\cdots,\omega_X\}$，采用以下规则进行变异操作产生新的染色体 $\boldsymbol{\omega}'=\{\omega_1',\cdots,\omega_d',\cdots,\omega_X'\}$。

$$\omega_d'=\begin{cases}\text{rand}(1,r_d) & \text{若第 } d \text{ 个基因变异}\\ \omega_d & \text{其他}\end{cases} \tag{9.22}$$

式中：$\text{rand}(1,r_d)$ 表示区间 $[1,r_d]$ 内的随机整数。

图 9.3 所示为变异操作过程。

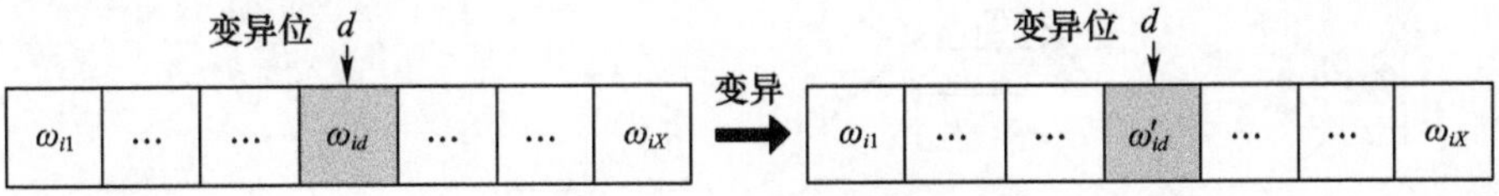

图 9.3　变异操作过程

3）选择算子

将初始种群、交叉操作得到的种群和变异操作得到的种群合并为一个种群，称这个种群为合并种群，并计算合并种群中每个染色体的适应度值，使用精英保留策略和轮盘赌选择（Roulette Wheel Selection，RWS）相结合的方法进行种群选择操作。

精英保留策略也称为精英主义，就是将当前合并种群中适应度值最大的染色体结构完整地复制到新一代种群中。精英保留策略的主要优点就是能保证 GA 终止时得到的最后结果是历代出现过的最高适应度值的染色体。

轮盘赌选择是指合并种群中每个染色体进入新一代种群的概率等于其适应度值与整个合并种群所有染色体适应度值之和的比值，一个染色体的适应度值越高，该染色体被选中进入下一代的概率就越大。

每个染色体就像圆盘中的一个扇形部分，扇面的角度与染色体的适应度值成正比。随机拨动圆盘，当圆盘停止转动时指针所在扇面对应的染色体被选中，轮盘赌选择方法由此得名。新一代种群中另外的染色体通过对合并种群进行轮盘赌选择的方式产生。

图 9.4 所示为 GA 算法流程图。

GA 算法的具体步骤如下。

步骤 1　设置合适的种群规模 pop，采用整数型编码方式对染色体进行编码，随机产生初始种群。

步骤 2　对初始种群进行概率为 P_{c} 的交叉操作，产生交叉种群。

步骤 3　对初始种群进行概率为 P_{m} 的变异操作，产生变异种群。

步骤 4　将初始种群、交叉种群和变异种群合并为一个种群，进行选择操作，产生新一代的种群，并替代初始种群。

步骤 5　重复步骤 2 至步骤 4，直至达到最大迭代次数。

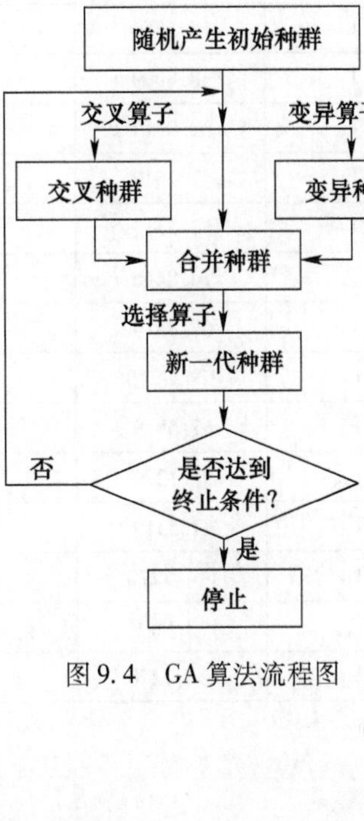

图 9.4　GA 算法流程图

9.4 具体案例分析

9.4.1 实验案例设定

假定 C^2 组织中,一共有 5 个决策实体和 18 个任务。图 9.5 所示为任务序列关系;表 9.1所列为决策实体配置方案。

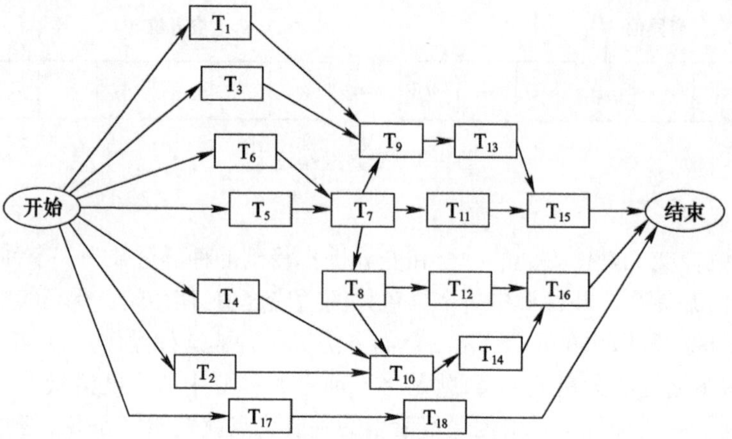

图 9.5 任务之间的序列关系

表 9.1 决策实体配置方案

任务	开始时刻	决策实体 - 任务的分配关系				
		DM_1	DM_2	DM_3	DM_4	DM_5
T_1	14.5774	1	0	0	1	0
T_2	74.7270	1	0	0	0	0
T_3	15.5556	0	1	0	0	0
T_4	38.8909	0	1	0	0	0
T_5	32.9317	0	0	1	0	0
T_6	47.5519	0	0	1	1	0
T_7	57.5519	0	0	0	0	1
T_8	74.8446	0	0	1	0	0
T_9	67.5519	0	1	0	0	0
T_{10}	104.7270	1	0	0	0	0
T_{11}	67.5519	1	0	1	0	0
T_{12}	91.1279	0	1	0	0	1
T_{13}	77.5519	0	0	0	1	0
T_{14}	114.7270	0	0	1	1	0
T_{15}	113.0804	0	1	1	0	0
T_{16}	134.7270	0	0	0	1	1

续表

任务	开始时刻	决策实体 - 任务的分配关系				
		DM_1	DM_2	DM_3	DM_4	DM_5
T_{17}	20.6155	1	0	0	0	1
T_{18}	32.9848	0	1	0	0	0

在模型中,设置相关参数为 $\vartheta_{kk'}=1(k,k'=1,2,\cdots,5;k\neq k')$,$r_i=1(i=1,2,\cdots,18)$ 和 $\rho_{ii'}=5(i,i'=1,2,\cdots,18;i\neq i')$。

基于以上案例及参数设置,通过式(3.14)和式(3.15),可以求解得出决策实体间需要传输的同步协作信息量 $I_1^{kk'}$ 和任务约束信息量 $I_2^{kk'}$,分别如表9.2和表9.3所列。

表9.2 决策实体间需要传输的同步协作信息量 $I_1^{kk'}$

开始节点	终止节点				
	DM_1	DM_2	DM_3	DM_4	DM_5
DM_1	0	0	10	30	10
DM_2	0	0	15	0	10
DM_3	10	15	0	30	0
DM_4	30	0	30	0	15
DM_5	10	10	0	15	0

表9.3 决策实体间需要传输的任务约束信息量 $I_2^{kk'}$

开始节点	终止节点				
	DM_1	DM_2	DM_3	DM_4	DM_5
DM_1	0	15	10	5	0
DM_2	5	0	0	10	5
DM_3	5	10	0	5	20
DM_4	0	10	5	0	10
DM_5	5	10	5	5	0

由表9.2和表9.3以及任务执行周期 TM = 149.7270,并根据式(3.17),求解得出决策实体间平均信息传输速率需求 $\mathrm{IV}^{kk'}(k,k'=1,2,\cdots,D+1;k\neq k')$,如表9.4所列。设置信息网络可靠性的下限阈值为 $\iota_{\min}=1.7$,信息传输路由最大跳数为 $\sigma_{\max}=2$。设置GA算法参数如下,初始种群规模 pop = 50,交叉概率 $P_c=0.8$,变异概率 $P_m=0.05$,最大迭代次数 gen = 100。表9.5所列为GA算法的染色体编码方式。

表9.4 决策实体间平均信息传输速率需求 $\mathrm{IV}^{kk'}$

开始节点	终止节点				
	DM_1	DM_2	DM_3	DM_4	DM_5
DM_1	0	0.1002	0.1336	0.2338	0.0668
DM_2	0.0334	0	0.1002	0.0668	0.1002
DM_3	0.1002	0.1670	0	0.2338	0.1336
DM_4	0.2004	0.0668	0.2338	0	0.1670
DM_5	0.1002	0.1336	0.0334	0.1336	0

表9.5 GA算法的染色体编码方式

标号	信息传输	信息传输路由	编码	标号	信息传输	信息传输路由	编码
1	1→2	1→2	1	11	3→4	3→4	1
		1→3→2	2			3→1→4	2
		1→4→2	3			3→2→4	3
		1→5→2	4			3→5→4	4
2	1→3	1→3	1	12	3→5	3→5	1
		1→2→3	2			3→1→5	2
		1→4→3	3			3→2→5	3
		1→5→3	4			3→4→5	4
3	1→4	1→4	1	13	4→1	4→1	1
		1→2→4	2			4→2→1	2
		1→3→4	3			4→3→1	3
		1→5→4	4			4→5→1	4
4	1→5	1→5	1	14	4→2	4→2	1
		1→2→5	2			4→1→2	2
		1→3→5	3			4→3→2	3
		1→4→5	4			4→5→2	4
5	2→1	2→1	1	15	4→3	4→3	1
		2→3→1	2			4→1→3	2
		2→4→1	3			4→2→3	3
		2→5→1	4			4→5→3	4
6	2→3	2→3	1	16	4→5	4→5	1
		2→1→3	2			4→1→5	2
		2→4→3	3			4→2→5	3
		2→5→3	4			4→3→5	4
7	2→4	2→4	1	17	5→1	5→1	1
		2→1→4	2			5→2→1	2
		2→3→4	3			5→3→1	3
		2→5→4	4			5→4→1	4
8	2→5	2→5	1	18	5→2	5→2	1
		2→1→5	2			5→1→2	2
		2→3→5	3			5→3→2	3
		2→4→5	4			5→4→2	4
9	3→1	3→1	1	19	5→3	5→3	1
		3→2→1	2			5→1→3	2
		3→4→1	3			5→2→3	3
		3→5→1	4			5→4→3	4

续表

标号	信息传输	信息传输路由	编码	标号	信息传输	信息传输路由	编码
10	3→2	3→2	1	20	5→4	5→4	1
		3→1→2	2			5→1→4	2
		3→4→2	3			5→2→4	3
		3→5→2	4			5→3→4	4

9.4.2 实验结果分析

进行2组仿真实验对比,第1组设置 ϑ_{max} 为5.0、6.0和7.0,输出GA算法收敛曲线、最优路由组合、链路实际平均信息传输速率和最优容量分配方案。第2组设置 ϑ_{max} 为4.0、4.1、4.2、…、7.8、7.9和8.0,输出 f_{td}〖min〗随 ϑ_{max} 变化曲线。

仿真实验1 假定信息网络构建成本约束 ϑ_{max} 分别为5.0,6.0和7.0。图9.6所示为 $\vartheta_{max}=5.0$ 时GA算法的收敛曲线。能够搜索到的最优目标函数值为fitness = 0.2610,对应信息网络最小平均时延为 f_{td}〖min〗= 3.8319,最优解对应染色体为 $\boldsymbol{\omega}_{best}$ = {2,1,1,1,2,1,3,1,1,1,1,1,1,3,1,1,1,1,1,1}。表9.6所列为最优解对应的信息传输路由组合。图9.7所示为各链路实际平均信息传输速率。图9.8所示为最优容量分配方案。

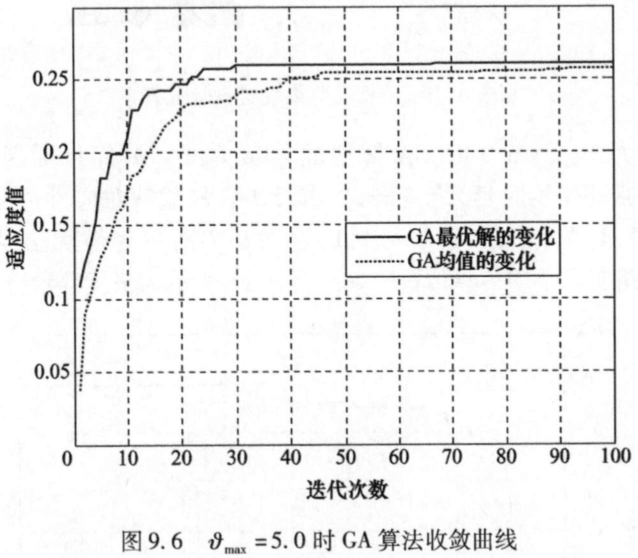

图9.6 $\vartheta_{max}=5.0$ 时GA算法收敛曲线

表9.6 $\vartheta_{max}=5.0$ 时最优信息传输路由组合

开始节点	终止节点				
	DM_1	DM_2	DM_3	DM_4	DM_5
DM_1	0	1→3→2	1→3	1→4	1→5
DM_2	2→3→1	0	2→3	2→3→4	2→5
DM_3	3→1	3→2	0	3→4	3→5
DM_4	4→1	4→3→2	4→3	0	4→5
DM_5	5→1	5→2	5→3	5→4	0

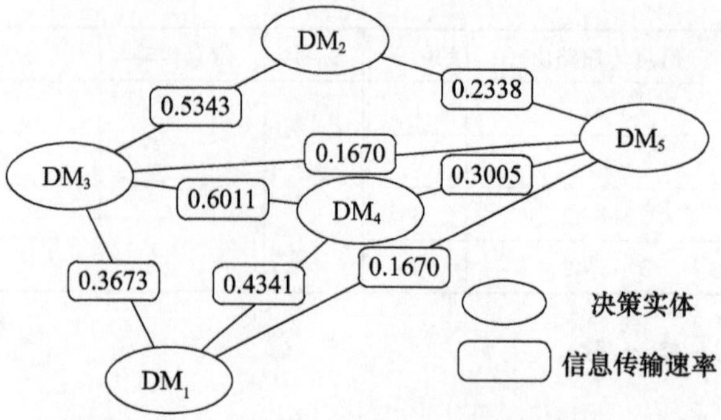

图 9.7　$\vartheta_{max}=5.0$ 时链路实际平均信息传输速率

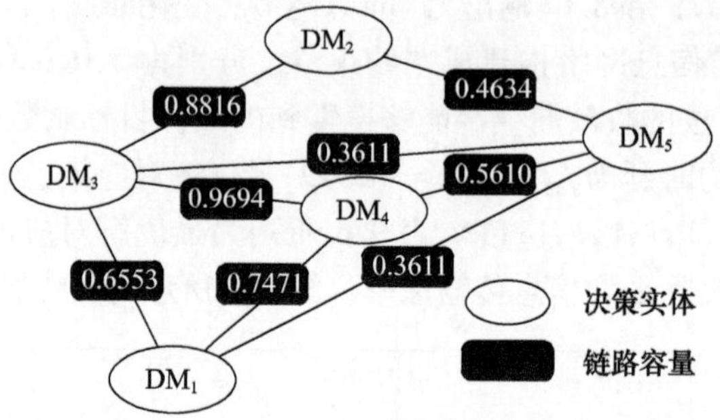

图 9.8　$\vartheta_{max}=5.0$ 时最优容量分配方案

图 9.9 所示为 $\vartheta_{max}=6.0$ 时 GA 算法的收敛曲线。最优目标函数值为 fitness = 0.3985，对应网络最小平均时延为 $f_{td}[\min]=2.5094$，最优解对应染色体为 $\boldsymbol{\omega}_{best}=\{1,3,1,4,1,1,3,1,3,1,1,4,1,3,1,1,4,1,4,1\}$。表 9.7 所列为最优信息传输路由组合。图 9.10所示为链路实际平均信息传输速率。图 9.11 所示为最优容量分配方案。

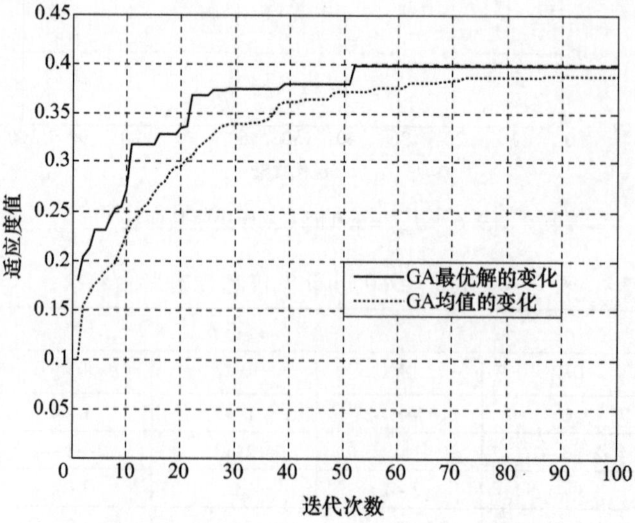

图 9.9　$\vartheta_{max}=6.0$ 时 GA 算法收敛曲线

表 9.7　$\vartheta_{max}=6.0$ 时最优信息传输路由组合

开始节点	终止节点				
	DM_1	DM_2	DM_3	DM_4	DM_5
DM_1	0	1→2	1→4→3	1→4	1→4→5
DM_2	2→1	0	2→3	2→3→4	2→5
DM_3	3→4→1	3→2	0	3→4	3→4→5
DM_4	4→1	4→3→2	4→3	0	4→5
DM_5	5→4→1	5→2	5→4→3	5→4	0

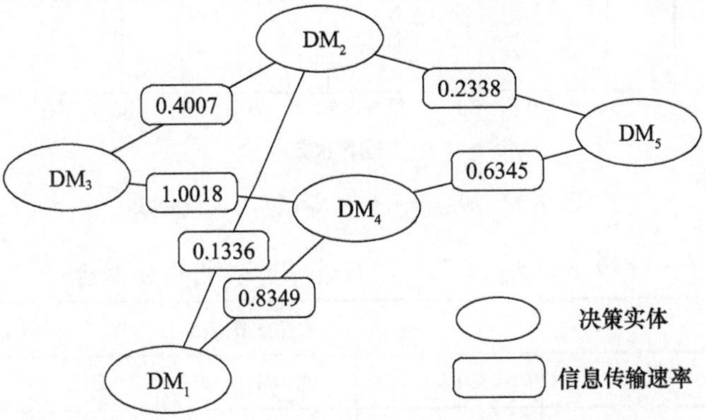

图 9.10　$\vartheta_{max}=6.0$ 时链路实际平均信息传输速率

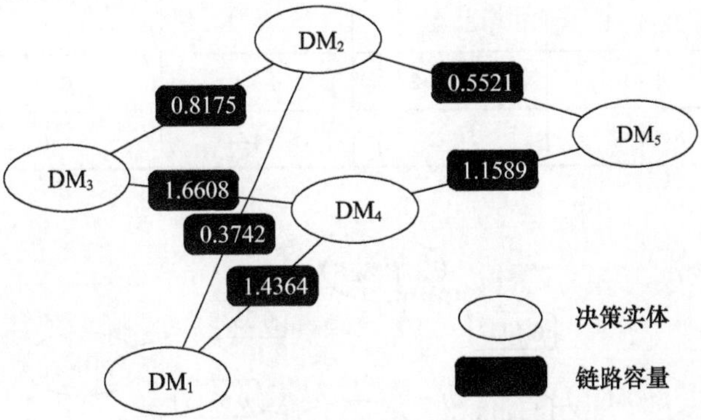

图 9.11　$\vartheta_{max}=6.0$ 时最优容量分配方案

图 9.12 所示为 $\vartheta_{max}=7.0$ 时 GA 算法的收敛曲线。能够搜索到的最优目标函数值为 fitness = 0.5428，对应网络最小平均时延为 $f_{td}[\min]=1.8421$，最优解对应染色体 $\boldsymbol{\omega}_{best}=\{1,3,1,4,1,1,3,1,3,1,1,4,1,3,1,1,4,1,4,1\}$。表 9.8 所列为最优解对应的信息传输路由组合。图 9.13 所示为各链路实际平均信息传输速率。图 9.14 所示为最优容量分配方案。

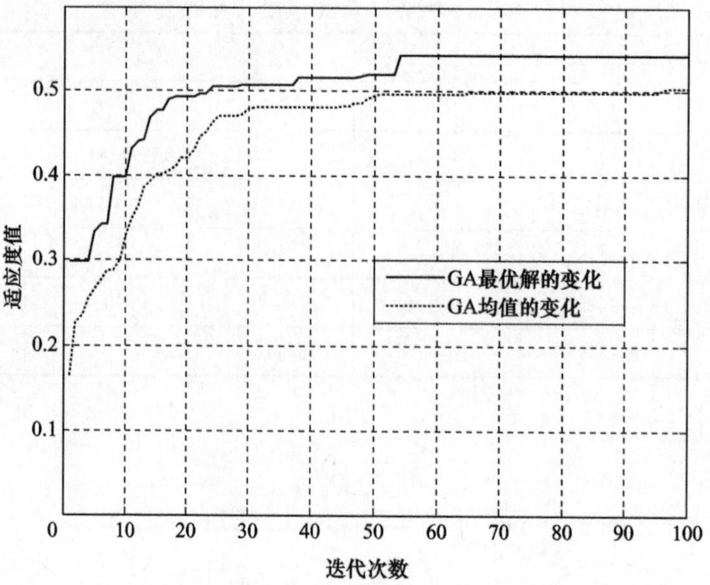

图 9.12　$\vartheta_{max}=7.0$ 时 GA 算法收敛曲线

表 9.8　$\vartheta_{max}=7.0$ 时最优信息传输路由组合

开始节点	终止节点				
	DM_1	DM_2	DM_3	DM_4	DM_5
DM_1	0	1→2	1→4→3	1→4	1→4→5
DM_2	2→1	0	2→3	2→3→4	2→5
DM_3	3→4→1	3→2	0	3→4	3→4→5
DM_4	4→1	4→3→2	4→3	0	4→5
DM_5	5→4→1	5→2	5→4→3	5→4	0

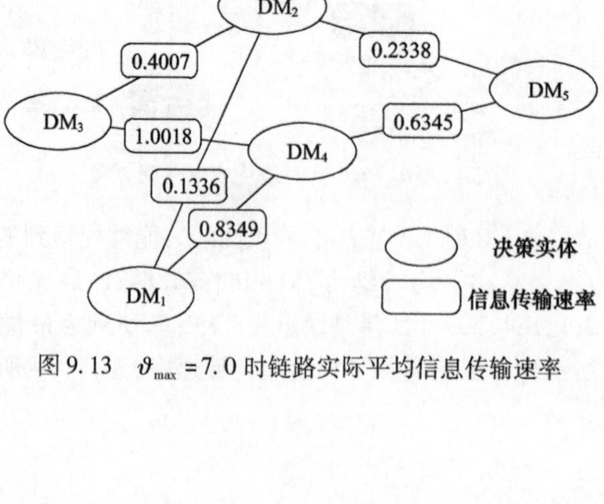

图 9.13　$\vartheta_{max}=7.0$ 时链路实际平均信息传输速率

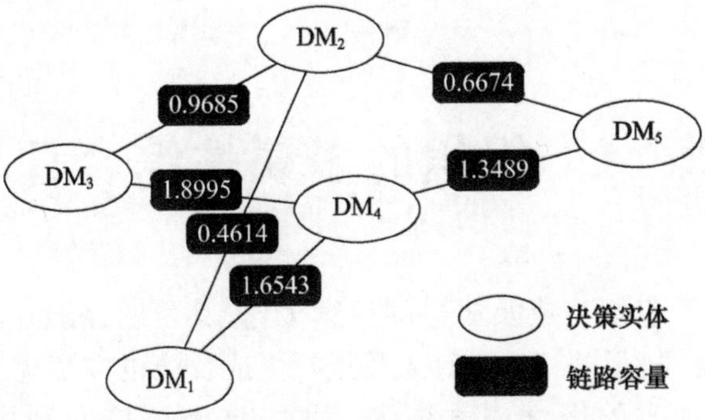

图 9.14 ϑ_{max} =7.0 时最优容量分配方案

由以上仿真结果可知,基于 LMR 和 GA 方法能够在信息网络构建成本约束条件下,完成决策实体间信息关系 R_{DM-DM}的设计,验证了基于 LMR 和 GA 方法对于求解信息网络优化问题的有效性和适用性。可根据决策实体间信息关系 R_{DM-DM},主要是信息网络平均时延值大小,来判断 C^2 组织现有信息资源能否满足作战需求,进而决定是否需要增加新的信息资源。

仿真实验 2 当信息网络构建成本约束 ϑ_{max}取值分别为 4.0、4.1、4.2、…、7.8、7.9、8.0 时,基于 LMR 和 GA 方法求解以上案例,能够得到信息网络最小平均时延 f_{td}〖min〗随 ϑ_{max}的变化曲线,如图 9.15 所示。

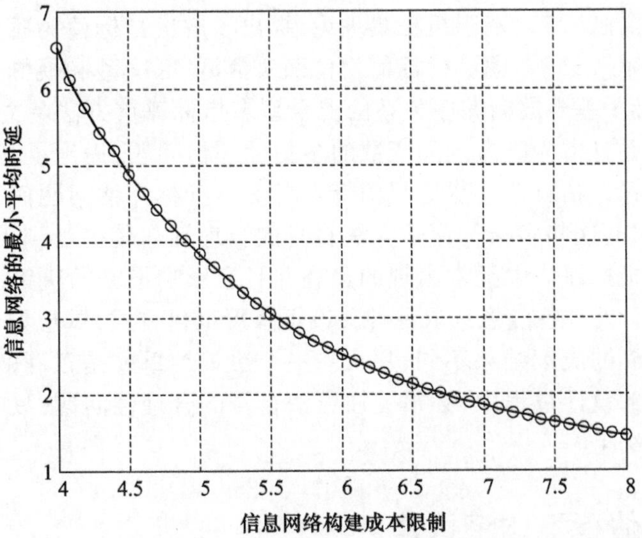

图 9.15 f_{td}〖min〗随 ϑ_{max} 变化曲线

由图 9.15 可知,信息网络最小平均时延 f_{td}〖min〗随信息网络最大构建成本 ϑ_{max}的变化曲线是一条平滑曲线,f_{td}〖min〗随 ϑ_{max} 的增大而减小。当 ϑ_{max} 取值较小时,f_{td}〖min〗随 ϑ_{max}的下降速率更快,信息网络整体性能改善效果更为明显。随着 ϑ_{max} 逐渐增大,f_{d}〖min〗下降速率趋缓,此时增加同样单位的网络构建成本,信息网络整体性的改善效果不如 ϑ_{max} 取值较小时的效果。

第 10 章　C^2 组织的多属性综合评估方法

C^2 组织评估是 C^2 组织生成及演进的后续工作，其目的是通过对不同组织生成及演进方案进行优劣排序，帮助组织设计人员进行生成及演进方案优选。由于影响 C^2 组织生成及演进方案优劣的属性因素很多，因此，这类评估问题属于多属性决策问题[225]。由于 C^2 组织任务计划、C^2 结构和通信拓扑是组织生成及演进的基础性内容，主要对 C^2 组织任务计划、C^2 结构和通信拓扑生成及演进方案进行评估，其他内容的评估方法类似。

多属性决策也称作多指标评估，传统的多指标评估方法包括加权和法[226]、Delphi 咨询法[227]，以及层次分析法[228]和接近理想解排序法（Technigue for Order Preference by Similarity to Ideal Solution，TOPSIS）[229]等，随着人们对多指标评估问题研究的深入，新的多指标评估方法不断被提出。文献[230]针对指标值为区间数的多指标评估问题，采用马田系统处理区间数决策向量信息，通过接近理想解排序法（Technigue for Order Preference by Similarity to Ideal Solution，TOPSIS）对区间数决策向量进行排序。文献[231]借鉴水桶理论和现代企业投票制度，将分层法与超立方体分割相结合，设计了一种区间数多指标评估方法。文献[232]基于粗糙集理论，提出了解决指标值为犹豫模糊元评估问题的新方法。文献[233]考虑了指标值为精确实数型、区间型和模糊型的混合型多指标评估问题，设计了基于模糊偏序关系的混合型多指标评估方法。文献[234]针对指标间具有关联关系且指标值为区间灰数的多指标评估问题，提出了基于 Choquet 积分的区间灰数多指标评估方法。尽管目前针对各类多指标评估问题而提出的多指标评估方法有很多，但是这些多指标评估方法自身的合理性却较少受到关注。例如，决策矩阵规范化是多指标评估中经常出现的步骤并且会影响最终的决策结果[235]，但大多数评估方法在设计时往往随意选取一种决策矩阵规范化方式，试想如果采用不同的规范化处理方式得到的决策结果不同，那么哪一个决策结果才是正确的？由此可见，在多指标评估方法的设计过程中，必须关注方法自身的合理性问题，只有这样才能得到可靠有效的决策结果。

10.1　评估指标体系构建

在介绍一般评估问题指标体系基础上，建立相应的 C^2 组织生成及演进方案评估指标体系。

10.1.1　一般评估问题指标体系

评估指标体系描述了体系中各指标之间的相互关系，评估指标体系一般采用递阶型层次结构，由目标层和指标层组成。图 10.1 所示为评估指标体系的递阶型层次结构。

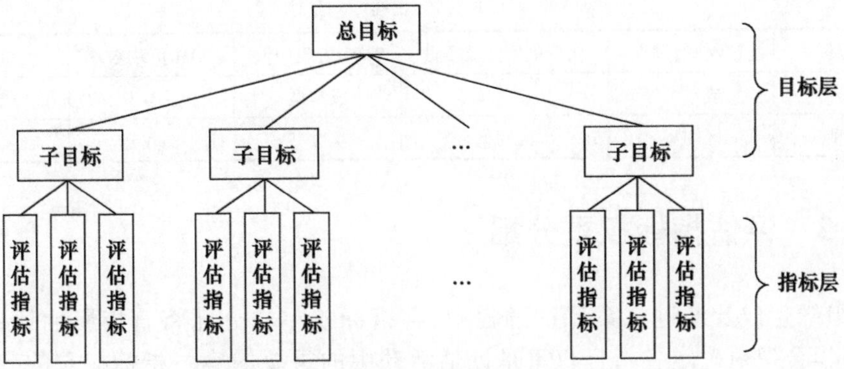

图 10.1　评估指标体系的递阶型层次结构

评估体系的最上层，即总目标只有一个并且通常相对笼统抽象，难以直接衡量。因此，需要将其分解为多个具体的子目标，然后，为各子目标选取合适的评估指标。在递阶型的层次结构中，所有评估指标之间都是并列关系。

10.1.2　生成及演进问题评估指标体系

由于 C^2 组织生成及演进的基础性方案是由平台实体调度方案、决策实体配置方案和通信拓扑规划方案共同组成，因此，评估 C^2 组织生成及演进方案优劣程度这一总目标可以分解为衡量平台实体调度方案、决策实体配置方案和通信拓扑规划方案各自的优劣程度这三个子目标。在 5.1.2 节中，定义了任务执行周期和任务平均完成质量两个性能测度来衡量平台实体调度方案的优劣程度。在 6.1.2 节中，定义了战术决策实体负载均值和负载方差两个性能测度来衡量决策实体配置方案的优劣程度。在 8.3.1 节中，定义了综合抗毁度这一性能测度来衡量通信拓扑规划方案的优劣程度。

图 10.2 所示为所构建 C^2 组织生成及演进方案评估指标体系；表 10.1 所列为其中各评估指标具体信息。

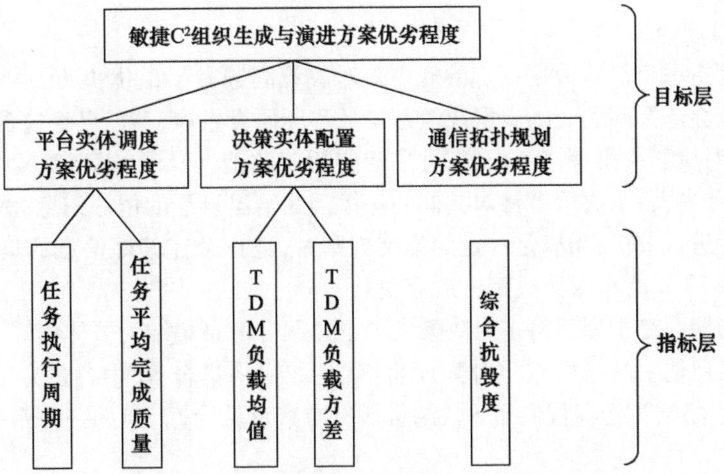

图 10.2　C^2 组织生成及演进方案评估指标体系

表 10.1　评估指标信息

评估指标	任务执行周期	任务平均完成质量	TDM 负载均值	TDM 负载方差	抗毁度
指标类型	成本型	效益型	成本型	成本型	效益型
值类型	区间型	区间型	实数型	实数型	实数型

10.2　评估指标权重分配

C^2 组织生成及演进方案评估过程中，各指标权重的分配将直接影响评估结果，因此，科学合理地确定各指标权重是评估活动中的重要内容。指标权重的分配方法可以分为主观赋权法、客观赋权法和组合赋权法三类：典型的主观赋权法包括层次分析法、特征向量法和德尔菲法等，其特点是得到的权重结果虽然具有较好的可解释性但是却存在一定的主观随意性；典型的客观赋权法包括熵值法、逼近理想点法和灰色关联分析法等，这类方法依据“指标值波动越大，指标权重越大”的思想确定权重，虽然方法严谨但是所得结果可能与事实不相符合；组合赋权方法通常将主观赋权法和客观赋权法进行综合，目的是发挥它们二者各自的优势，并克服二者各自的不足，但实际的效果也可能恰恰相反，即得到的权重分配结果既具有一定的随意性又与客观事实不符。

因此，在为评估指标分配权重时，选择什么样的分配方式并不重要，重要的是如何才能保证得到的权重结果相对客观并且合乎事实，许多评估方法在设计时忽视了这一点，导致了评估方法本身的不合理。在上述分析中已经指出，主观赋权的特点是得到的结果具有较好的可解释性，但是随意程度较高。为克服其不足，可以借鉴群决策的相关理论来综合多位专家给出的指标权向量，这样不仅能保证权重分配结果贴合实际，又能在一定程度上克服分配结果的主观随意性、提高其客观性。

10.2.1　基于群决策的指标赋权

1. 群决策理论

群决策是指一个群体根据一定的规则来对决策问题做出最优决策，早期的群决策理论主要研究社会选择问题。随着群决策理论的不断研究发展，目前已经包含群偏好分析、群效用理论、对策群决策等诸多内容，并广泛应用于政治、经济和军事等领域。群决策的流程一般为：首先，各个决策者针对共同的决策问题给出自己的偏好信息；然后，对各偏好信息的共识性进行分析，当满足一定的集结规则时，进行个体偏好信息的集结，得到群体决策结果。图 10.3 所示为群决策一般流程。

群决策的核心在于如何将多个决策人的个体偏好信息集结为群体偏好，对 C^2 组织生成及演进方案评估中的指标权重分配而言，就是如何将集合 S_Z 中各位专家给出的意见 S_{V_1}、S_{V_2}、…、S_{V_A} 集结为指标权向量 $\boldsymbol{S}_W$，综合所有专家意见计算 $\boldsymbol{S}_W$ 的一种简单方式为加权平均，即

$$\boldsymbol{S}_W = \sum_{d=1}^{A} \varpi_d \cdot S_{V_d} \tag{10.1}$$

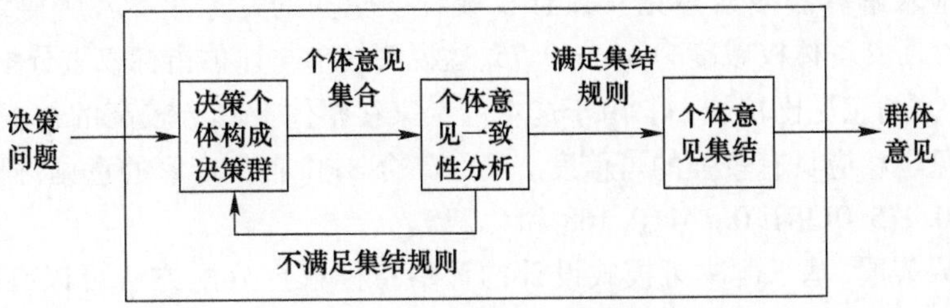

图 10.3　群决策一般流程

但是这种方式并不合理,因为各位专家给出的意见可能并不一致。例如某些专家认为评估指标 I_1 的权重应赋予一个较大值,而另一些专家认为应该赋予一个较小值,如果简单地将所有专家意见进行加权平均得到一个适中值,则可能会背离所有专家的想法。为了解决这一问题,需要先根据专家意见将专家进行分组,意见一致的专家为一组,然后采纳最具权威性的专家组的意见。

2. 专家意见一致性检验

采用 Kendall 协和系数检验法来判断一个专家集合中专家的意见是否一致,具体步骤如 4.2.2 节所示。不同之处在于,4.2.2 节相关运算遵循区间数运算法则,此处遵循实数运算法则。

10.2.2　具体案例分析

在 C^2 组织生成及演进方案评估中,共有 6 位专家 Z_1、Z_2、…、Z_6 参与评估指标的权重分配,专家权向量为 0.20、0.15、0.10、0.15、0.30 和 0.10。

表 10.2 所列为各专家给出的权重分配方案。表 10.3 所列为各专家对评估指标的排序。

表 10.2　专家给出的权重分配方案

专家	任务执行周期	任务平均完成质量	TDM 负载均值	TDM 负载方差	抗毁度
Z_1	0.22	0.18	0.21	0.14	0.25
Z_2	0.18	0.17	0.11	0.20	0.34
Z_3	0.14	0.21	0.25	0.22	0.18
Z_4	0.20	0.26	0.14	0.23	0.17
Z_5	0.23	0.22	0.12	0.18	0.25
Z_6	0.21	0.16	0.19	0.14	0.30

表 10.3　评估指标排序

专家	任务执行周期	任务平均完成质量	TDM 负载均值	TDM 负载方差	抗毁度
Z_1	4	2	3	1	5
Z_2	3	2	1	4	5
Z_3	1	3	5	4	2
Z_4	3	5	1	4	2
Z_5	4	3	1	2	5
Z_6	4	2	3	1	5

采用相应求解算法搜索意见一致且权威程度较高的专家组 $S_{Z'}$，所得结果为 $S_{Z'}=\{Z_1,Z_2,Z_5,Z_6\}$，其群体权威度为 $\mu_{S_{Z'}}=0.75$，这说明在参与评估指标权重分配的6名专家中，有4名专家的意见比较统一。由于这4位专家在整体上具有较高的权威性，因此，他们提出的意见也相应具有较强的可信度。集结集合 $S_{Z'}$ 中各位专家的意见，得到评估指标的权向量为0.215、0.191、0.151、0.168和0.275。

实验结果表明，基于群决策模式设计的评估指标权重分配方法可以有效集结决策群体中权威度高、共识性强的意见，从而有效保证权重分配结果的合理性与相对客观性。

10.3 评估对象效用值计算

评估对象的效用值是衡量评估对象优劣程度的一个综合量化值，通常由评估对象的各个评估指标值和相应的指标权重集结得到。

10.3.1 基于相对优势关系的效用值计算

对评估对象的指标值进行规范化处理是目前评估方法在计算评估对象效用值时的常见步骤，指标值规范化处理通常包括一致化处理和无量纲化处理两类。一致化处理的目的是使评估对象的各指标值与其效用值之间保持相同的相关关系，例如，使评估对象的指标值与其效用值之间均保持正相关关系；而无量纲化处理的目的是使评估对象各指标值保持相同的数量级，从而使各指标值之间具备可比性。表面上看，对评估指标值进行规范化处理是合理的，但事实上这一步骤也隐含一定的不合理性，下面进行分析说明。

记评估问题的评估对象集为 $S_S=\{S_1,S_2,\cdots,S_G\}$，其中，$G$ 是评估对象的数量；评估指标集为 $S_I=\{I_1,I_2,\cdots,I_U\}$，其中，$U$ 为指标的数量；评估矩阵为 $\boldsymbol{X}=(x_{by})_{G\times U}$，其中，$x_{by}$ 为评估对象 S_b 在指标 I_y 上的指标值；指标权向量为 $\boldsymbol{S_W}=\{W_1,W_2,\cdots,W_U\}$，其中，$W_y(W_y\geqslant 0)$ 是指标 I_y 的权重且 $\sum_{y=1}^{U}W_y=1$。

(1) 指标值一致化处理对评估结果的影响

若某个评估问题的评估对象集 S_S 中有4个评估对象 S_1、S_2、S_3 和 S_4，指标集 S_I 中有2个指标 I_1 和 I_2，且 I_1 为成本型(即 I_1 的值越小，评估对象越优)，I_2 为效益型(即 I_2 的值越大，评估对象越优)，权向量 $\boldsymbol{S_W}=(W_1,W_2)=(0.5,0.5)$，评估矩阵为

$$\boldsymbol{X}=\begin{bmatrix}0.8 & 0.9\\ 2 & 1.8\\ 1 & 1.2\\ 1.5 & 1.6\end{bmatrix}$$

采用加权和法对集合 S_S 中的评估对象进行优劣排序，对评估指标 I_1 的值进行一致化处理，处理后的评估矩阵记为 $\boldsymbol{Z}=(z_{by})_{4\times 2}$。当一致化方式选择

$$z_{by} = \frac{1}{x_{by}} \tag{10.2}$$

时,得到的评估矩阵 **Z** 为

$$\boldsymbol{Z} = \begin{bmatrix} 1.25 & 0.9 \\ 0.5 & 1.8 \\ 1 & 1.2 \\ 2/3 & 1.6 \end{bmatrix}$$

此时,评估对象 S_1 至 S_4 的效用值计算结果分别为 1.075、1.15、1.1 和 1.13,由此可得评估对象的排序结果为 $S_2 > S_4 > S_3 > S_1$,即 S_2 最优,S_4 次之,S_3 第三,S_1 最劣。

当一致化方式选择

$$z_{by} = \max_{b=1,2,\cdots,G}(x_{by}) - x_{by} \tag{10.3}$$

时,得到的评估矩阵 **Z** 为

$$\boldsymbol{Z} = \begin{bmatrix} 1.2 & 0.9 \\ 0 & 1.8 \\ 1 & 1.2 \\ 0.5 & 1.6 \end{bmatrix}$$

此时,评估对象 S_1 至 S_4 的效用值计算结果分别为 1.05、0.9、1.1 和 1.05,由此得到的评估对象排序结果是 $S_3 > S_1 > S_4 > S_2$,即 S_3 最优,S_1 和 S_4 次优,S_2 最劣。

通过该算例可以看到,指标值一致化处理方式的选择将影响最终的评估结果。

(2) 指标值无量纲化处理对评估结果的影响

若某个评估问题的评估对象集 S_S 中有 4 个评估对象 S_1、S_2、S_3 和 S_4,指标集 S_I 中有 2 个指标 I_1 和 I_2,且均为效益型,权向量 $\boldsymbol{S}_W = (W_1, W_2) = (0.5, 0.5)$,评估矩阵为

$$\boldsymbol{X} = \begin{bmatrix} 10 & 10 \\ 60 & 9 \\ 80 & 7.5 \\ 100 & 5 \end{bmatrix}$$

采用加权和法对集合 S_S 中的评估对象进行优劣排序,对评估指标 I_1 和 I_2 的值进行无量纲化处理,处理后的评估矩阵记为 $\boldsymbol{Z} = (z_{by})_{4\times 2}$,当无量纲化方式为

$$z_{by} = \frac{x_{by}}{\max_{b=1,2,\cdots,G}(x_{by})} \tag{10.4}$$

时,得到的评估矩阵 **Z** 为

$$\boldsymbol{Z} = \begin{bmatrix} 0.1 & 1 \\ 0.6 & 0.9 \\ 0.8 & 0.75 \\ 1 & 0.5 \end{bmatrix}$$

此时，评估对象 S_1 至 S_4 的效用值计算结果分别为 0.55、0.75、0.775 和 0.75，由此可得评估对象的排序结果为 $S_3 > S_2 > S_4 > S_1$，即 S_3 最优，S_2 和 S_4 次优，S_1 最劣。

当无量纲化方式采用

$$z_{by} = \frac{x_{by} - \min\limits_{b=1,2,\cdots,G}(x_{by})}{\max\limits_{b=1,2,\cdots,G}(x_{by}) - \min\limits_{b=1,2,\cdots,G}(x_{by})} \tag{10.5}$$

时，得到的评估矩阵 **Z** 为

$$\mathbf{Z} = \begin{bmatrix} 0 & 1 \\ 5/9 & 0.8 \\ 7/9 & 0.5 \\ 1 & 0 \end{bmatrix}$$

此时，评估对象 S_1 至 S_4 的效用值计算结果分别为 0.5、0.68、0.64 和 0.5，由此得到的评估对象排序结果是 $S_2 > S_3 > S_1 > S_4$，即 S_2 最优，S_3 次优，S_1 和 S_4 最劣。

通过该算例可以看到，指标值无量纲化处理方式的选择会对评估结果造成影响。

（3）指标值一致化和无量纲化顺序对评估结果的影响

若某个评估问题的评估对象集 S_S 中有 4 个评估对象 S_1、S_2、S_3 和 S_4，指标集 S_I 中有 2 个指标 I_1 和 I_2，且 I_1 为成本型，I_2 为效益型，权向量 $\boldsymbol{S}_W = (W_1, W_2) = (0.5, 0.5)$，则评估矩阵为

$$\boldsymbol{X} = \begin{bmatrix} 1 & 40 \\ 2 & 70 \\ 3 & 90 \\ 4 & 100 \end{bmatrix}$$

采用加权和法对集合 S_S 中的评估对象进行优劣排序，根据式(10.3)对指标 I_1 的值进行一致化处理，然后采用式(10.4)对指标 I_1 和 I_2 的值进行无量纲化处理，处理后的评估矩阵记为 $\mathbf{Z} = (z_{by})_{4\times 2}$，为

$$\mathbf{Z} = \begin{bmatrix} 1 & 0.4 \\ 2/3 & 0.7 \\ 1/3 & 0.9 \\ 0 & 1 \end{bmatrix}$$

此时，评估对象 S_1 至 S_4 的效用值计算结果分别为 0.7、0.68、0.62 和 0.5，由此可得评估对象的排序结果为 $S_1 > S_2 > S_3 > S_4$，即 S_1 最优，S_2 次之，S_3 第三，S_4 最劣。

当先采用式(10.4)对指标 I_1 和 I_2 的值进行无量纲化处理，再根据式(10.3)对指标 I_1 的值进行一致化处理时，得到的评估矩阵 **Z** 为

$$\mathbf{Z} = \begin{bmatrix} 0.75 & 0.4 \\ 0.5 & 0.7 \\ 0.25 & 0.9 \\ 0 & 1 \end{bmatrix}$$

此时，评估对象 S_1 至 S_4 的效用值计算结果分别为 0.575、0.6、0.575 和 0.5，由此得到的评估对象排序结果是 $S_2 > S_1 > S_3 > S_4$，即 S_2 最优，S_1 和 S_3 次优，S_4 最劣。

通过该算例可以看到，指标值一致化和无量纲化的顺序也将影响最终的评估结果。

由以上算例可知，在评估指标的权重和所采用的评估方法确定的情形下，评估指标值一致化处理方式、无量纲化处理方式以及一致化和无量纲化顺序的选择都将影响到最后的评估结论。然而，对一种评估方法而言，如何科学地选择指标值一致化处理方式、无量纲化处理方式以及一致化和无量纲化的顺序比较困难，如果解决不好这个问题，就很容易出现规范化处理方式选取带来的评估结果不相容问题，进而导致评估方法缺失自身的合理性。为此，下面提出一种新的效用值计算方法，该方法无需对指标值进行规范化处理，从而规避规范化方式选取引起的方法合理性问题。

当 $U=1$，也即指标集合 S_1 中只有一个评估指标时，无需对指标进行规范化处理就能很好地将所有评估对象排序，因此，可以考虑先在单个指标上衡量不同评估对象之间的相对优势关系，然后通过集结这些评估对象在不同指标上的相对优势关系得到综合相对优势关系，再以此为依据计算评估对象的效用值并进行排序。

（1）相对优势矩阵构造

对 $\forall I_y \in S_1$，集合 S_S 中的评估对象在该指标上的相对优势关系可由相对优势矩阵 $\mathbf{Z}_y = (z^y_{bb'})_{G\times G}$ 表示，其中，$z^y_{bb'}$ 的符号表示评估对象 S_b 和 $S_{b'}$ 在指标 I_y 上的优劣关系，$z^y_{bb'}$ 的绝对值表示方案 S_b 在指标 I_y 上优于或劣于方案 $S_{b'}$ 的程度。具体而言，当 $z^y_{bb'}>0$ 时，$z^y_{bb'}$ 表示方案 S_b 在指标 I_y 上优于方案 $S_{b'}$ 的程度，当 $z^y_{bb'}<0$ 时，$-z^y_{bb'}$ 表示方案 S_b 在指标 I_y 上劣于方案 $S_{b'}$ 的幅度。

由表(10.1)可知，C^2 组织生成及演进方案的评估指标在值类型上包括实数型和区间数型两种。当 $I_y \in S_1$ 为实数型指标时，其相对优势矩阵 $\mathbf{Z}_y = (z^y_{bb'})_{G\times G}$ 的构造方式为

$$z^y_{bb'} = (-1)^{\varsigma} \cdot \left(\frac{x_{by} - x_{b'y}}{x_{b'y}}\right) \tag{10.6}$$

式中：若指标 I_y 为效益型，则 $\varsigma=0$；若 I_y 为成本型，则 $\varsigma=1$。

当 $I_y \in S_1$ 为区间型指标时，其相对优势矩阵 $\mathbf{Z}_y = (z^y_{bb'})_{G\times G}$ 的构造方式为

$$z^y_{bb'} = (-1)^{\varsigma} \cdot \left(\frac{d(x_{by}) - d(x_{b'y})}{d(x_{b'y})}\right) \tag{10.7}$$

式中：若指标 I_y 为效益型，则 $\varsigma=0$；若 I_y 为成本型，则 $\varsigma=1$。算子 $d(\cdot)$ 是距离算子，用于计算一个区间数与 0 之间的距离。根据式(4.9)中的区间数距离公式设计算子 $d(\cdot)$，即若区间数 $W=[w^L, w^R]$，则 $d(W) = \sqrt{(w^L w^L + w^L w^R + w^R w^R)/3}$。

（2）判断矩阵构造

集合 S_S 中任意两个评估对象的综合相对优势关系可由判断矩阵 $\mathbf{Z} = (z_{bb'})_{G\times G}$ 表示，其中，$z_{bb'}$ 的符号表示方案 S_b 和 $S_{b'}$ 间的优劣关系，$z_{bb'}$ 的绝对值表示方案 S_b 优于或劣于方案 $S_{b'}$ 的程度。具体而言，当 $z_{bb'}>0$ 时，$z_{bb'}$ 表示方案 S_b 优于方案 $S_{b'}$ 的程度，当 $z_{bb'}<0$ 时，$-z_{bb'}$ 表示方案 S_b 劣于方案 $S_{b'}$ 的程度。

通过集结评估对象在各评估指标上的相对优势矩阵$\boldsymbol{Z}_1$、$\boldsymbol{Z}_2$、…、$\boldsymbol{Z}_G$ 和指标权向量 $\boldsymbol{S}_W$ 构造判断矩阵 $\boldsymbol{Z}=(z_{bb'})_{G\times G}$的方式为

$$z_{bb'} = \sum_{y=1}^{G} \mathrm{W}_y \cdot z_{bb'}^{y} \tag{10.8}$$

（3）评估对象效用值计算

对$\forall S_b \in S_{\mathrm{S}}$，其效用值记为 $\tau_b(\tau_b \geqslant 0)$，所有评估对象的效用值构成的效用值向量记为 $\boldsymbol{T}=(\tau_1,\tau_2,\cdots,\tau_G)$，规定 $\sum_{b=1}^{G}\tau_b = 1$。

为使效用值向量 $\boldsymbol{T}=(\tau_1,\tau_2,\cdots,\tau_G)$ 与判断矩阵 $\boldsymbol{Z}=(z_{bb'})_{G\times G}$保持一致，二者之间应尽量满足关系 $z_{bb'}=(\tau_b-\tau_{b'})/\tau_{b'}$，也即 $\tau_b-\tau_{b'}-\tau_{b'}z_{bb'}=0$。因此，评估对象的效用值计算模型为

$$\begin{gathered}\min \sum_{b=1}^{G}\sum_{b'=1}^{G}\left|\tau_b-\tau_{b'}-\tau_{b'}z_{bb'}\right| \\ \text{s. t.}\begin{cases}\displaystyle\sum_{b=1}^{G}\tau_b = 1 \\ \tau_b \geqslant 0, \qquad 1 \leqslant b \leqslant G\end{cases}\end{gathered} \tag{10.9}$$

为求解式(10.9)中含绝对值的线性规划模型，先将其转化为下列目标规划模型

$$\begin{gathered}\min \sum_{b=1}^{G}\sum_{b'=1}^{G}(\phi_{bb'}+\varphi_{bb'}) \\ \text{s. t.}\begin{cases}\tau_b-\tau_{b'}-\tau_{b'}z_{bb'}-\phi_{bb'}+\varphi_{bb'} = 0, & 1 \leqslant b,b' \leqslant G \\ \phi_{bb'},\varphi_{bb'} \geqslant 0, & 1 \leqslant b,b' \leqslant G \\ \displaystyle\sum_{b=1}^{G}\tau_b = 1, & \\ \tau_b \geqslant 0, & 1 \leqslant b \leqslant G\end{cases}\end{gathered} \tag{10.10}$$

式中：$\phi_{bb'}$为上偏差变量；$\varphi_{bb'}$为下偏差变量。然后，采用单纯形法进行求解，具体步骤如下。

步骤1 记变量

$$\boldsymbol{x}^{\mathrm{T}}=(x_b)_{1\times(2G^2-G)}=(\tau_1,\tau_2,\cdots,\tau_G,\phi_{12},\varphi_{12},\phi_{13},\varphi_{13},\cdots,\phi_{1G},\varphi_{1G},\phi_{21},\varphi_{21},\phi_{23},\varphi_{23},\cdots,\phi_{2G},\varphi_{2G},\cdots,\phi_{G1},\varphi_{G1},\phi_{G2},\varphi_{G2},\cdots,\phi_{G,G-1},\varphi_{G,G-1})$$

$$\boldsymbol{f}=(\phi_b)_{1\times(G^2-G)}=(\underbrace{0,0,\cdots,0}_{G^2-G-1},1)$$

$$\boldsymbol{\varphi}=(\varphi_b)_{1\times(2G^2-G)}=(\underbrace{0,0,\cdots,0}_{G},\underbrace{1,1,\cdots,1}_{2G^2-2G})$$

$$
\boldsymbol{q}_b=\begin{cases}(\underbrace{0,0,\cdots,0}_{\lfloor (b-1)/(G-1)\rfloor},1,\underbrace{0,0,\cdots,0}_{G-1-\lfloor (b-1)/(G-1)\rfloor},\underbrace{0,0,\cdots,0}_{2(b-1)},1,-1,\underbrace{0,0,\cdots,0}_{2G(G-1)-2b}) & 1\leqslant b\leqslant G^2-G\\ (\underbrace{1,1,\cdots,1}_{G},\underbrace{0,0,\cdots,0}_{2G(G-1)}) & b=G^2-G+1\end{cases}
$$

$$
\boldsymbol{A}^{\mathrm{T}}=(\boldsymbol{p}_1,\boldsymbol{p}_2,\cdots,\boldsymbol{p}_{2G^2-G})^{\mathrm{T}}=(\boldsymbol{q}_1^{\mathrm{T}},\boldsymbol{q}_2^{\mathrm{T}},\cdots,\boldsymbol{q}_{G^2-G+1}^{\mathrm{T}})
$$

则式(10.10)可标准化为

$$
\min\boldsymbol{\varphi x}
$$
$$
\text{s. t.}\begin{cases}\boldsymbol{Ax}=\boldsymbol{f}\\ \boldsymbol{x}\geqslant \boldsymbol{0}\end{cases}\tag{10.11}
$$

步骤 2 从 $\boldsymbol{A}$ 中选择 G^2-G+1 列构成基矩阵 $\boldsymbol{B}$,$\boldsymbol{A}$ 中剩余列构成矩阵 $\boldsymbol{C}$。

步骤 3 根据基矩阵 $\boldsymbol{B}$ 从$\boldsymbol{x}^{\mathrm{T}}$ 中选择 G^2-G+1 列构成向量$\boldsymbol{x}_B^{\mathrm{T}}=(x_{k_1},x_{k_2},\cdots,x_{k_{G^2-G+1}})$,$\boldsymbol{x}_B^{\mathrm{T}}$满足其第 $b(1\leqslant b\leqslant G^2-G+1)$列在$\boldsymbol{x}^{\mathrm{T}}$ 中的列号等于矩阵 $\boldsymbol{B}$ 的第 b 列在 $\boldsymbol{A}$ 中的列号。$\boldsymbol{x}^{\mathrm{T}}$ 中剩余列构成向量$\boldsymbol{x}_C^{\mathrm{T}}=(x_{k_{G^2-G+2}},x_{k_{G^2-G+3}},\cdots,x_{k_{2G^2-G}})$。

步骤 4 根据基矩阵 $\boldsymbol{B}$,从 $\boldsymbol{\varphi}$ 中选择 G^2-G+1 列构成行向量$\boldsymbol{\varphi}_B$,$\boldsymbol{\varphi}_B$满足其第 $b(1\leqslant b\leqslant G^2-G+1)$列在 $\boldsymbol{\varphi}$ 中的列号等于矩阵 $\boldsymbol{B}$ 的第 b 列在 $\boldsymbol{A}$ 中的列号。$\boldsymbol{\varphi}$ 中剩余列构成行向量$\boldsymbol{\varphi}_C$。

步骤 5 计算 $\boldsymbol{w}=\boldsymbol{\varphi}_B\boldsymbol{B}^{-1}$。若 $\boldsymbol{wp}_j-\varphi_j=\max\limits_{1\leqslant b\leqslant 2G^2-G}\{\boldsymbol{wp}_b-\varphi_b\}$,则当 $\boldsymbol{wp}_j-\varphi_j>0$ 时,执行步骤 6;当 $\boldsymbol{wp}_j-\varphi_j\leqslant 0$ 时,模型的解为 $\boldsymbol{x}_B=\boldsymbol{B}^{-1}\boldsymbol{f}$、$\boldsymbol{x}_c=\boldsymbol{0}$,求解结束。

步骤 6 计算$y^j=\boldsymbol{B}^{-1}\boldsymbol{p}_j$。若 $x_{k_r}/y_r^j=\min\limits_{1\leqslant b\leqslant G^2-G+1}\{x_{k_b}/y_b^j\mid y_b^j>0\}$,则用$\boldsymbol{p}_j$ 替换矩阵 $\boldsymbol{B}$ 中的第 r 列,然后返回步骤 3。

按上述步骤求解完模型式(10.16)后,可得评估对象效用值向量 $\boldsymbol{T}=(\tau_1,\tau_2,\cdots,\tau_G)$。根据该向量,可以对所有评估对象进行优劣排序,从而得到评估结论。

10.3.2 具体案例分析

在 C^2 组织生成及演进方案评估过程中,共有 5 套 C^2 组织生成及演进方案 S_1、S_2、S_3、S_4、S_5 可供选择;评估指标包括任务执行周期、任务平均完成质量、战术决策实体负载均值、战术决策实体负载方差和综合抗毁度 5 个,依次记为 $I_1\sim I_5$。生成及演进方案评估的决策矩阵为

$$
\boldsymbol{X}=\begin{bmatrix}[151.1,173.8] & [0.84,0.92] & 28.3 & 3.9 & 0.61\\ [149.8,163.1] & [0.86,0.89] & 26.5 & 4.4 & 0.57\\ [138.5,160.2] & [0.78,0.87] & 31.1 & 3.6 & 0.60\\ [154.6,169.3] & [0.83,0.90] & 27.6 & 4.1 & 0.59\\ [142.4,158.6] & [0.80,0.86] & 29.2 & 3.8 & 0.58\end{bmatrix}
$$

由决策矩阵 $\boldsymbol{X}$ 可知,这 5 套组织生成及演进方案在不同指标上各有优劣,直观上

很难选取最佳方案,故需对其进行评估。利用所提出方法计算各个方案的效用值,根据式(10.6)和式(10.7),为评估对象构造各个指标上的相对优势矩阵$\mathbf{Z}_1 \sim \mathbf{Z}_5$,得到

$$\mathbf{Z}_1 = \begin{bmatrix} 0 & -3.89\% & -8.76\% & -0.36\% & -7.98\% \\ 3.74\% & 0 & -4.69\% & 3.40\% & -3.93\% \\ 8.06\% & 4.48\% & 0 & 7.73\% & 0.72\% \\ 0.35\% & -3.52\% & -8.38\% & 0 & -7.59\% \\ 7.39\% & 3.79\% & -0.73\% & 7.06\% & 0 \end{bmatrix}$$

$$\mathbf{Z}_2 = \begin{bmatrix} 0 & 0.60\% & 6.65\% & 1.74\% & 6.04\% \\ -0.60\% & 0 & 6.01\% & 1.13\% & 5.40\% \\ -6.24\% & -5.67\% & 0 & -4.60\% & -0.57\% \\ -1.71\% & -1.12\% & 4.83\% & 0 & 4.22\% \\ -5.69\% & -5.13\% & 0.58\% & -4.05\% & 0 \end{bmatrix}$$

$$\mathbf{Z}_3 = \begin{bmatrix} 0 & -6.79\% & 9.00\% & -2.54\% & 3.08\% \\ 6.36\% & 0 & 14.79\% & 3.99\% & 9.25\% \\ -9.89\% & -17.36\% & 0 & -12.68\% & -6.51\% \\ 2.47\% & -4.15\% & 11.25\% & 0 & 5.48\% \\ -3.18\% & -10.19\% & 6.11\% & -5.80\% & 0 \end{bmatrix}$$

$$\mathbf{Z}_4 = \begin{bmatrix} 0 & 11.36\% & -8.33\% & 4.88\% & -2.63\% \\ -12.82\% & 0 & -22.22\% & -7.32\% & -15.79\% \\ 7.69\% & 18.18\% & 0 & 12.20\% & 5.26\% \\ -5.13\% & 6.82\% & -13.89\% & 0 & -7.89\% \\ 2.56\% & 13.64\% & -5.56\% & 7.32\% & 0 \end{bmatrix}$$

$$\mathbf{Z}_5 = \begin{bmatrix} 0 & 7.02\% & 1.67\% & 3.39\% & 5.17\% \\ -6.56\% & 0 & -5.00\% & -3.39\% & -1.72\% \\ -1.64\% & 5.26\% & 0 & 1.69\% & 3.45\% \\ -3.28\% & 3.51\% & -1.67\% & 0 & 1.72\% \\ -4.92\% & 1.75\% & -3.33\% & -1.69\% & 0 \end{bmatrix}$$

再由式(10.8)建立判断矩阵$\mathbf{Z}$,其中,各指标的权值采用10.2.2节中的计算结果,得到

$$
\mathbf{Z}=\begin{bmatrix}
0 & 2.09\% & -0.20\% & 1.62\% & 0.88\% \\
-2.31\% & 0 & -2.74\% & -0.61\% & -1.54\% \\
-0.11\% & 1.76\% & 0 & 1.38\% & 0.90\% \\
-1.64\% & 0.51\% & -1.97\% & 0 & -0.85\% \\
-0.90\% & 1.07\% & -0.97\% & 0.63\% & 0
\end{bmatrix}
$$

虽然判断矩阵 **Z** 中元素表示了组织生成及演进方案相互之间的综合相对优势关系，但是直接根据矩阵 **Z** 对方案进行优劣排序仍存在困难。例如由 z_{14} 和 z_{34} 可知，方案 S_1 优于 S_4 的幅度为 1.62%，方案 S_3 优于 S_4 的幅度为 1.38%，若以 S_4 为基准比较 S_1 和 S_3 的优劣，可得出 S_1 优于 S_3 的结论。但由 z_{15} 和 z_{35} 可知，方案 S_1 优于 S_5 的幅度为 0.88%，方案 S_3 优于 S_5 的幅度为 0.90%，若以 S_5 为基准比较 S_1 和 S_3 的优劣，可得出 S_1 劣于 S_3 的结论，这与前面结论相矛盾，说明通过判断矩阵 **Z** 并不能直接得出各方案间的优劣排序结果。

根据式(10.10)构建方案效用值计算的目标规划模型，通过求解该模型得到方案的效用值向量 $\boldsymbol{T}=(0.2019, 0.1976, 0.2018, 0.1986, 0.2000)$，由此可知 $S_1 > S_3 > S_5 > S_4 > S_2$，即综合而言，$C^2$ 组织生成及演进方案 S_1 最佳。

通过该实验可以看到，所提出基于相对优势的效用值计算方法可以直接使用最原始的指标值数据进行计算，而不需要对指标值进行规范化处理，从而有效避免指标值规范化可能带来的评估结果“失真”问题，保证了评估结果的科学性与合理性。

参考文献

[1] Daft R L. Organization theory and design[M]. Singapore:Cengage Learning,2009.

[2] Alberts D S. Agility,focus,and convergence[J]. C2 Journal,2007,1(1):1 -30.

[3] Alberts D S. The agility advantage:A survival guide for complex enterprises and endeavors [M]. Washington DC,USA: Department of Defense CCRP,2011.

[4] US Department of Defense. Joint chiefs of staff publication 1 (JCS Pub. 1)[R]. Washington DC,1986.

[5] Alberts D S, Cookman G. Exploring new command and control concepts and capabilities [EB/O]. Final report, Jan. http://internationalc2institute. org/about - the - president/.

[6] 中国人民解放军军语[M]. 北京:军事科学出版社,2011.

[7] Alberts D S, Huber R K, Moffat J. NATO NEC C2 maturity model [R]. Washington, DC: Department of Defense CCRP,2010.

[8] Boettcher K L,Levis A H. Modeling the interacting decision maker with bounded rationality[J]. IEEE Transactions on System,Man,and Cybernetics,1982,12(3):334 -344.

[9] 阳东升,张维明,刘忠,等. 战场C2组织的描述与设计[J]. 系统工程理论与实践,2005,5:83 -88.

[10] 成世鑫. 计算机网络作战C2组织模型研究[D]. 长沙:国防科技大学,2010.

[11] 牟亮. 不确定使命环境下C2组织结构动态适应性优化方法研究[D]. 长沙:国防科技大学,2011.

[12] Esposito E,Evangelista P. Investigating virtual enterprise models:Literature review and empirical findings [J]. International Journal of Production Economics,2014,148(2):145 -157.

[13] Liu F. Research on the construction of agricultural product virtual logistics enterprise[J]. Journal of Shanghai Jiaotong University(Science),2016,21(1):63 -68.

[14] Talluri S,Baker R. A quantitative framework for designing efficient business process alliances[C]//Proc. of International Conference on Engineering Management and Control,Vancouver,BC,Canada,1996:656 -661.

[15] Feng C,Sivakumar K. The role of collaboration in service innovation across manufacturing and service sectors[J]. Service Science,2016,8(3):263 -281.

[16] Ellen B,Melanie K. Developing a collaborative network organization:Leadership challenges at multiple levels[J]. Journal of Organizational Change Management,2011,24(6):853 -875.

[17] Adizes I. Organizational passages:Diagnosing and treating life cycle problems of organizations[J]. Organizational Dynamics,1979,8(1):3 -25.

[18] Valckenaers P,Van B H,Bongaerts L,et al. Holonic manufacturing systems[J]. Integrated Computer - Aided Engineering,1997,4(3):191 -201.

[19] Vasek L,Dolinay V. Holonic model of DHC for energy flow optimization[J]. IFAC - Papers Online,2016,49(27):413 - 418.

[20] Yu F. Advanced optimization techniques with applications to organizational design and graph - based inference [D]. Storrs:University of Connecticut,2007.

[21] Persson M,Rigas G. Complexity:The dark side of network - centric warfare[J]. Cognition Technology & Work,2014, 16(1):103 -115.

[22] 霍大军. 网络化集群作战研究[M]. 北京:国防大学出版社,2013.

[23] 宋跃进. 指挥与控制战[M]. 北京:国防工业出版社,2012.

[24] Icacco Institute. 21st century manufacturing enterprise strategy[R]. Bethlethem:Lehigh University,1991.

[25] Mokaddem A B S,Karoui Z S. Organizational agility and its main components:What are the differences[C]//Proc. of the

28th International Business Information Management Association Conference, Seville, Spain, 2016: 4098 – 4113.
[26] Eltawy N, Gallear D. Leanness and agility: A comparative theoretical view[J]. Industrial Management and Data Systems, 2017, 117(1): 149 – 165.
[27] Cho H, Jung M, Kim M. Enabling technologies of agile manufacturing and its related activities in Korea[J]. Computers and Industrial Engineering, 1996, 30(3): 323 – 334.
[28] Bullinger H J. Turbulent times require creative thinking: New concepts in production management[J]. International Journal of Production Economics. 1999, 60: 9 – 27.
[29] Rick D. Knowledge management, response ability, and the agile enterprise[J]. Journal of Knowledge Management, 1999, 3(1): 18 – 35.
[30] Alberts D S. The agility advantage: A survival guide for complex enterprises and endeavors[M]. Washington DC, USA: Department of Defense CCRP, 2011.
[31] Alberts D S. Power to the edge: Command and control in the information age[M]. Washington DC, USA: Department of Defense CCRP, 2003.
[32] 钟赟, 万路军, 姚佩阳, 等. 敏捷 C2 组织生成及演进的度量与优化[J]. 系统工程与电子技术, 2023, 45(4): 1090 – 1097.
[33] Messina A, Fiore F. The Italian army C2 evolution: From the current SIACCON2 land command & control system to the LC2EVO using agile software development methodology[C]//Proc. of International Conference on Military Communications and Information Systems, Brussels, Belgium, 2016: 1 – 8.
[34] Alberts D S. The agility advantage: A survival guide for complex enterprises and endeavors [M]. CCRP, 2013.
[35] Alberts D S. Agility quotient (AQ) [C]//Proc. of the 19th International Command and Control Research and Technology Symposium, Washington, DC: 2014.
[36] 修保新, 张维明, 牟亮. 敏捷指挥控制组织结构设计方法[M]. 北京: 国防工业出版社, 2016.
[37] 何佳洲. 指挥控制概念、模型及价值链分析[J]. 火力与指挥控制, 2019, 44(6): 1 – 8.
[38] NATO SAS – 085 Research Task Group. SAS – 085 Final report on C2 agility[R]. CCRP Publication, 2014.
[39] Gould P. What is agility[J]. Manufacturing Engineering, 1997, 76(1): 28 – 31.
[40] Yusuf Y Y, Sarhade M, Gunasekaran A. Agile manufacturing: The drivers, concepts and attributes[J]. International Journal of Production Economics. 1999, 62(1): 33 – 43.
[41] Wadhwa S, Rao K S. Flexibility and agility for enterprise synchronization: Knowledge and innovation management towards flex – agility[J]. Studies in Informatics and Control, 2003, 12(2): 111 – 128.
[42] Liu Z, Yang D, Wen D, et al. Cyber – physical – social systems for command and control[J]. IEEE Intelligent Systems, 2011, 26(4): 92 – 96.
[43] Ioannou P A, Sun J. Theory and design of robust direct and indirect adaptive control schemes[J]. International Journal of Control, 1988, 47: 775 – 813.
[44] Taguchi G. Introduction to quality engineering[R]. White Plains, New York: UNIPUB/Krauss International, 1986.
[45] Graves S C. A review of production scheduling[J]. Operations Research, 1981, 29(4): 646 – 675.
[46] Sanmarti E, Espuna A, Puigjaner L. Batch production and preventive maintenance scheduling under equipment failure uncertainty[J]. Computers and Chemical Engineering, 1997, 21(10): 1157 – 1168.
[47] Kuwata Y, How J P. Cooperative distributed robust trajectory optimization using receding horizon MILP[J]. IEEE Transactions on Control System Technology, 2011, 19(2): 421 – 433.
[48] Soyster A L. Convex programming with set – inclusive constraints and applications to inexact linear programming [J]. Operations Research, 1973, 21(5): 1154 – 1157.
[49] Ben T A, Den H D, Vial J P. Deriving robust counterparts of nonlinear uncertain inequalities[J]. Mathematical Programming, 2015, 149(1 – 2): 265 – 299.
[50] Sörensen K, Sevaux M. Robust and flexible vehicle routing in practical situations[C]//Proc. of the 5th Triennial Symposium on Transportation Analysis. Le Gosier, Guadeloupe, France, 2004.
[51] 谷学强, 王楠, 陈璟, 等. 基于鲁棒多目标优化方法的 UCAV 武器投放规划[J]. 系统工程与电子技术, 2013, 35(4):

753 - 760.

[52] Schaffer S R, Clement B J, Chien S A. Probabilistic reasoning for plan robustness[C]//Proc. of the 19th International Joint Conference on Artificial Intelligence, San Francisco, CA, USA, 2005: 1266 - 1271.

[53] Lanah E, Twan D, Ana I B, et al. Robust UAV Mission Planning[J]. Annals of Operations Research, 2014, 222(1): 293 - 315.

[54] 吕鸿江,刘洪,程明. 多重理论视角下的组织适应性分析[J]. 外国经济与管理,2007,29(12):56 - 64.

[55] Filstad C. How new comer use role models in organizational socialization[J]. Journal of Workplace Learning, 2004, 16(7): 396 - 409.

[56] Swiercz P M, McHugh P, Goldberg C. Human resource systems for competitive advantage [M]. MA: Simon & Schuster Custom Publishing, 1997.

[57] Hannan M T, Carroll G R. Dynamics of organizational populations: Density, legitimation, and competition[M]. New York: Oxford University Press, 1992.

[58] Kauffman S A. The origins of order: Self - organization and selection in evolution[M]. New York: Oxford University Press, 1993.

[59] Mckelvey B. Avoiding complexity catastrophe in coevolutionary pockets: Strategies for rugged landscapes[J]. Organization Science, 1999, 10(3): 294 - 321.

[60] Kogut B, Zander U. A memoir and reflection: Knowledge and an evolutionary theory of the multinational firm 10 years later [J]. Journal of International Business Studies, 2003, 34: 505 - 515.

[61] Henderson A D, Stern I. Selection - based learning: The coevolution of internal and external selection in high - velocity environment[J]. Administrative Science Quarterly, 2004, 49: 39 - 75.

[62] Branzei O, Ursacki - Bryant T J, Vertinsky I, et al. The formation of green strategies in Chinese firms: Matching corporate environmental responses and individual principles[J]. Strategic Management Journal, 2004, 25: 1075 - 1095.

[63] Grant R M. Toward a knowledge - based theory of the firm[J]. Strategic Management Journal, 1996, 17: 109 - 122.

[64] Terwiesch C, Bohn R E. Learning and process improvement during production ramp - up[J]. International Journal of Production Economics, 2001, 70: 1 - 19.

[65] Cockburn I M, Henderson R M, Stern S. Untangling the origins of competitive advantage[J]. Strategic Management Journal, 2000, 21: 1123 - 1145.

[66] Macintosh R, MacLean D. Conditioned emergence: A dissipative structures approach to transformation[J]. Strategic Management Journal, 1999, 20: 297 - 316.

[67] Boisot M, Child J. Organizations as adaptive systems in complex environments: The cases of China[J]. Organization Science, 1999, 10: 237 - 252.

[68] Robertson D A. The complexity of the corporation[J]. Human Systems Management, 2004, 23: 71 - 78.

[69] Kathleen M C, Prietula M J. Computational organization theory[M]. Lawrence Erlbaum Associates. Hillsdale, New Jersey, 1994.

[70] Kathleen M C. Computational and mathematical organization theory: Perspective and direc - tions[J]. Computational and Mathematical Organization Theory, 1995, 1(1): 39 - 56.

[71] DeCanio S J, Dibble C, Amir - Atefi K. Importance of organizational structure for the adoption of innovations [J]. Management Science, 2000, 46(10): 1285 - 1299.

[72] Ford D N, Voyer J J, Wilkinson J G. Building learning organizations in engineering cultures: Case study[J]. Journal of Management in Engineering, 2000, 16(4): 72 - 83.

[73] Andersen E. Understanding your IT project organization's character: Exploring the differences between the cultures of an IT project and its base organization[C]//Proc. of the 34th Hawaii International Conference on System Sciences, IEEE Press, 2001.

[74] Kathleen M C, Svoboda D M. Modeling organizational adaption as a simulated annealing process[J]. Sociological Methods and Research, 1996, 25(1): 138 - 168.

[75] Krackhardt D, Carley K M. A PCANS model of structure in organization[C]//Proc. of the 1998 Command and Control Research and Technology Symposium, Monterey, CA, USA, 1998: 113 - 120.

[76] Carley K M, Lin Z. Organizational Design Suited to High Performance Under Stress[J]. IEEE Transactions on Systems, Man, and Cybernetics, 1995(25):221 – 231.
[77] Peng X H, Yang D S, Liu Z. Heuristic approach for designing information structure among organizational agents[C]// Proc. of the 1st International Conference on Computer Science & Education, XiaMen, Fujian, China, 2006:906 – 910.
[78] 修保新. C2组织结构设计方法及其鲁棒性、适应性分析[D]. 长沙:国防科技大学,2006.
[79] Dekker A H. Social network analysis in military headquarters using CAVALIER[C]//Proc. of the 5th International Command and Control Research and Technology Symposium, Canberra, Australia, 2000:24 – 26.
[80] Dekker A H. Centralization vs decentralization: An agent – based investigation[C]//Proc. of the 11th International Command and Control Research and Technology Symposium. Cambridge, UK, 2006:1 – 16.
[81] 刘忠,刘俊杰,程光权. 基于超网络的作战体系建模方法[J]. 指挥控制与仿真,2013,35(3):1 – 5.
[82] Wooldridge M J, Jennings N R. Intelligent agent: Theory and practice[J]. Knowledge Engineering Reviews, 1995, 10(2): 115 – 152.
[83] Naciri N, Tkiouat M. Multi – agent systems: Theory and applications survey[J]. International Journal of Intelligent Systems Technologies and Applications, 2015, 14(2):145 – 167.
[84] Yang Z H, Song Y, Zheng M, et al. Consensus of multi – agent systems under switching agent dynamics and jumping network topologies[J]. International Journal of Automation and Computing, 2016, 13(5):438 – 446.
[85] Jennings N. On agent – based software engineering[J]. Artificial Intelligence, 2000, 117(2):277 – 296.
[86] Jensen K, Kristensen L M, Wells L. Coloured petri nets and CPN tools for modelling and validation of concurrent systems [J]. International Journal of Software Tools Technology Transfer, 2007, 9(3):213 – 254.
[87] Cassandras C G, Lafortune S. Introduction to discrete event systems[M]. New York: Springer, 2008.
[88] Giua A, Seatzu C. Petri nets for the control of discrete event systems[J]. Software & Systems Modeling, 2015, 14(2):693 – 701.
[89] Herve P H. Performance evaluation of decision – making organizations using timed petri nets [R]. LIDS – TH – 159, 1986.
[90] Alexander H L. A colored Petri net model of intelligent nodes[C]//Proc. of 1991 IMACS symposium on modeling and control of technological system, Lille, France, 1991:1 – 6.
[91] Cover T M, Thomas J A. Elements of information theory[M]. Hoboken, USA: John Wiley & Sons, 2012.
[92] Stone J V. Information theory: A tutorial introduction[M]. Warszawa, PoLand: Sebtel Press, 2014.
[93] Conant R C. Laws of information which govern system[J]. IEEE Transactions on System, Man, and Cybernetics, 1976, 6(4):240 – 255.
[94] Boettcher K L, Levis A H. Modeling and analysis of teams of interacting decision – makers with bounded rationality [J]. Massachusetts Inst of Tech Cambridge Lab For Information and Decision Systems, 1982.
[95] Kleinman D L, Young P, Higgins G S. The DDD – Ⅲ: A tool for empirical research in adaptive organizations[C]// Proc. of 1996 Command and Control Research and Technology Sympo – sium, Monterey, CA, USA, 1996:827 – 836.
[96] Hess S M, Kemple W G, Entin E E, et al. From laboratory to field – testing A2C2 concepts during global warfare exercises [C]//Proc. of the 2000 International Command and Control Research and Technology Symposium. Monterey, CA, USA, 2000.
[97] Phoha S. JFACC – AC2C experiment plan and definition[R]. USA: Applied Research Lab, 2002.
[98] Meirina C, Levchuk G M, Ruan S, et al. Normative framework and computational models for simulating and assessing command and control processes[J]. Simulation Modeling Practice and Theory, 2006, 14(4):454 – 479.
[99] Krahl D. The Extend simulation environment[C]//Proc. of 2002 Winter Simulation Confer – ence, Piscataway, NJ, USA, 2002:205 – 213.
[100] David K. The Extend simulation environment[C]//Proc. of the 2002 Winter Simulation Conference. Piscataway, NJ, USA: IEEE press, 2002:125 – 134.
[101] Diedrich F, Entin E S, Hutchins, et al. When do organizations need to chang—part I: coping with organizational incongruence[C]//Proc. of the International Command and Control Research and Technology Symposium, Washington, DC,

USA:2003.
[102] Kleinman D L, Levchuk G M, Hutchins S G, et al. Scenario design for the empirical testing of organizational congruence [C]//Proc. of the International Command and Control Research and Technology Symposium, Washington, DC, USA:2003.
[103] Entin E, Serfaty D, Kerrigan C. Choice and performance under three command and control architectures[C]//Proc. of the International Command and Control Research and Technology Symposium, Monterey, CA:1998, 132 - 137.
[104] Ruan S, Gokhale S S, Pattipati K R. An agent - based simulation model for organizational analysis[C]//Proc. of Command and Control Research and Technology Symposium, San Diego, CA:2006.
[105] 强军,阳东升,张维明,等. C2 组织测试床的构想与实现[J]. 舰船电子工程,2008,28(9):59 - 62.
[106] Entin E E. Optimized command and control architectures for improved process and perfor - mance[C]//Proc. of the 1999 Command and Control Research and Technology Symposium, Office of Naval Research, Newport, RI, 1999:1 - 9.
[107] Hocevar S P, Kemple W G, Kleinman D, et al. Assessments of simulated performance of alternative architectures for command and control: The role of coordination[C]//Proc. of the 1999 Command and Control Research and Technology Symposium, Newport, RI, 1999:1 - 21.
[108] Myers K L. CPEF: A continuous planning and execution framework[J]. AI Magazine, 1999, 20(4):63 - 69.
[109] Krogt R, Weerdt M. Plan repair as an extension of planning[C]//Proc. of the International Conference on Automated Planning and Scheduling, 2005:161 - 170.
[110] Ouali L O, Rich C, Sabouret N. Plan recovery in reactive HTNs using symbolic planning[C]//Proc. of the International Conference on Artificial General Intelligence, 2015:320 - 330.
[111] Xu X, Yang M, Li G. Adaptive CGF commander behavior modeling through HTN guided Monte Carlo tree search [J]. Journal of Systems Science and Systems Engineering, 2018, 27(2):231 - 249.
[112] Qi C, Wang D. Dynamic aircraft carrier flight deck task planning based on HTN[J]. IFAC Papers Online, 2016, 49(12):1608 - 1613.
[113] Levchuk G M, Levchuk Y N, Luo J, et al. Normative design of organizations - part I: Mission planning[J]. IEEE Transactions on Systems, Man, and Cybernetics, 2002, 32(3):346 - 359.
[114] Levchuk G M, Levchuk Y N, Luo J, et al. Normative design of organizations - part Ⅱ: Organizational structure[J]. IEEE Transactions on Systems, Man, and Cybernetics, 2002, 32(3):360 - 375.
[115] Levchuk G M, Levchuk Y N, Meirina C, et al. Normative design of organizations - part Ⅲ: Modeling congruent, robust, and adaptive organizations[J]. IEEE Transactions on Systems, Man, and Cybernetics, 2004, 34(3):337 - 350.
[116] Yu F, Tu F, Pattipati K R. Novel congruent organizational design methodology using group technology and a nested genetic algorithm[J]. IEEE Transactions on Systems, Man, and Cybernetics, 2006, 36(1):5 - 18.
[117] Xiu B X, Zhang W M, Liu Z, et al. A novel organizational design methodology based on the theory of information granulation[C]//Proc. of the 4th International Conference on Machine learning and Cybernetics, Guangzhou, China, 2005:1 - 6.
[118] Xiu B X, Zhang W M, Wang S, et al. Generalized multi - layer granulation and approxi - mations[C]//Proc. of the 2003 IEEE International Conference on Machine Learning and Cybernetics, Xi'an, China: IEEE Press, 2003:1419 - 1423.
[119] Mu L, Feng Y H, Zhang W M, et al. The adaptive optimization of C2 organization decision layer structure based on nested improved simulated annealing algorithm[C]//Proc. of 2010 IEEE International Conference on Intelligent Computing and Intelligent Systems, Xiamen, China, 2010:682 - 687.
[120] 张维明,朱承,黄松平,等. 指挥与控制原理[J]. 北京:电子工业出社,2021.
[121] Yang C H, Chen H H, Luo X S. Optimization for designing the robust organization and adaptive organization[C]//Proc. of the 13th International Conference on Industrial Engineering and Engineering Management, Jinan, Shandong, China:2006, 2761 - 2765.
[122] Boutilier C, Dearden R. Using abstractions for decision theoretic planning with time constraints[C]//Proc. of the 12th National Conference on Artificial Intelligence, Seattle, 1994:1016 - 1022.
[123] Darr T P, Benjamin P, Mayer R. Course of action ontology for counterinsurgency operations [C]//Proc. of the 15th International Command and Control Research and Technology Symposium, Santa Monica, CA, 2010:1 - 19.

[124] Levchuk G M, Yu F, Pattipati K R, et al. From hierarchies to heterarchies: Application of network optimization to design of organizational structures[C]//Proc. of the 8th Command and Control Research and Technology Symposium, Monterey, CA, 2003: 1 - 11.

[125] HAIDER S, LEVIS A H. Effective course - of - action determination to achieve desired effects[J]. IEEE Transactions on Systems, Man, and Cybernetics - Part A: Systems and Humans, 2007, 37(6): 1140 - 1150.

[126] 钟赟,万路军,张杰勇. 区间不确定性下的空中作战行动过程优选方法[J]. 航空学报,2021,42(2):324282.

[127] ZAIDI A K, PAPANTONI T P. Theory of influence networks[J]. Journal of Intelligent & Robotic Systems, 2010, 60(3/4): 457 - 491.

[128] Zhu Y G, Qin D L, Zhu Y F, et al. Genetic algorithm combination of boolean constraint programming for solving course of action optimization in influence nets[J]. International Journal of Intelligent Systems and Applications, 2011, 3(4): 1 - 7.

[129] 杜正军,陈超,姜鑫. 基于影响网络与不完全信息多阶段博弈的作战行动序列模型及求解方法[J]. 国防科技大学学报,2012,34(3):63 - 67,84.

[130] 张杰勇,姚佩阳,阳东升,等. 基于 DINs 和 PSO 的组织行动过程选择方法[J]. 系统工程理论与实践,2011,31(10):1985 - 1993.

[131] 姚佩阳,万路军,马方方,等. 基于动态影响网的任务联盟演化过程行动策略优选[J]. 系统工程与电子技术,2014,36(8):1527 - 1536.

[132] Zhu Y G, Qin D L, Zhu Y F, et al. On finding effective course of action under combinational constraints in influence nets [C]//Proc. of the 2010 International Conference on Information Engineering and Computer Science, Wuhan, China, 2010, 1545 - 1549.

[133] Zhang Y X, Chen C, Shi J M. The properties of tree - like hierarchical networks[J]. Applied Mathematics & Information Sciences, 2013, 7(6): 2563 - 2570.

[134] DEB K, PRATAP A, AGARWAL S, et al. A fast and elitist multi - objective genetic algorithm: NSGA - Ⅱ[J]. IEEE Transactions on Evolutionary Computation, 2002, 6(2): 182 - 197.

[135] JIANG C, HAN X, LIU G P, et al. A nonlinear interval number programming method for uncertain optimization problems [J]. European Journal of Operational Research, 2008, 188(1): 1 - 13.

[136] 包玉娥,彭晓芹,赵博. 基于期望值与宽度的区间数距离及其完备性[J]. 模糊系统与数学,2013,27(6):133 - 139.

[137] Seghir F, Khababa A, Semchedine F, et al. An interval - based multi - objective artificial bee colony algorithm for solving the web service composition under uncertain QoS[J]. The Journal of Supercomputing, 2019, 75(9): 5622 - 5666.

[138] Gu J J, Zhao J J, Yan J, et al. Cooperative weapon - target assignment based on multi - objective discrete particle swarm optimization and gravational search algorithm in air combat[J]. Journal of Beijing University of Aeronautics and Astronautics, 2015, 41(2): 252 - 258.

[139] 陈志旺,陈林,白锌,等. 求解约束多目标区间优化的交互多属性决策 NSGA - Ⅱ算法[J]. 控制与决策,2015,30(5):865 - 870.

[140] 张杰勇,姚佩阳,李凡. 完成时间限制下的任务——平台关系设计模型及算法[J]. 系统工程与电子技术,2012,34(8):1621 - 1629.

[141] 陈行军,齐欢,阳东升. 含时间窗联合作战计划问题的建模与求解[J]. 系统工程理论与实践,2012,32(9):1980 - 1984.

[142] 万路军,姚佩阳,周翔翔,等. 多编组协同任务分配模型及 DLS - QGA 算法求解[J]. 控制与决策,2014,29(9):1562 - 1568.

[143] 周翔翔,姚佩阳,张杰勇,等. 一种基于 DLS 和 ACO 的平台资源规划方法[J]. 计算机科学,2012,39(6):98 - 103.

[144] 张迎新,陈超,刘忠,等. 资源不确定军事任务计划预测调度模型与算法[J]. 国防科技大学学报,2013,35(3):30 - 35.

[145] Mishra M, An W, Han X, et al. Decision support software for anti - submarine warfare mission planning within a dynamic environment context[C]//Proc. of the 2014 International Confe - rence on Systems, Man, Cybernetics, San Diego, CA, USA, 2014: 3390 - 3393.

[146] Ayala D F M, Sidoti D, Mishra M, et al. Context - based models to overcome operational challenges in maritime security [C]//Proc. of the 2015 IEEE International Symposium on Technologies for Homeland Security, Waltham, MA, USA, 2015:1 - 6.

[147] Avvari G V, Sidoti D, Mishra M, et al. Dynamic asset allocation for counter - smuggling operations under disconnected, intermittent and low - bandwidth environment[C]//Proc. of the 2015 IEEE Symposium on Computational Intelligence for Security and Defense Applications, Verona, NY, USA, 2015:1 - 6.

[148] 孙昱,姚佩阳,张少华,等. 含区间参数的战场资源动态调度模型及算法[J]. 系统工程理论与实践,2017,37(4):266 - 274.

[149] Wang Z T, Guo J S, Zheng M F. Uncertain multi - objective traveling salesman problem[J]. European Journal of Operational Research, 2015, 241(2):478 - 489.

[150] Hollenbeck J R, Moon H, Ellis A P, et al. Structural contingency theory and individual difference: Examination of external and internal person - team fit[J]. Journal of Applied Psychology, 2002, 87(3):599 - 606.

[151] 阳东升,彭小宏,修保新,等. 组织协作网与决策树[J]. 系统工程与电子技术,2006,28(1):63 - 67.

[152] 刘宏芳,阳东升,刘忠,等. 兵力编成结构裁剪中指挥关系优化研究[J]. 国防科技大学学报,2006,28(4):99 - 104.

[153] 周翔翔,姚佩阳,王欣. 基于改进层次聚类法的指挥控制资源部署[J]. 系统工程与电子技术,2012,34(3):523 - 528.

[154] 张杰勇,姚佩阳. C2 组织决策实体配置问题建模与求解方法[J]. 系统工程与电子技术,2012,34(4):737 - 742.

[155] 胡诗骏,姚佩阳,孙昱,等. 关于战场环境指挥资源调度结构设计[J]. 计算机仿真,2016,33(7):10 - 15.

[156] Gomory R E, Hu T C. Multi - terminal network flows[J]. Journal of the Society for Industrial and Applied Mathematics, 1961, 9:551 - 570.

[157] 孙昱,姚佩阳,吴吉祥,等. 兵力组织扁平化指挥控制结构设计方法[J]. 系统工程与电子技术,2016,38(8):1833 - 1839.

[158] 修保新,张维明,刘忠,等. C2 组织结构的适应性设计方法[J]. 系统工程与电子技术,2007,29(7):1102 - 1108.

[159] 牟亮,张维明,修保新,等. 基于滚动时域的 C2 组织决策层结构动态适应性优化[J]. 国防科技大学学报,2011,33(1):125 - 131.

[160] Levchuk G M, Meirina C, Levchuk Y N, et al. Design and analysis of robust and adaptive organization[C]//Proc. of the 6th International Command and Control Research and Technology Symposium, Annapolis, Maryland, 2001:1 - 28.

[161] Yang C H, Liu J X, Chen H H, et al. Adaptive optimization of agile organization of command and control resource [J]. Journal of systems engineering and electronics, 2009, 20(3):558 - 564.

[162] 孙昱,姚佩阳,孙鹏,等. 兵力组织适应性设计问题研究[J]. 火力与指挥控制,2016,41(11):10 - 15.

[163] Pang W, Wang K P, Zhou C G, et al. Dong fuzzy discrete particle swarm optimization for solving traveling salesman problem[C]//Proc. of the 4th International Conference on Computer and Information Technology, Wuhan, China, 2004:796 - 800.

[164] Yang K, Zhao Z Q, Nie Z P. Optimization of unequally spaced antenna arrays using fuzzy discrete particle swarm algorithm[J]. Journal of University of Electronic Science and Technology of China, 2012, 41(1):43 - 47.

[165] Mu L, Feng Y H, Zhang W M, et al. The adaptive optimization of C2 organization decision layer structure based on nested improved simulated annealing algorithm[C]. Proc. of the 2010 IEEE International Conference on Intelligent Computing and Intelligent Systems, Xiamen, China, 2010:682 - 687.

[166] Han X, Bui H, Mandal S. Optimization - based decision support software for a team - in - the - loop experiment: Asset package selection and planning[J]. IEEE Transactions on Systems, Man, and Cybernetics: System, 2013, 43(2):237 - 251.

[167] 钟赟,姚佩阳,孙昱,等. 有人机/CAV 编队协同作战决策分配方法[J]. 系统工程理论与实践,2016,36(11):2984 - 2993.

[168] Ralph H C, Wendy A R, Arthur D F. Human performance in a multiple – task environment: Effects of automation reliability on visual attention allocation[J]. Applied Ergonomics, 2013, 44(6): 962 – 968.

[169] Braynov S, Hexmoor H. Quantifying relative autonomy in multi – agent interaction [M]. Agent Autonomy, Springer US, 2003.

[170] Brookshire J, Singh S, Simmons R. Preliminary results in sliding autonomy for assembly by coordinated teams [C]. Proc. of 2004 IEEE/RSJ International Conference on Intelligent Robots and Systems (IROS), Sendai, Japan, 2004.

[171] Mostafa S A, Ahmad M S, Ahmad A, et al. A dynamic measurement of agent autonomy in the layered adjustable autonomy model[M]. Switzerland: Springer International Publishing, 2014.

[172] Alberts D S. Power to the edge: Command and control in the information age[M]. Washington: CCRP Press, 2003.

[173] Cares J. Distributed networked operation: The foundations of network centric warfare[M]. Newport: Alidade Press, 2005.

[174] Zhang A, Tang Z L, Zhang C. Man – machine function allocation based on uncertain linguistic multiple attribute decision making[J]. Chinese Journal of Aeronautics, 2011, 24(6): 816 – 822.

[175] 王勋，张杰勇，万路军，等. Holonic – C2 组织决策分配及演化方法[J]. 国防科技大学学报，2020, 42(6): 157 – 166.

[176] Richard K, Barnhart S, Hottman D, et al. Introduction to unmanned aircraft systems[M]. Florida: CRC Press, 2012.

[177] Parasuraman R, Sheridan T. A Model for types and levels of human interaction with automation[J]. IEEE Transactions on Systems, Man and Cybernetics – Part A: Systems and Humans, 2000, 30(3): 286 – 297.

[178] Parasuraman R, Sheridan T, Wickens D. Situation awareness, mental workload, and trust in automation: Viable, empirically supported cognitive engineering constructs [J]. Journal of Cognitive Engineering and Decision Making, 2008, 2(2): 140 – 160.

[179] Lee J, See K. Trust in automation and technology: designing for appropriate reliance[J]. Human Factors, 2004(46): 50 – 80.

[180] Wickens C, Dixon S. The benefits of imperfect diagnostic automation: A synthesis of diagnostic automation in simulated UAV flights: an attention visual scanning analysis[C]. Proc. of the 13th International Symposium on Aviation Psychology, Dayton, OH, U. S., 2007.

[181] Atanassov K, Gargov G. Interval – valued intuitionistic fuzzy sets[J]. Fuzzy Sets and Systems, 1989, 31(3): 343 – 349.

[182] Xu Z S. On Similarity Measures of Interval – valued Intuitionistic Fuzzy Sets and Their Application to Pattern Recognitions[J]. Journal of Southeast University (English Edition), 2007, 23(1): 139 – 143.

[183] 陈志旺，陈林，杨七. 用区间直觉模糊集方法对属性权重未知的群求解其多属性决策[J]. 控制理论与应用，2014, 31(8): 1025 – 1033.

[184] 戚筱雯，梁昌勇，曹清玮，等. 区间直觉模糊多属性群决策自收敛算法[J]. 系统工程与电子技术，2011, 33(1): 110 – 115.

[185] Luo D, Wei B L, Lin P Y. The Optimization of Several Grey Incidence Analysis Models[J]. Journal of Grey System, 2015, 27(4): 1 – 11.

[186] 戚筱雯，梁昌勇，张恩桥，等. 基于熵最大化的区间直觉模糊多属性群决策方法[J]. 系统工程理论与实践，2011, 31(10): 1940 – 1948.

[187] 陈晓红，戴子敬，刘翔. 基于熵和关联系数的区间直觉模糊决策方法[J]. 系统工程与电子技术，2013, 35(4): 791 – 795.

[188] Park C, Pattipati K R, An W, et al. Quantifying the impact of information and organizational structures via distributed auction algorithm: Point – to – point communication structure[J]. IEEE Transactions on Systems, Man, and Cybernetics, 2012, 42(1): 68 – 85.

[189] Jiang Y, Wang Y B. Analysis of attack and defense strategies on complex networks[C]. Proc. of International Conference on Sensor Network Security Technology and Privacy Communication System, Harbin, China, 2013: 58 – 62.

[190] Deng Y, Wu J, Tan Y J. Optimal attack strategy of complex networks based on tabu search[J]. Physica A, 2016, 442: 74 – 81.

[191] Bellingeri M, Cassi D, Vincenzi S. Efficiency of attack strategies on complex model and real – world networks [J]. Physica A,

2014,414:174 - 180.

[192] He R, Luo X M, Zhu Y L. Research on optimization of aerospace defense operation command system based on a complex network[J]. Journal of Equipment Academy, 2016, 27(2):78 - 82.

[193] Zhang L J, Guo L, Zhang B, et al. Modeling of information system survivability analysis based on SPN[J]. Journal of Computer Research and Development, 2009, 46(6):1019 - 1027.

[194] Albert R, Jeong H, Barabasi A L. Error and attack tolerance of complex networks[J]. Nature, 2000, 406:378 - 382.

[195] Holme P, Kim B J, Yoon C N, et al. Attack vulnerability of complex networks[J]. Physical Review E, 2002, 65(5):056109.

[196] Bellingeri M, Cassi D, Vincenzi S. Efficiency of attack strategies on complex model and real - world networks[J]. Physica A, 2014, 414:174 - 180.

[197] Nie T Y, Guo Z, Zhao K, et al. New attack strategies for complex networks[J]. Physica A, 2015, 424:248 - 253.

[198] 聂廷远,郭征,李坤龙. 复杂网络的攻击策略研究[J]. 计算机仿真,2015,32(7):286 - 289.

[199] Xiao S, Xiao G. On intentional attacks and protections in complex communication networks[C]. Proc. of IEEE Global Telecommunications Conference, San Francisco, US, 2006:1 - 5.

[200] 李涛,裴文江. 针对重叠社团结构的复杂网络多靶向攻击策略[J]. 北京邮电大学学报,2010,33(3):34 - 39.

[201] Wang H, Huang J Y, Xu X M, et al. Damage attack on complex networks[J]. Physica A, 2014, 408:134 - 148.

[202] Anurag S, Rahul K, Yatindra N S. Impact of structural centrality based attacks in complex networks[J]. Acta Physica Polonica B, 2015, 46(2):305 - 324.

[203] Wang B, Tang H W, Guo C H, et al. Entropy optimization of scale - free networks robustness to random failures[J]. Physica A, 2005, 363:591 - 596.

[204] Paul G, Sreenivasan S, Shlomo H, et al. Optimization of network robustness to random breakdowns[J]. Physica A, 2006, 370(2):854 - 862.

[205] Wu J, Barahona M, Tan Y J, et al. Spectral measure of structural robustness in complex networks[J]. IEEE Transactions on Systems, Man, and Cybernetics, 2011, 41(6):1244 - 1252.

[206] 贺筱军,李为民,黄仁全. 基于攻击策略的复杂网络拓扑结构优化模型[J]. 电讯技术,2014,54(9):1286 - 1291.

[207] Louzada V H P, Daolio F, Herrmann H J, et al. Smart rewiring for network robustness[J]. Journal of Complex Networks, 2013, 1(2):150 - 159.

[208] 孙世温,李瑞琪,王莉,等. 基于模拟退火算法的网络抗攻击能力优化研究[C]. 第三十三届中国控制会议,北京,2014:6431 - 6436.

[209] Tran H A Q, Namatame A, Widyotriatmo A, et al. An optimization procedure for enhancing network robustness against cascading failures[C]. Proc. of 7th IEEE Symposium on Computational Intelligence for Security and Defense Applications, New York, 2014:1 - 7.

[210] Shi C H, Peng Y F, Zhuo Y, et al. A new way to improve the robustness of complex communication networks by allocating redundancy links[J]. Physica Scripta, 2012, 85(3):035803.

[211] Wang X G, Pournaras E, Kooij R E, et al. Improving robustness of complex networks via the effective graph resistance[J]. European Physical Journal B, 2014, 87(9):221 - 232.

[212] Herrnann H J, Schneider C M, Moreira A A, et al. Onion - like network topology enhances robustness against malicious attacks[J]. Journal of Statistical Mechanics: Theory and Experiment, 2011, 1:01027.

[213] Schneider C M, Moreira A A, Andrade J S, et al. Mitigation of malicious attacks on networks[J]. Proc. of the National Academy of Sciences, 2011, 108(10):3838 - 3841.

[214] Burke E K, Kendall G. Search methodologies: Introductory tutorials in optimization and decision support techniques[M]. New York: Springer, 2005.

[215] Latora V, Marchiori M. Efficient behavior of small - world networks[J]. Physical Review Letters, 2001, 87(19):198701.

[216] 刘杰. 济南城域光传送网规划设计[D]. 济南:山东大学,2007.

[217] 中国教育和科研计算机网网络中心 . CERNET 介绍[EB/OL]. [2017 -03 -07]. http://www.edu.cn/cernet_fu_wu/about_cernet.
[218] Page L, Perry J. Reliability polynomials and links importance in networks[J]. IEEE Trans - actions on Reliability, 1994, 43(1): 51 -58.
[219] 陈勇,胡爱群,胡啸. 通信网中节点重要性的评价方法[J]. 通信学报,2004,25(8):129 - 135.
[220] 于会,刘尊,李勇军. 基于多属性决策的复杂网络节点重要性综合评价方法[J]. 物理学报,2013,62(2):020204.
[221] 秦李,杨子龙,黄曙光. 复杂网络的节点重要性综合评价[J]. 计算机科学,2015,42(2):60 -64.
[222] Mu L, Xiu B X, Huang J C, et al. The optimization design of C2 organization communication network based on nested genetic algorithm[C]. Proc. of the 8th International Conference on Machine Learning and Cybernetics. Baoding, China, 2009: 1877 - 1884.
[223] 刘忠,杨杉,修保新,等. C2 组织鲁棒性信息交互结构设计及分析[J]. 国防科技大学学报,2010,32(5):110 - 117.
[224] 唐应辉,唐小我. 排队论 - 基础与分析技术[M]. 北京:科学出版社,2006.
[225] 徐泽水. 不确定多属性决策方法及应用[M]. 北京:清华大学出版社,2004.
[226] Churchman C W, Ackoff R L, Amoff E L. Introduction to operation research[M]. New York: John Wiley and Sons, 1957.
[227] Linstone H A, Turoff M. The delphi method: Technique and application[M]. London: Wesley, 1975.
[228] Saaty T L. The Analytic hierarchy process[M]. New York: Mc Graw - Hill Company, 1980.
[229] Hwang C L, Yoon K S. Multiple attribute decision - making methods and applications: A state - of - the - art survey[M]. New York: Springer, 1981.
[230] 常志朋,程龙生,刘家树. 基于马田系统与 TOPSIS 的区间数多属性决策方法[J]. 系统工程理论与实践,2014,34(1):168 - 174.
[231] 张方伟,王炜,赵德. 一种基于分层法的区间数多属性决策方法及应用[J]. 系统工程理论与实践,2014,34(11):2881 - 2884.
[232] 朱丽,朱传喜,张小芝. 基于粗糙集的犹豫模糊多属性决策方法[J]. 控制与决策,2014,29(7):1335 - 1339.
[233] 陈小卫,王文双,宋贵宝,等. 基于模糊偏序关系的混合型多属性决策方法[J]. 系统工程与电子技术,2012,34(3):529 - 533.
[234] 王霞,党耀国. 基于 Choquet 积分的区间灰数多属性决策方法[J]. 系统工程与电子技术,2015,37(5):1106 - 1110.
[235] 郭亚军,马凤姝,董庆兴. 无量纲化方法对拉开档次法的影响分析[J]. 管理科学学报,2011,14(5):19 - 28.